精品课程配套教材
21世纪应用型人才培养"十四五"规划教材
"双创"型人才培养优秀教材

Python语言程序设计

双色版

主　编　陈雪芳　范双南　张莲春

Python
YUYAN
CHENGXU
SHEJI

湖南大学出版社·长沙

内 容 简 介

本书共 14 章,内容包括 Python 程序设计基础,Python 变量与数据类型,Python 流程控制语句,函数、模块和包,文件与目录操作,类和对象,网络编程,并发编程,Python 图形化用户界面(GUI)编程等内容。

本书可作为各大院校希望学习并掌握 Python 语言程序设计能力的学生用书,还可作为已工作且希望快速掌握 Python 项目开发能力的工程师和各大提供 Python 程序设计培训的 IT 培训机构用书。

图书在版编目(CIP)数据

Python 语言程序设计/陈雪芳,范双南,张莲春主编. — 长沙:湖南大学出版社,2021.1
ISBN 978-7-5667-2067-2

Ⅰ. ①P… Ⅱ. ①陈… ②范… ③张… Ⅲ. ①软件工具-程序设计 Ⅳ. ①TP311.561

中国版本图书馆 CIP 数据核字(2020)第 234931 号

Python 语言程序设计

Python YUYAN CHENGXU SHEJI

主　　编:	陈雪芳　范双南　张莲春
责任编辑:	黄　旺
印　　装:	北京俊林印刷有限公司
开　　本:	787mm×1092mm　1/16　印张:20.5　字数:487 千
版　　次:	2021 年 1 月第 1 版　印次:2021 年 1 月第 1 次印刷
书　　号:	ISBN 978-7-5667-2067-2
定　　价:	49.50 元

出 版 人:李文邦
出版发行:湖南大学出版社
社　　址:湖南·长沙·岳麓山　邮　编:410082
电　　话:0731-88822559(营销部),88820006(编辑室),88821006(出版部)
传　　真:0731-88822264(总编室)
网　　址:http://www.hnupress.com
电子邮箱:371771872@qq.com

版权所有,盗版必究
图书凡有印装差错,请与营销部联系

《Python 语言程序设计》
编写委员会

主 编：陈雪芳 范双南 张莲春

副主编：张 晶 邹 建 孙宏昌 石建国

　　　　石彦芳 王 婧 曾小红 肖新凤

　　　　张绛丽 王传安 宋国顺 方志伟

　　　　王善桃 段 平 钟燕华 王若贤

　　　　滕振宇 杨 惠 杨再盛

前 言

为什么要学 Python

当前，互联网、大数据和人工智能行业已经不再是火不火的问题，而是被国家列入新基建计划中，跟高铁、5G 等一样成为支撑下一轮经济增长的新型科技基础设施。互联网、大数据和人工智能技术高速发展面临一个巨大挑战：缺乏具备 Python 语言程序设计能力的工程技术人才。

Python 是一种面向对象的解释型开源免费的计算机程序设计语言，在人工智能、大数据、科学计算、金融、Web 开发、系统运维等领域，有数量庞大且功能相对完善的标准库和第三方库，通过对库的调用，能够实现不同领域业务的应用开发。正是由于人工智能和大数据领域的相关库或框架都是用 Python 开发的，例如，scikit-learn、TensorFlow、Pytorch 等，所以，Python 已经成为事实上的人工智能和大数据行业的开发语言。未来，无论从就业的角度，还是从在人工智能、大数据、Web 开发、金融领域深入研究的角度，都应该好好学习 Python 程序设计语言。

本书的特色

本书旨在帮助希望用 Python 完成自己研究项目的大学生快速学习如何使用 Python 编写程序；同时也面向对人工智能、大数据和互联网技术感兴趣，想快速掌握 Python 语言程序设计能力的工程师和技术人员。

本书对每个知识点的讲解都遵从同样的逻辑：

- 这是什么？（what）
- 这有什么用？（why）
- 怎么用和怎么才能用好？（How&Best Practices）

本书不要求读者有任何 Python 语言的基础知识，我们将从头开始介绍 Python 程序设计的每一个概念和方法，帮助读者循序渐进地学习并掌握 Python 程序设计的知识和技能；然后以项目驱动学习，通过项目实例（如图像化计算器、网络爬虫、神经网络）来激发读者的学习兴趣，培养读者开发完整 Python 项目的能力。

致谢

在本书编写过程中，得到了广大企事业单位及科研人员的大力支持，Python 中国社区组织者辛庆老师、尚硅谷资深 Python 讲师左元老师帮忙审阅并提出了极其宝贵的修改意见，在此一并表示感谢！

由于笔者的水平有限，书中难免会出现错误或者不准确的地方，恳请读者批评指正。

编　者

目 录

第 1 章 Python 程序设计基础 ·· 001
1.1 什么是程序设计 ·· 001
1.2 计算机组成简介 ·· 001
1.3 程序设计语言 ··· 003
1.4 面向过程与面向对象 ·· 006
1.5 Python 程序设计语言简介 ··· 007
1.6 在 Windows 下安装 Python 程序开发环境 ··· 009
1.7 编写、运行和调试 Python 程序 ·· 017
1.8 安装 Git 工具 ··· 023
1.9 本章要点回顾 ··· 026
1.10 本章练习题 ··· 026

第 2 章 Python 变量与数据类型 ·· 027
2.1 Python 变量 ··· 027
2.2 代码块与缩进 ··· 034
2.3 数值类型 ··· 035
2.4 字符串类 ··· 041
2.5 列表 ··· 055
2.6 元组 ··· 065
2.7 字典 ··· 071
2.8 集合 ··· 076
2.9 列表、元组、字典和集合的区别 ·· 083
2.10 可变对象与不可变对象 ·· 084
2.11 本章要点回顾 ·· 084
2.12 本章练习题 ··· 085

第 3 章 Python 流程控制语句 ·· 087
3.1 if 条件语句 ··· 087

3.2 while 循环语句 ……………………………………………………………… 090
3.3 for 循环语句 ………………………………………………………………… 091
3.4 异常处理和 try 语句 ……………………………………………………… 098
3.5 在 Leetcode 上提升自己的算法水平 …………………………………… 103
3.6 本章要点回顾 ……………………………………………………………… 106
3.7 本章练习题 ………………………………………………………………… 107

第 4 章 函数、模块和包 ……………………………………………………… 108

4.1 Python 函数 ………………………………………………………………… 108
4.2 变量作用域 ………………………………………………………………… 120
4.3 Python 模块 ………………………………………………………………… 122
4.4 Python 包 …………………………………………………………………… 129
4.5 Python 内建标准模块 ……………………………………………………… 131
4.6 正则表达式模块 …………………………………………………………… 132
4.7 时间日期模块 ……………………………………………………………… 137
4.8 日历模块 …………………………………………………………………… 139
4.9 时间模块 …………………………………………………………………… 141
4.10 随机数模块 ………………………………………………………………… 143
4.11 数学模块 …………………………………………………………………… 143
4.12 本章要点回顾 ……………………………………………………………… 145
4.13 本章练习题 ………………………………………………………………… 145

第 5 章 文件与目录操作 ……………………………………………………… 147

5.1 基本文件操作 ……………………………………………………………… 147
5.2 高级文件操作 ……………………………………………………………… 154
5.3 目录操作 …………………………………………………………………… 158
5.4 本章要点回顾 ……………………………………………………………… 163
5.5 本章练习题 ………………………………………………………………… 163

第 6 章 类和对象 ……………………………………………………………… 164

6.1 类和对象的基本概念和操作 ……………………………………………… 164
6.2 类的高级操作 ……………………………………………………………… 171
6.3 本章要点回顾 ……………………………………………………………… 179
6.4 本章练习题 ………………………………………………………………… 180

第 7 章　网络编程 ……………………………………………………………… 181

7.1　网络编程基础知识 …………………………………………………………… 181
7.2　socket 模块与套接字编程 …………………………………………………… 184
7.3　socketserver 模块与并发访问 ……………………………………………… 189
7.4　开发 HTTP 客户端抓取网页信息 …………………………………………… 191
7.5　本章要点回顾 ………………………………………………………………… 193
7.6　本章练习题 …………………………………………………………………… 193

第 8 章　并发编程 ……………………………………………………………… 195

8.1　什么是进程和线程 …………………………………………………………… 195
8.2　多进程并发编程 ……………………………………………………………… 197
8.3　进程间通信 …………………………………………………………………… 205
8.4　多线程并发编程 ……………………………………………………………… 210
8.5　线程间同步 …………………………………………………………………… 215
8.6　使用队列实现线程间通信 …………………………………………………… 224
8.7　全局解释器锁（GIL）………………………………………………………… 226
8.8　本章要点回顾 ………………………………………………………………… 229
8.9　本章练习题 …………………………………………………………………… 229

第 9 章　Python 图形化用户界面（GUI）编程 …………………………… 230

9.1　Python GUI 工具包简介 …………………………………………………… 230
9.2　tkinter 简介 …………………………………………………………………… 231
9.3　控件布局方式 ………………………………………………………………… 233
9.4　tkinter 控件使用详解 ………………………………………………………… 239
9.5　用面向对象（OOP）的方式实现 GUI 编程 ………………………………… 257
9.6　本章要点回顾 ………………………………………………………………… 260
9.7　本章练习题 …………………………………………………………………… 260

第 10 章　Python 单元测试 ………………………………………………… 261

10.1　软件测试 …………………………………………………………………… 261
10.2　用 unittest 模块实现 Python 单元测试 …………………………………… 263
10.3　在 VS Code 中配置 unittest 框架并运行单元测试 ……………………… 265
10.4　本章要点回顾 ……………………………………………………………… 267
10.5　本章练习题 ………………………………………………………………… 267

第 11 章　Python 项目开发 … 268

11.1　创建并开发 hello_world 项目 … 268
11.2　Python 项目文件目录结构 … 279
11.3　软件开发模型 … 281
11.4　项目发布 … 281
11.5　本章要点回顾 … 285
11.6　本章练习题 … 285

第 12 章　图形化计算器 … 287

12.1　项目目标 … 287
12.2　实践步骤 … 288
12.3　总结与思考 … 295

第 13 章　网络爬虫 … 296

13.1　背景知识 … 296
13.2　Scrapy 简介 … 297
13.3　基于 Scrapy 框架的网络爬虫开发流程 … 298
13.4　总结与思考 … 304

第 14 章　深度神经网络 … 305

14.1　背景知识 … 305
14.2　PyTorch 机器学习框架 … 308
14.3　用神经网络实现线性回归 … 310
14.4　用神经网络实现分类 … 314
14.5　总结与思考 … 317

第 1 章

Python 程序设计基础

1.1 什么是程序设计

程序设计是指使用程序设计语言编写程序指导计算机完成各种任务。不论你使用的是哪种程序设计语言，基本概念都是一致的。一旦学会使用一门语言编写程序，使用其他语言编写程序就变得很容易，因为编写程序的基本方法、思想、技能都是一样的。

在学习程序设计之前，首先要了解运行程序的硬件，即计算机。因为我们需要知道程序处理的对象，如数据、文件、数据包等跟哪些硬件有关；然后需要了解程序设计语言的基本概念，有了一个基本概念后，就可以开始进行 Python 程序设计学习了。

1.2 计算机组成简介

计算机俗称电脑，是一种用于高速计算的电子计算机器，它既可以进行数值计算，又可以进行逻辑计算，还具有存储记忆功能。

1946 年美籍匈牙利科学家冯·诺伊曼提出存储程序原理，把程序本身当作数据来对待，程序和该程序处理的数据用同样的方式存储，并确定了存储程序计算机的五大组成部分和基本工作方法。人们把冯·诺伊曼的这个理论称为冯·诺伊曼体系结构(Von Neumann Architecture)，从 EDVAC 到当前最先进的计算机采用的都是冯·诺伊曼体系结构，如图 1-1。

冯·诺伊曼体系结构指出计算机由五个主要部分组成，分别是：
- 运算器。
- 控制器。
- 存储器。
- 输入设备。
- 输出设备。

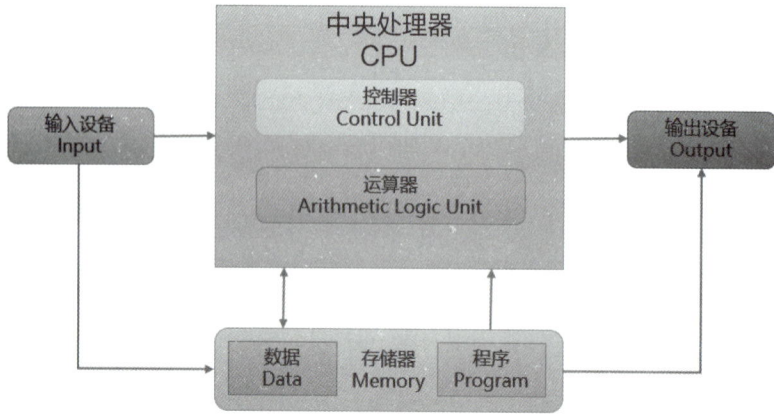

图 1-1 冯·诺伊曼体系结构

1.2.1 中央处理器（CPU）

中央处理器（CPU），是计算机中负责读取指令，对指令译码并执行指令的核心部件。中央处理器主要包括两个部分：控制器和运算器。另外还包括高速缓冲存储器及实现它们之间联系的数据、控制的总线，如图 1-2 所示。

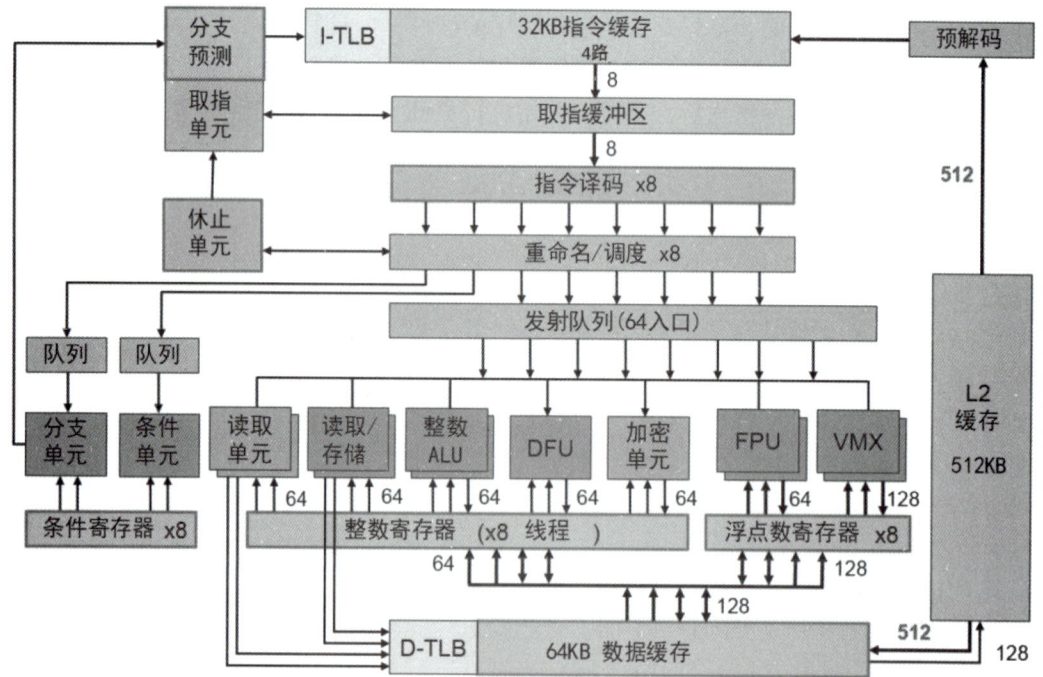

图 1-2 IBM Power8 CPU 功能框图［图片来源：The Linley Group］

1.2.2 内存(memory)与硬盘(harddisk)

内存是计算机中重要的部件之一,用于暂时存放CPU中的运算数据,以及与硬盘等外部存储器交换的数据。计算机中所有程序都是在内存中进行的,因此内存的性能对计算机的影响非常大。内存是易失性存储器,断电后内存中的数据就没有了。

硬盘是非易失性储存器,断电后,里面的数据也不会丢失。硬盘的存储容量非常大,当前常见的机械硬盘单盘容量为1TB或更大,固态硬盘为240GB或更大。需要长期存储的数据是以文件的形式保存在硬盘上的。

图1-3所示的是常见的内存与硬盘。

固态硬盘　　　机械硬盘　　　内存

图1-3　内存与硬盘

1.2.3 输入输出设备

输入设备是向计算机输入数据和信息的设备,是计算机与用户或其他设备通信的桥梁,是用户和计算机系统之间进行信息交换的主要装置之一。输入设备的任务是把数据、指令及某些标志信息等输送到计算机中去。常见的输入设备有键盘、鼠标、摄像头、扫描仪、手写输入板、游戏杆、语音输入装置等。

输出设备是把计算结果以人能识别的各种形式,如数字、符号、字母等表示出来,常见的输出设备有显示器、打印机、绘图仪、影像输出系统、语音输出装置等。

输入输出设备起着连接人和计算机、设备和计算机、计算机和计算机的作用。

1.3　程序设计语言

程序设计语言是用于编写计算机程序的语言。根据抽象程度的高低,程序设计语言可以分为:
- 第一代,机器语言。
- 第二代,汇编语言。
- 第三代,高级语言。

1.3.1 机器语言

计算机硬件的本质是一块电路板,电路只能理解"0"和"1"的电信号。最早的计算机实际上是通过手动改变电路和接线来编程的。这种指导计算机完成特定任务的方式对程序员来说，效率极其低下。由于这种由"0"和"1"组成的"语言"无须翻译就能让机器直接识别并执行，所以被称为"机器语言"。从程序员的角度来看，机器语言是离人类思维方式最远、离机器思维方式最近、抽象程度最低的语言，所以又被称为低级（low-level）语言。机器语言编程效率极低，基本被淘汰了。

1.3.2 汇编语言

在机器语言的基础上，为了方便编写、阅读和维护程序，人们使用一些容易理解和记忆的字母、单词（助记符）来代替一个特定的机器指令，比如：用"ADD"代表加、"MOV"代表数据传递等等，这就形成了汇编语言，即第二代计算机语言。

用汇编语言写的程序，需要用一个翻译程序（汇编器）把这些容易被人理解的语句翻译成机器能理解并执行的指令，如图1-4所示。

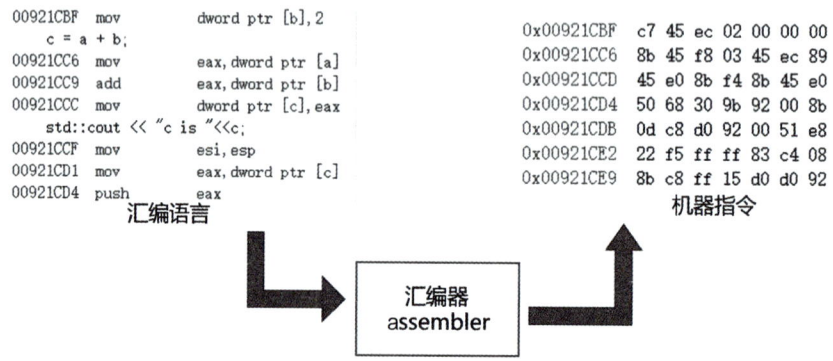

图1-4　汇编语言翻译为机器指令

汇编语言只是将机器语言做了简单的翻译，跟CPU指令集紧密相关，每种指令集构架的CPU都有自己的汇编语言。汇编语言在不同指令集构架的CPU之间做移植非常困难，例如，x86 CPU的汇编语言就不能运行在ARM CPU上。汇编语言朝人类思维方式前进了一步，但抽象程度仍然不高，移植非常困难，仍然属于低级语言。

1.3.3 高级语言

高级语言（high-level programming language）相对于机器语言和汇编语言，抽象程度更高，与人类思维方式更接近，更容易编写、阅读与维护；高级语言与CPU的具体构架和指令集无关，移植性好；其语法和结构更类似于普通英文，学习和使用更加容易。C/C++语言就是高级语言的典型代表。

高级语言通过编译器（compiler）编译成为与硬件相关的汇编语言，然后再由汇编器转换为计算硬件能够直接运行的机器指令，如图1-5所示。

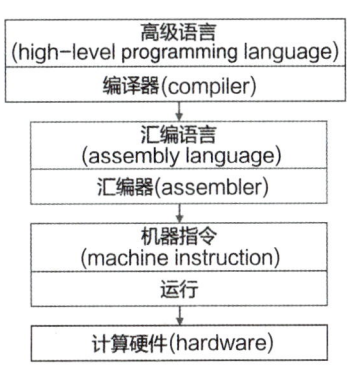

图 1-5　高级语言编译执行过程

1.3.4　编译型语言和解释型语言

根据编译时刻的不同，高级语言可以分为编译型语言和解释型语言。编译型语言在执行前把所有的源代码一次性编译为机器语言，后续执行无须重新编译。编译型语言代表：C、C++、Pascal/Object Pascal（Delphi）等。编译型语言执行效率比较高，但移植性比较差，切换程序运行平台时需要重新编译全部源代码。程序运行的平台是指操作系统+CPU，例如，Windows+x86 CPU，Android+ARM CPU。

解释型语言不用预先把所有源代码直接翻译成机器语言，而是在运行的过程中，由解释器（interpreter）逐条读取语句，逐条解释运行。解释器读入语句后，会将程序语句转换为与平台无关的字节代码（byte code），然后在虚拟机（virtual machine）上运行，如图 1-6 所示。解释型语言代表：Python、JavaScript 等。与编译型语言相比，解释型语言执行效率略低，但跨平台性好，同样的程序可以在不同平台上直接解释运行。

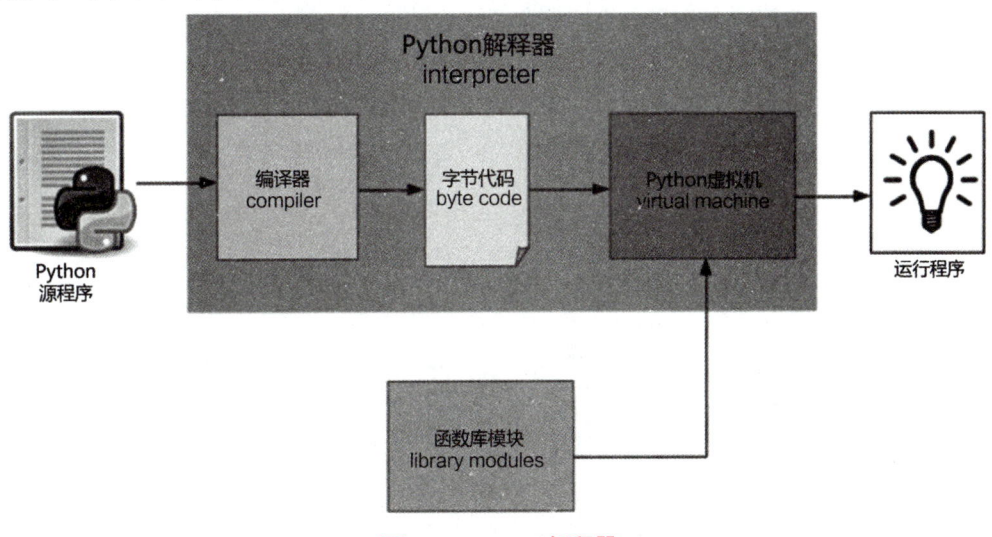

图 1-6　Python 解释器

编译型语言与解释型语言各有特点。前者由于程序执行速度快，同等条件下对系统要求较低，常用于开发操作系统、大型应用程序、数据库系统等。后者由于平台兼容性好，常用于编写网页脚本、服务器脚本等。

脚本（script）指具有一定逻辑执行顺序的命令集合，通常是一个文本文件，由某个解释器解释运行。一个能直接运行并能实现某个功能的 Python 源代码文件（*.py）通常称为 Python 脚本。

1.4　面向过程与面向对象

常见的两种编程思想是：面向过程编程和面向对象编程。

面向过程编程（procedure oriented programming）是一种聚焦解决问题的过程的编程思想。拿到一个问题后，首先分析出解决问题所需要的步骤，然后用函数把这些步骤一步一步实现。以面向过程编程的视角来看，程序 = 算法 + 数据结构。

面向对象编程（object oriented programming）是一种聚焦对象及其对象之间相互作用的编程思想。对象包含属性和方法，对象之间可以通过消息机制传递信息相互作用。拿到一个问题后，首先分析出这个问题可以抽象出哪几类对象，然后通过对象之间相互作用达成目标。以面向对象编程的视角来看，程序 = 对象 + 相互作用。

以把大象从冰箱中拿出来这个经典问题为例，如图 1-7 所示。

用面向过程编程的思想，首先会思考完成整个任务需要哪些步骤，然后根据这些步骤设计对应的函数：

第一个函数，open_door( ) 把冰箱门打开；

第二个函数，get_elephant( ) 把大象拿出来；

第三个函数，close_door( ) 把冰箱门关上；

接着依次调用上述三个函数，把问题解决。

用面向对象编程的思想，首先会思考这个问题跟哪几类对象有关，然后设计这些对象及其所包含的属性和方法，接着通过对象之间的相互作用完成整个任务。

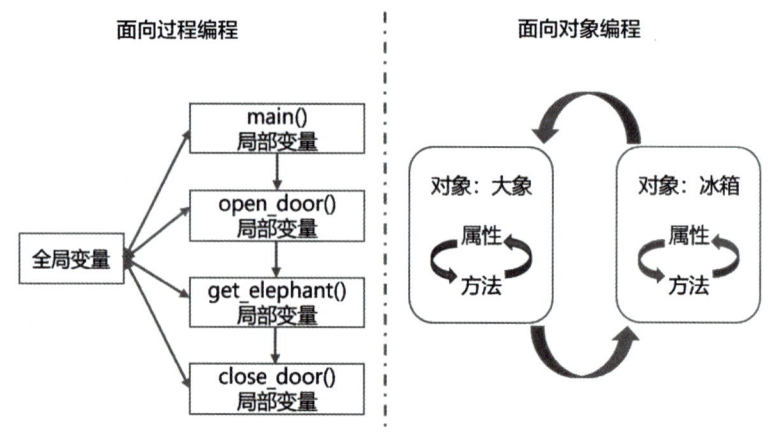

图 1-7　面向过程编程与面向对象编程

从人类的观察视角来看，现实世界由各种对象组成，实现世界的运行过程本质上是各种对象之间的相互作用。以学校为例，校长、老师、学生等对象"组成"了学校；校长、老师、学生等对象之间的相互作用"实现"了学校的运行。

由此可见，面向对象编程并不拘泥于解决问题的具体步骤，而是更加侧重按照"人的思想"对现实世界进行抽象，较之面向过程编程，抽象程度更高。

"在 Python 中，一切皆对象"，这个概念会贯穿本书始终，希望读者牢记。

1.5　Python 程序设计语言简介

Python 是一种面向对象的解释型开源免费的计算机程序设计语言，在人工智能、大数据、科学计算、金融、Web 开发、系统运维等领域，有数量庞大且功能相对完善的标准库和第三方库，通过对库的调用，能够快速实现不同领域业务的应用开发。

正是由于人工智能和大数据领域的相关库或框架都是用 Python 开发的，例如，Scikit-learn、TensorFlow、PyTorch、PaddlePaddle 等，所以 Python 已经成为事实上的人工智能和大数据行业的开发语言。

Python 的设计哲学如下：
- 优雅（beautiful）。
- 明确（explicit）。
- 简单（simple）。

在这种设计哲学的指导下，具备 Python 编程风格（Pythonic）的代码，具有如下优点：
- 代码量小。
- 维护成本低。
- 编程效率高。
- 简单、易读易懂。

例如，实现两个变量交换，如表 1-1 所示，可以看到 Pythonic 风格的代码比常规思维的代码更加简洁（只有一行），更加优雅，更加易读易懂。

表 1-1　两个变量交换

常规思维实现版	更加优雅的 Python 实现版

int a, b, tmp;
temp = a;
a = b;
b = temp;
	a, b = b, a

由此，程序员界有一个共识：Life is short, use Python（人生苦短，我用 Python）。

1.5.1　Python 发展史

Python 由 Guido van Rossum（图 1-8）于 1989 年开发，它的第一个公开发行版于 1991 年发布。

图 1-8　Guido van Rossum

Python 1.0——1994 年 1 月发布，增加了 lambda、map、filter 和 reduce 函数。

Python 2.0——2000 年 10 月 16 日发布，加入了内存回收机制，构成了现在 Python 语言框架的基础。

Python 2.4——2004 年 12 月 30 日发布，同年 Web 框架 Django 诞生。

Python 3.0——2008 年 12 月 03 日发布。

Python 3.8——2019 年 10 月 14 日发布。

……

1.5.2　Python 能做什么

Python 能做的事情主要有：

● Web 后端业务开发、数据库建设和管理、服务器性能优化。Python 提供了丰富的 Web 开发框架：Flask、Django、Tornado 等。用 Python 开发的著名网站有酷我、豆瓣、果壳、知乎、头条、美图、Youtube、Instagram 等。

● 数据爬虫工作。利用 Python 抓取网站数据并清洗入库。

● 系统网络运维。绝大多数公司的 IT 系统都用 Python 脚本做自动化运维工作。

● 数据计算、数据分析、数据挖掘。Python 广泛应用于生物信息学、物理学、气象学、制药科学、生命科学等领域进行数据计算、数据分析、数据挖掘，这些领域常用的库有 Numpy、Scipy、Biopython、SunPy 等。

● 机器学习。Python 有丰富的机器学习库，例如：Jittor、TensorFlow、PyTorch、Caffe、PaddlePaddle 等。

● 3D 游戏开发。Python 提供了很好的 3D 渲染库和游戏开发框架，方便 3D 游戏开发。用 Python 开发的著名游戏有文明 4、星际迷航、战地 2、黑暗之刃等。

1.5.3 为什么选择 Python 3

Python 3 是 Python 的一次重大升级，为了丢下历史包袱，Python 3 没有考虑与 Python 2 的兼容。

那么，初学者应该选择什么版本呢？本书建议大家选择 Python 3，理由有以下几点：
- 使用 Python 3 已经是大势所趋，使用 Python 3 的开发者正在迅速增加。
- 官方文档《Sunsetting Python 2》指明：2020 年 1 月 1 日起，停止更新 Python 2，建议用户升级到 Python 3。
- Python 3 在 Python 2 的基础上做了重大升级。

由此，本书讲授的所有知识点全部基于 Python 3。

1.6 在 Windows 下安装 Python 程序开发环境

在学习 Python 之前，需要安装好 Python 程序开发环境。Python 支持 Windows、Linux 和 Mac OS X 操作系统，本书聚焦于在 Windows 下学习 Python。在 Windows 下，本书推荐使用下列工具安装 Python 程序开发环境：
- Anaconda：用于管理 Python 库和虚拟环境。
- Visual Studio Code：Python 的图形化集成开发环境（IDE），一站式实现 Python 项目的开发、调试、测试和发布。
- Qt Console：Python 交互式运行环境，主要用于测试短小的 Python 代码片段和演示 Python 的各种特性。本书在讲授 Python 语法特性时，都会在 Qt Console 上做演示。

1.6.1 Anaconda 简介

Python 强大好用的原因是其有数量庞大且功能相对完善的标准库和第三方库，但管理这些数量庞大的库，并解决这些库之间的版本依赖关系，却是一件令人非常头疼的事情。直接用"pip install"命令安装深度学习开发环境，会遇到冗长的软件安装列表、复杂的软件版本依赖关系，这些都会让初学者头疼不已，初学者的学习热情也会受到极大打击。

Anaconda 的出现，完美地解决了 Python 库的管理问题。简单来说，Anaconda 是 Python 库（packages）和虚拟环境（virtual environment）的管理工具，让 Python 开发者能方便快捷地管理 Python 运行的虚拟环境和开发应用需要的各种库，并且不用操心各种库之间的版本依赖关系。

1.6.2 下载并安装 Anaconda

下载并安装 Anaconda 的具体步骤如下。

第一步，到 Anaconda 官网（https://www.anaconda.com）下载 Anaconda 安装文件，如图 1-9 所示。Anaconda 一直在升级更新，读者看到的版本可能会与本书不同，注意下载的是 Python 3.x 的 Windows 64 位安装包。

安装 Anaconda 之前，必须保证当前的系统没有单独安装过 Python，若已经安装了，请把先前安装的 Python 卸载。若从 Anaconda 官网下载安装包比较慢，请到清华大学开源软件镜像站（https：//mirrors.tuna.tsinghua.edu.cn/help/anaconda/）下载。

图 1-9　下载 Anaconda

第二步，双击打开 Anaconda 安装文件，在用户选项页面，选择"Just Me"或"All Users"都可以，本书选择"Just Me"，然后点击"Next>"按钮，如图 1-10 所示。

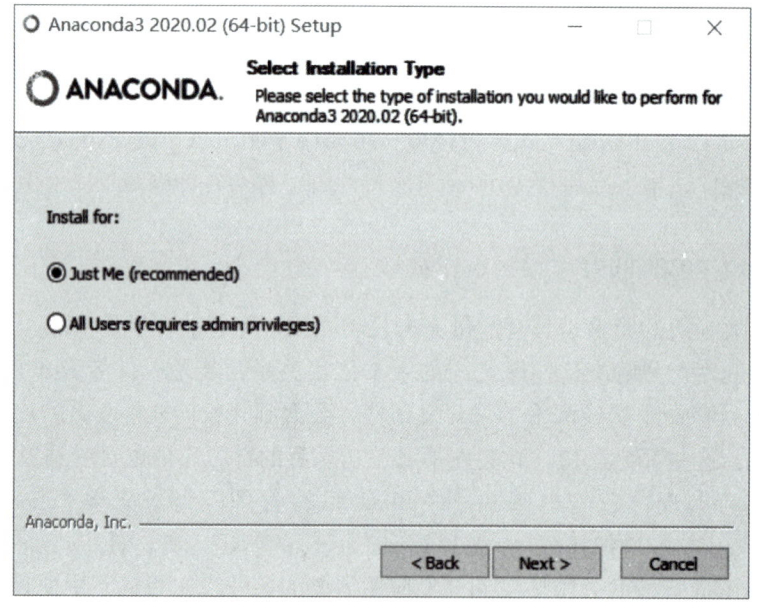

图 1-10　选择"Just Me"

第三步，在安装路径设置页面，保持默认设置，然后点击"Next>"按钮，如图 1-11 所示。

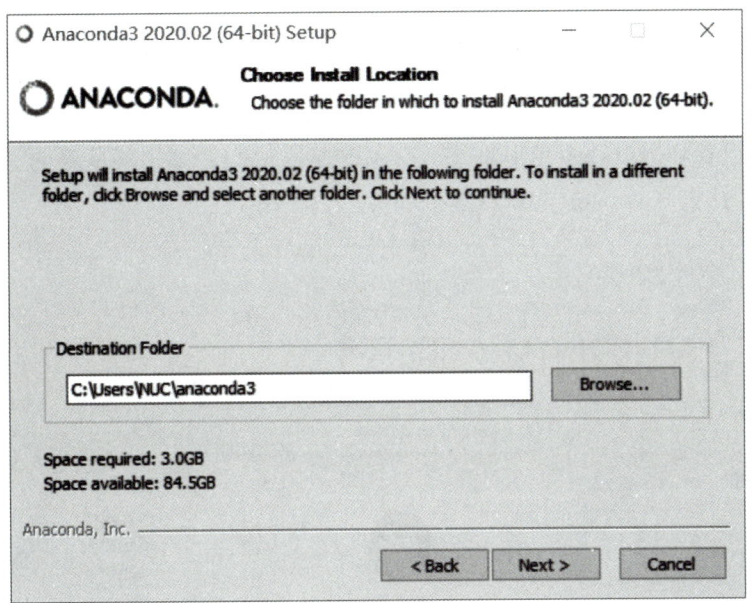

图 1-11　路径保持默认

第四步，在高级安装选项页面，请在"Add Anaconda3 to my PATH environment variable"选项前面打上钩，这样能将 Anaconda 路径添加到 Windows 的 PATH 环境变量中去，让 Anaconda 成为 Windows 系统默认的 Python 运行版本，然后点击"Install"按钮，完成 Anaconda 安装，如图 1-12 所示。

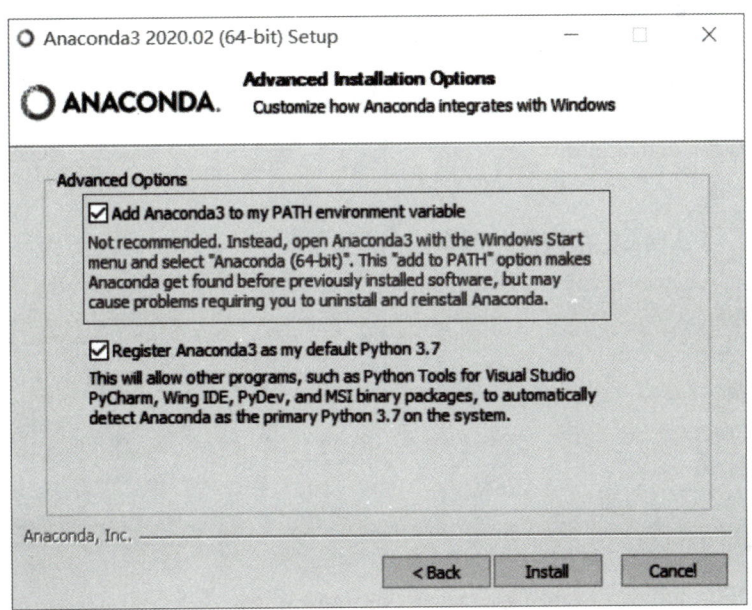

图 1-12　添加 Anaconda 路径到 PATH 环境变量中

1.6.3 测试 Anaconda 安装

安装完毕后，从 Windows"开始"菜单启动"Anaconda Navigator"。启动后，在"Home"选项卡处，可以看到当前的应用程序是运行在"base(root)"虚拟环境上的，如图 1-13 所示。"base(root)"是 Anaconda 的默认虚拟环境。

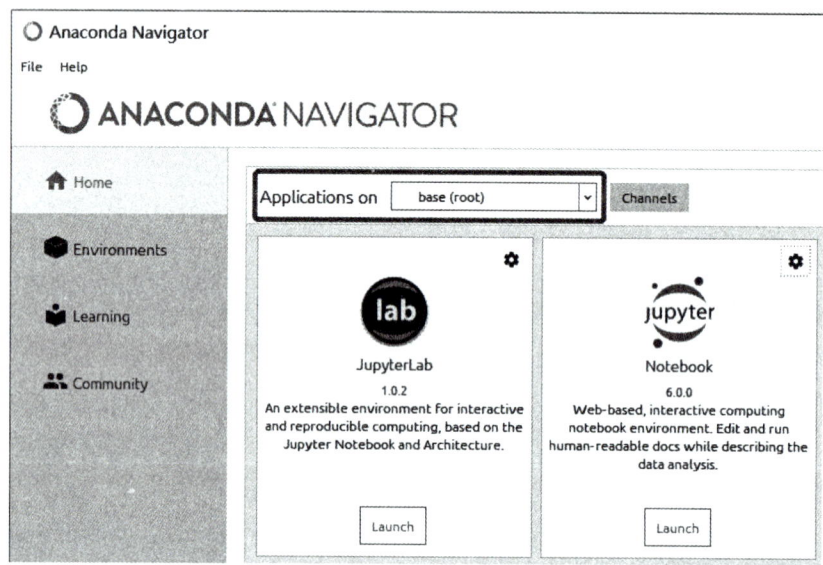

图 1-13　启动 Anaconda Navigator

在"Environments"选项卡中，对着绿色箭头点击左键，在弹出菜单中选择"Open with Python"，如图 1-14 所示。

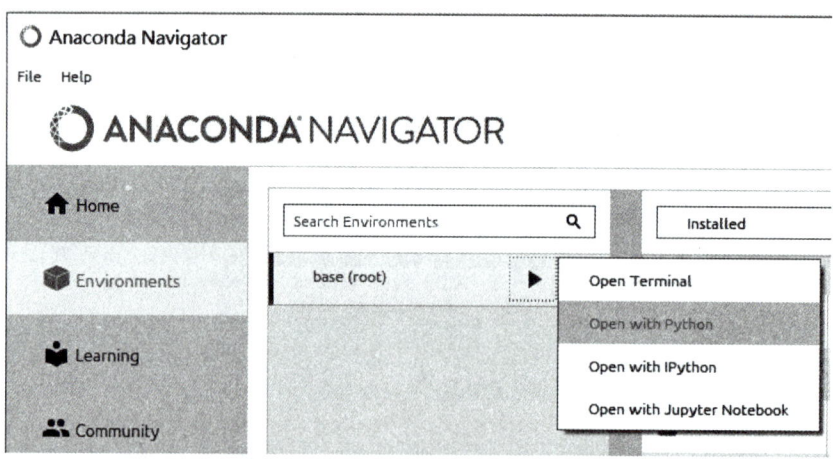

图 1-14　Open with Python

在弹出的 Windows 命令行窗口中，输入如代码清单 1-1 所示的程序。

代码清单 1-1　hello，Anaconda！

1. hello = "hello, Anaconda!"
2. print(hello)

得到如图 1-15 所示的结果，说明 Anaconda 与 Python 都安装好了。

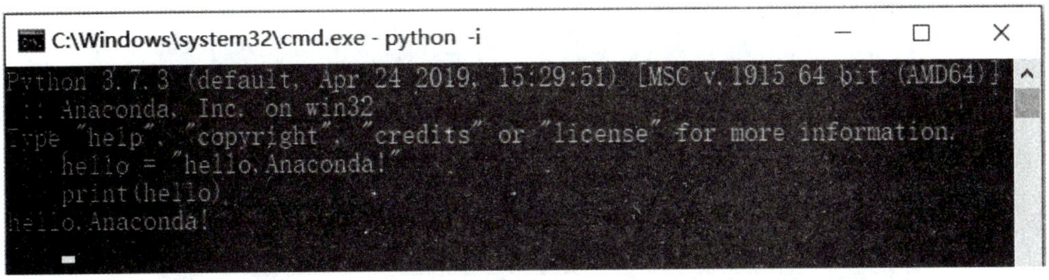

图 1-15　hello，Anaconda！

到这里，恭喜读者完成了 Python 的第一个程序：Hello，Anaconda！。

1.6.4　配置 Anaconda 软件包下载服务器

Anaconda 软件包下载服务器的默认地址在国外，导致软件包下载速度时快时慢。解决办法是将 Anaconda 软件包下载服务器配置为清华大学开源软件镜像站，具体步骤如下。

第一步，在 Windows 任务栏的搜索框中输入"Anaconda Prompt"，在搜索结果中左键点击"Anaconda Prompt(Anaconda3)"，启动 Anaconda 命令行终端，如图 1-16 所示。

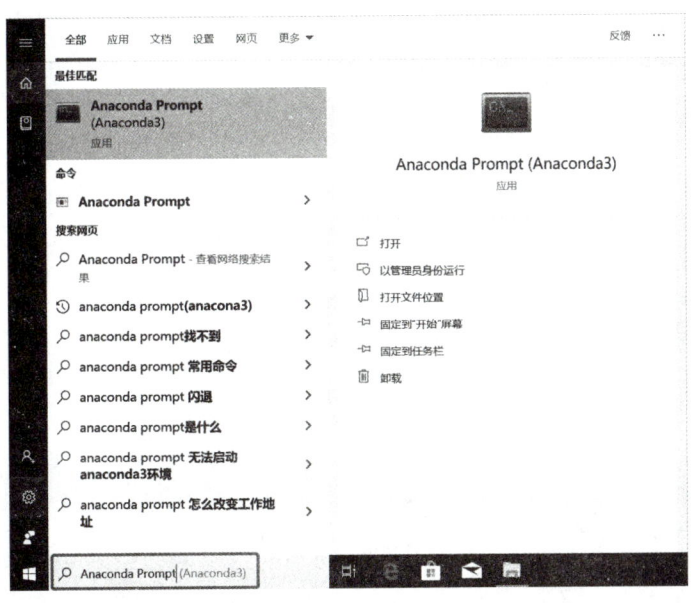

图 1-16　启动 Anaconda Prompt(Anaconda3)

第二步，在"Anaconda Prompt"中执行以下命令：

conda config --set show_channel_urls yes

命令执行完毕后，在当前文件夹下会生成.condarc 文件，如图 1-17 所示。

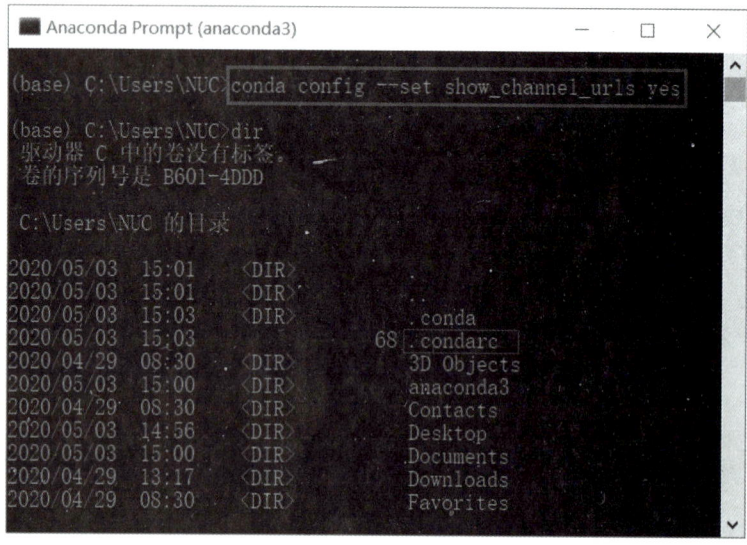

图 1-17　生成.condarc 文件

第三步，用文本编辑器打开.condarc 文件，用以下内容替换.condarc 文件的原内容，并保存。

channels：
　- defaults
show_channel_urls：true
channel_alias：https://mirrors.tuna.tsinghua.edu.cn/anaconda
default_channels：
　- https://mirrors.tuna.tsinghua.edu.cn/anaconda/pkgs/main
　- https://mirrors.tuna.tsinghua.edu.cn/anaconda/pkgs/free
　- https://mirrors.tuna.tsinghua.edu.cn/anaconda/pkgs/r
　- https://mirrors.tuna.tsinghua.edu.cn/anaconda/pkgs/pro
　- https://mirrors.tuna.tsinghua.edu.cn/anaconda/pkgs/msys2
custom_channels：
conda-forge：https://mirrors.tuna.tsinghua.edu.cn/anaconda/cloud
msys2：https://mirrors.tuna.tsinghua.edu.cn/anaconda/cloud
bioconda：https://mirrors.tuna.tsinghua.edu.cn/anaconda/cloud
menpo：https://mirrors.tuna.tsinghua.edu.cn/anaconda/cloud
pytorch：https://mirrors.tuna.tsinghua.edu.cn/anaconda/cloud
simpleitk：https://mirrors.tuna.tsinghua.edu.cn/anaconda/cloud

重启"Anaconda Prompt",运行命令"conda clean -i"清除索引缓存,从而保证用的是镜像站提供的索引,到此,Anaconda 软件包下载服务器配置完毕。

1.6.5 创建 learn_python36 虚拟环境

为了方便学习 Python,能随时安装或卸载各种软件包,且不影响其他 Python 运行环境,本书推荐创建一个名为"learn_python36"的虚拟环境,创建的具体步骤如下。

第一步,在 Windows 任务栏的搜索框中输入"Anaconda Prompt",在搜索结果中左键点击"Anaconda Prompt(Anaconda3)",启动 Anaconda 命令行终端。

第二步,在"Anaconda Prompt"中执行以下命令:

conda create -n learn_python36 python=3.6

conda 会自动生成一个安装计划表,键入"Y",完成虚拟环境创建工作,如图 1-18 所示。

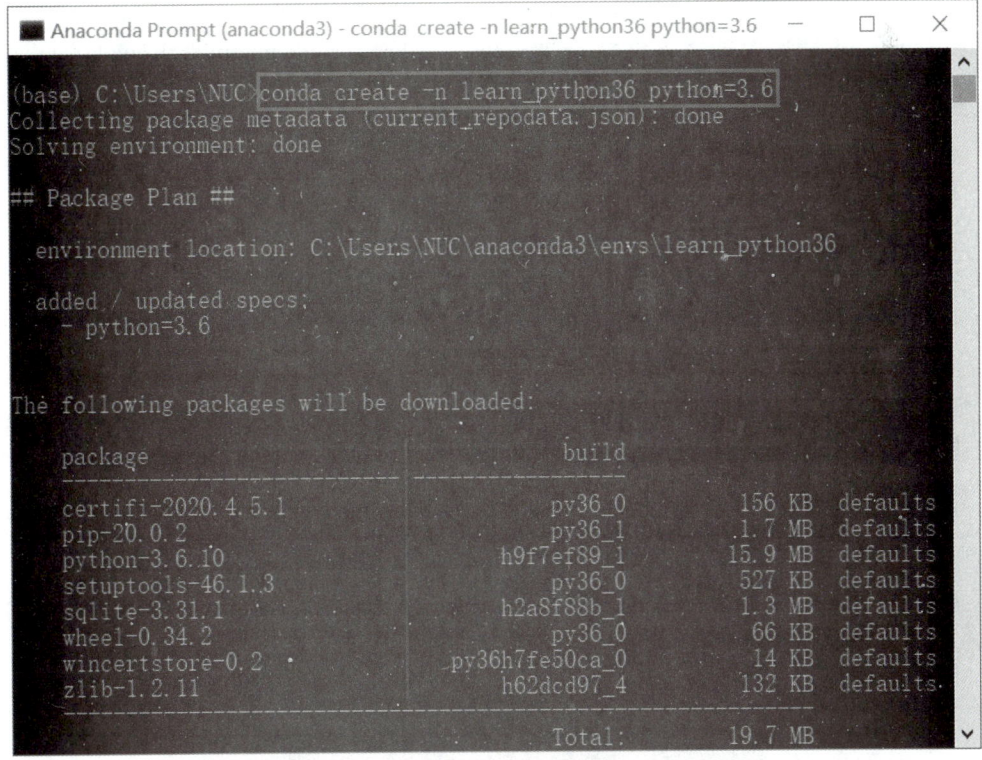

图 1-18　创建虚拟环境 learn_python36

输入命令"conda env list",可以查阅已创建的虚拟环境。输入命令"conda activate learn_python36",可以激活虚拟环境 learn_python36,如图 1-19 所示。

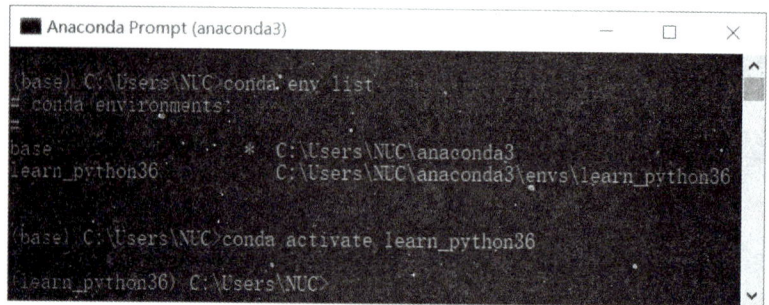

图 1-19　查阅并激活虚拟环境

1.6.6　Anaconda 的进阶学习

为了提高用户对 Anaconda 这个工具的使用熟练程度，Anaconda 的进阶学习资料如下：
* Anaconda 用户手册，查看网址 https：//docs.anaconda.com/anaconda/user-guide/，利用该手册进一步熟悉 Anaconda 这个工具。
* Conda 命令速查手册，查看网址 https：//docs.conda.io/projects/conda/en/latest/user-guide/cheatsheet.html#，利用该手册进一步熟悉 Conda 命令。

1.6.7　安装 Visual Studio Code

Visual Studio Code（简称 VS Code）是微软的开源免费跨平台代码编辑器，完全继承了微软 Visual Studio 的优良基因。VS Code 具有语法高亮、代码自动补全、多插件支持、图形化调试、集成 Git、支持 Markdown 等优秀功能，大大提高了 Python 项目的开发效率，本书推荐将 VS Code 作为开发 Python 项目的集成开发环境（IDE）。

安装 VS Code 的具体步骤如下。

第一步，进入 VS Code 官网（https：//code.visualstudio.com/），下载 VS Code 安装文件，如图 1-20 所示。

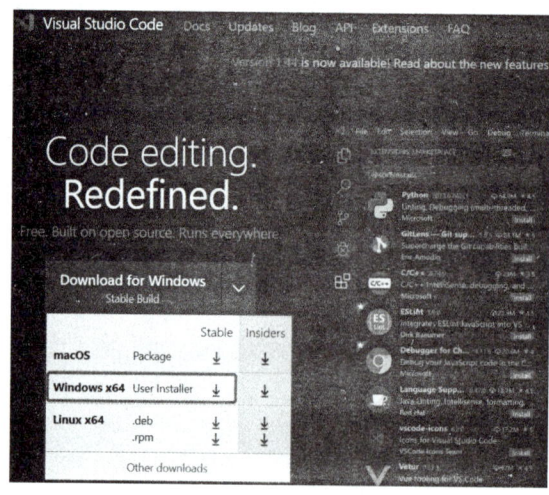

图 1-20　下载 VS Code 安装文件

第二步，双击 VS Code 安装文件，按默认选项完成安装。

第三步，VS Code 安装完毕后，在 Windows 搜索框中键入"Visual Studio Code"，然后在搜索结果中左键单击"Visual Studio Code"，如图 1-21 所示，能正常启动表示安装成功。

图 1-21　启动 Visual Studio Code

1.7　编写、运行和调试 Python 程序

1.7.1　在 VS Code 中编辑 Python 代码

启动 VS Code，在"File"菜单中选择"New File"，新建代码文件。这时，文件名默认为"Untitled-1"，由于 VS Code 不知道文件类型，所以暂时没有体现语法高亮。

输入代码，如代码清单 1-2 所示。

代码清单 1-2　code1_2.py 范例代码

```
1. a = 1          #将变量a赋值为1
2. b = 2          #将变量b赋值为2
3. c = a + b      #将a+b的和赋值给变量c
4. print("c = {0:d}".format(c))
```

在"File"菜单中选择"Save"，在"保存类型(T)"中选择"Python(*.py)"，把文件以"code1_2.py"为文件名保存成 Python 源代码文件，这时，VS Code 识别到这是 Python 源代码文件，会立即实现语法高亮，如图 1-22 所示。

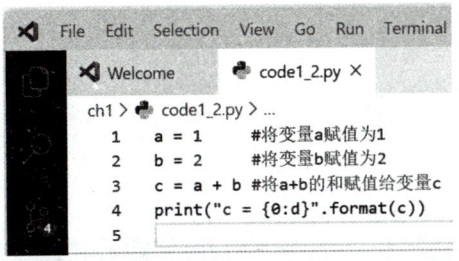

图 1-22　code1_2.py

1.7.2 在 Visual Studio Code 中运行 Python 代码

在"Run"菜单，选择"Run Without Debugging"，或者按下快捷键"Ctrl+F5"，可以直接运行 Python 代码，在"TERMINAL"中可以看到运行的结果，如图 1-23 所示。

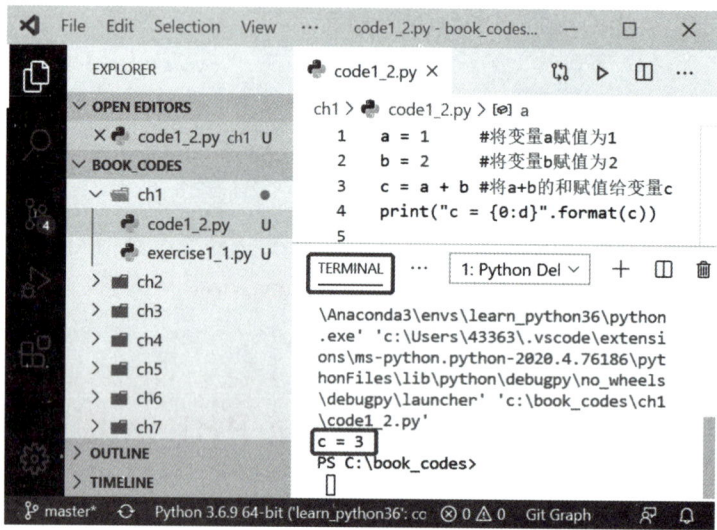

图 1-23 运行 Python 代码

1.7.3 在 Visual Studio Code 中调试 Python 代码

在需要设置断点的行的行号左边空白处双击左键，设置断点，然后在"Run"菜单中选择"Start Debugging"，或者按下快捷键"F5"，进入调试模式，如图 1-24 所示。

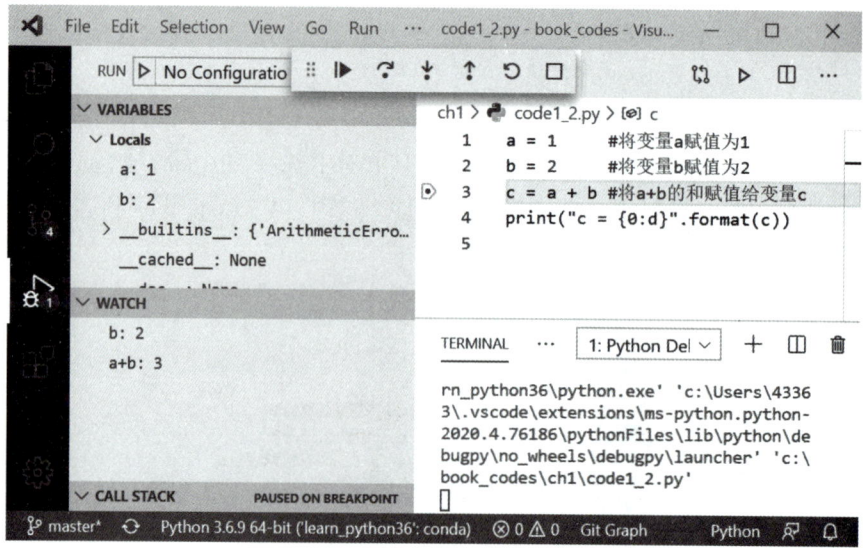

图 1-24 进入调试模式

在调试工具栏里面有如下工具：
- Continue(F5)，继续运行。
- Step Over(F10)，单步执行，遇到子函数/子方法不进入。
- Step Into(F11)，单步执行，遇到子函数/子方法进入。
- Step Out(Shift+F11)，从子函数/子方法中退出。
- Restart(Ctrl+Shift+F5)，重新开始调试。
- Stop(Shift+F5)，结束调试。

在"VARIABLES(变量观察区)"可以看到局部变量、全局变量等。
在"WATCH(表达式观察区)"可以输入需要观察的表达式，查看运行时表达式的值。
在"CALL STACK(调用栈)"可以看到函数调用的堆栈情况。

1.7.4 在 Visual Studio Code 中安装 Pylint

Pylint 是 VS Code 推荐的 Python 代码分析工具，它能在程序员编写代码的同时自动分析 Python 代码中的语法错误，查找不符合 Python 代码风格标准(Pylint 默认使用的代码风格标准是 PEP 8)和有潜在问题的代码。

在 VS Code 中安装 Pylint 工具非常方便，只需要在"TERMINAL"窗口输入命令"pip install pylint"，即可完成安装，如图 1-25 所示。

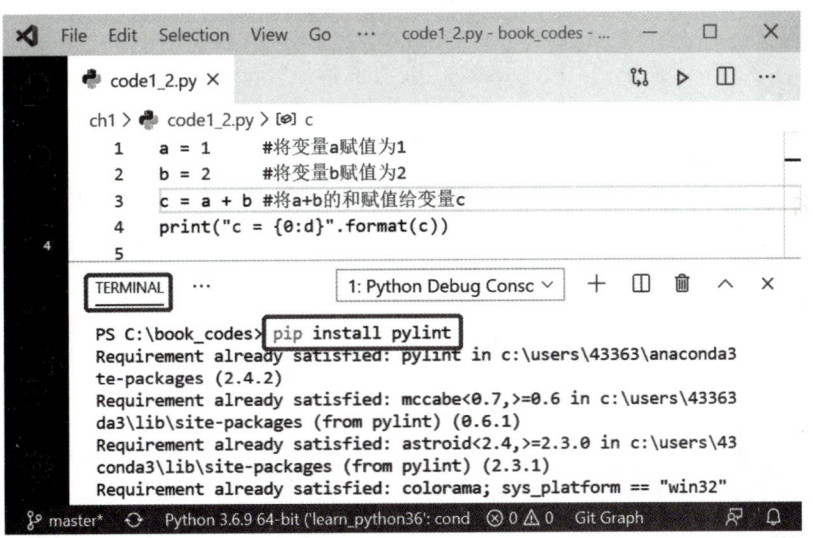

图 1-25 安装 Pylint

1.7.5 在 Visual Studio Code 中一键美化 Python 代码

要把 Python 代码写漂亮，必须遵循 PEP 8 Python 编码规范。记住 PEP 8 规范，是一件非常痛苦的事情。YAPF 工具可以自动整理并按 PEP 8 规范格式化代码，无须程序员记忆 PEP 8 规范。使用 YAPF 工具格式化 Python 代码的具体步骤如下。

第一步，在"TERMINAL"窗口输入命令"pip install yapf"，完成 YAPF 安装，如图 1-26 所示。

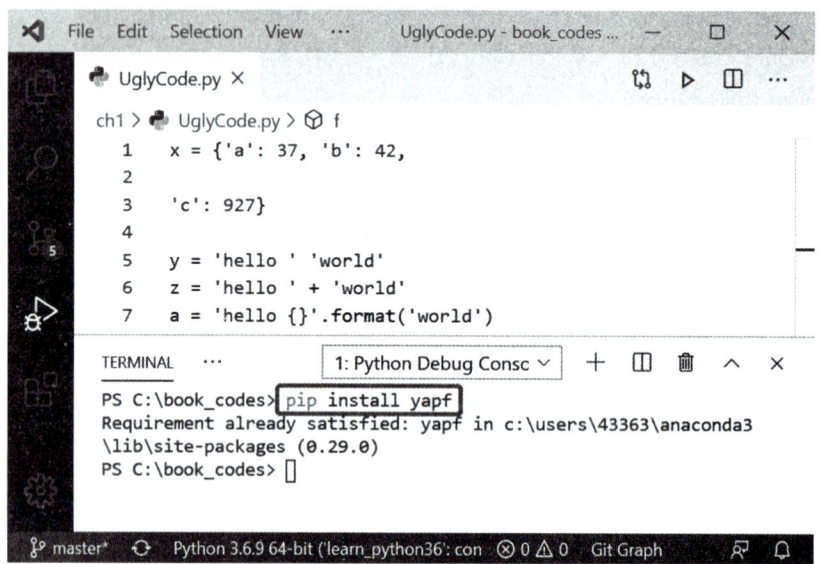

图 1-26　安装 YAPF

第二步，在"File"菜单->"Preferences"选项中单击"Settings"，在"Settings"窗口，输入"python. formatting. provider"，并选择 yapf 完成配置，如图 1-27 所示。

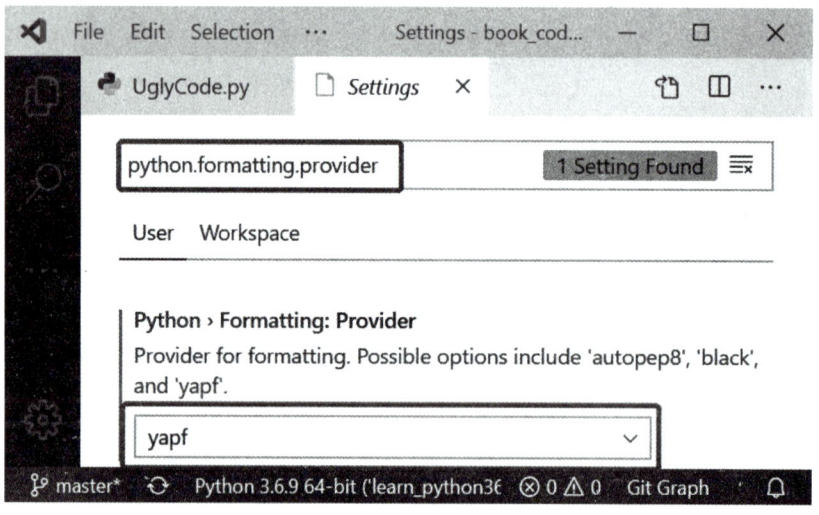

图 1-27　配置 YAPF

第三步，在需要整理的 Python 代码文件中，使用快捷键"Alt+Shift+F"，即可完成代码格式化工作，如图 1-28 和图 1-29 所示。

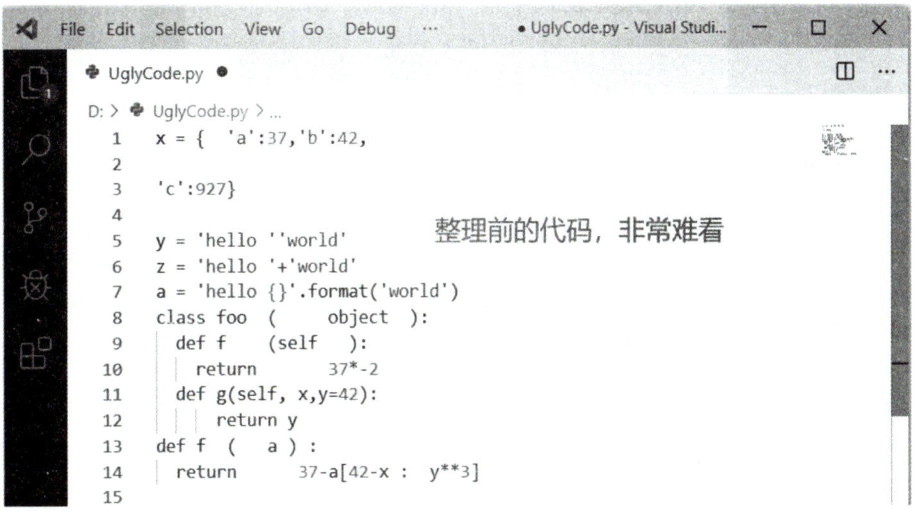

图 1-28 整理前的代码

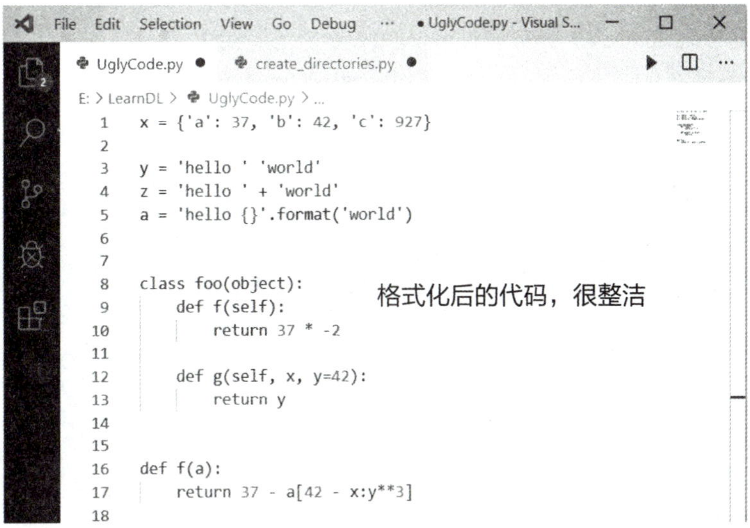

图 1-29 格式化后的代码

以上就是 VS Code 的安装，Python 代码编写、调试、语法检查和代码美化的常见操作。掌握了上述操作方法，就可以在 VS Code 中高效地开发 Python 程序了。

1.7.6 将 Visual Studio Code 配置为中文界面

VS Code 安装完毕后，默认是英文界面。需要切换为中文界面的读者可以按照下列步骤进行切换。

第一步，启动 VS Code，点击"Extensions"选项卡，在扩展插件市场页面输入"chinese"，找到中文(简体)语言包插件，点击"install"按钮安装该插件，如图 1-30 所示。

图 1-30　安装中文语言包插件

第二步，重启 VS Code，即可进入中文界面，如图 1-31 所示。

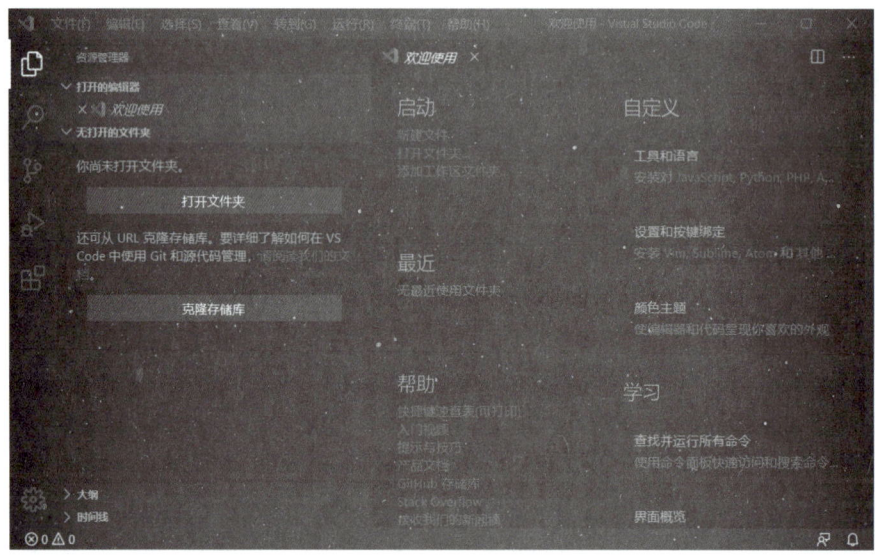

图 1-31　VS Code 中文界面

若希望切换回英文界面，请用"Ctrl+Shift+P"打开命令面板，输入命令"Configure Display Language"并回车，然后选择"en"并回车，完成英文界面切换，如图 1-32 所示。

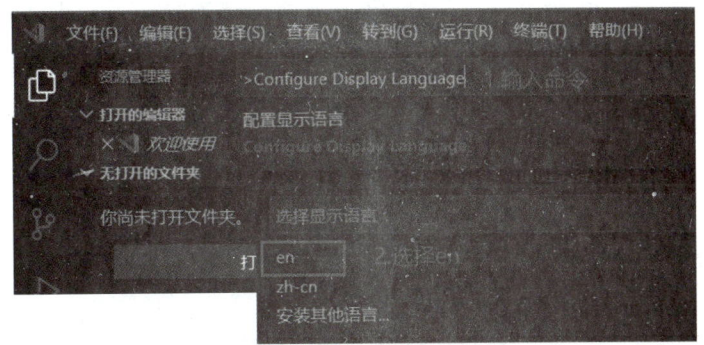

图 1-32　切换回英文界面

1.8　安装 Git 工具

1.8.1　Git 简介

Git 是一个开源免费的分布式版本控制工具，不管是小项目还是大项目，都可以高效地管理。本书主要用 Git 工具实现 Python 项目的版本控制。在安装 Git 之前，请先确保已经按照 1.6.7 节安装完毕 VS Code，因为本书推荐使用 VS Code 作为 Git 的文本编辑器。

1.8.2　下载、安装并配置 Git

下载并安装 Git 的具体步骤如下：

第一步，从 Git 官网（https://git-scm.com/）下载 Git 的 Windows 版的安装程序，如图 1-33 所示。

图 1-33　下载 Git

第二步，双击下载的安装文件，在编辑器选择页面选择"Use Visual Studio Code as Git's default editor"，其他安装选项保持默认设置，完成 Git 安装，如图 1-34 所示。

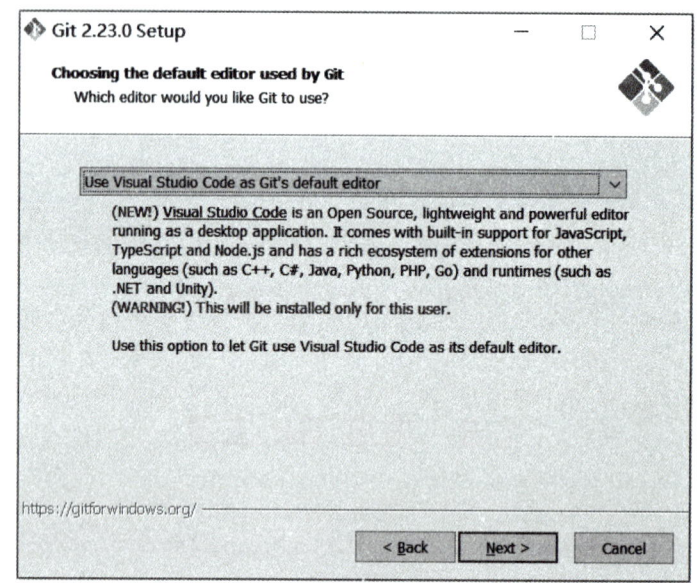

图 1-34　完成 Git 安装

第三步，在任意文件夹的空白处，单击右键，打开右键菜单。在右键菜单中，点击"Git Bash Here"启动 Git Bash，如图 1-35 所示。

图 1-35　启动 Git Bash

Git 使用用户信息：名字（user.name）和 Email（user.email），作为电脑的识别号，所以安装完 Git 后，需要使用如下命令告诉 Git 用户信息是什么。

git config --global user.name "[用户名]"

git config --global user.email "Email"

请将"[用户名]"换成自己的用户名,把"Email"换成自己的 Email 地址,最后用命令"git config --list"检查配置是否成功,如图 1-36 所示。到此,Git 工具的下载、安装和配置工作完成。

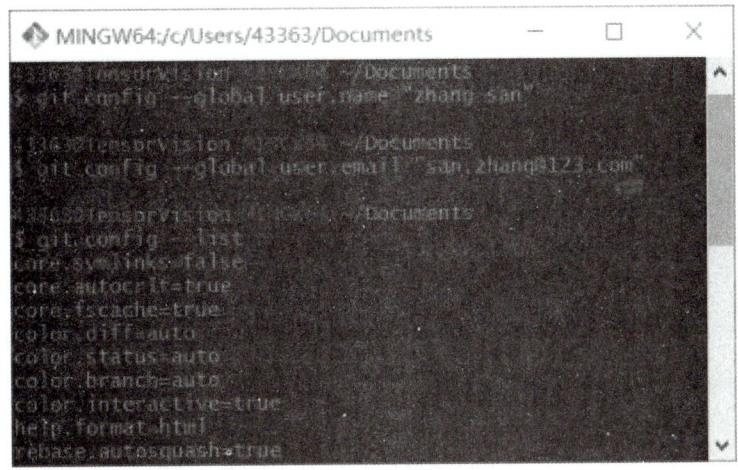

图 1-36　配置 Git 用户信息

1.8.3　下载本书的 git 代码库

启动 Git Bash,输入如下命令,下载本书的 github 代码库,如图 1-37 所示。

git clone https://github.com/pythonprogrammingbook/bookcodes.git

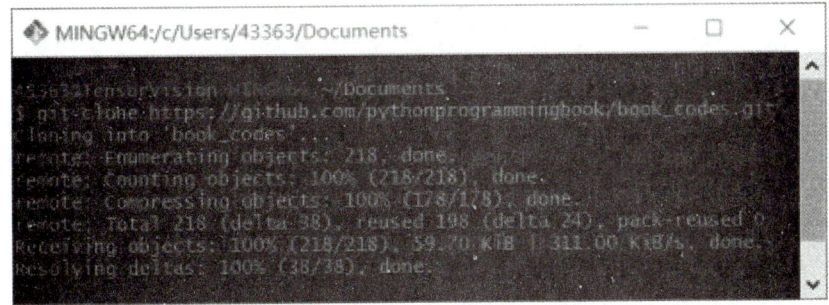

图 1-37　下载本书的 github 代码库

1.9　本章要点回顾

本章首先介绍了计算机的典型组成，程序设计语言，机器语言、汇编语言和高级语言，编译型语言和解释型语言，面向过程编程与面向对象编程。Python 是一种面向对象的解释型开源免费的计算机程序设计语言。

然后介绍了 Python 程序设计语言、Python 发展史、Python 编码规范和为什么要选择 Python 3。

最后介绍了如何搭建 Python 开发环境，并给出了第一个 Python 程序编写、运行和调试的完整范例。

1.10　本章练习题

题目 1.1　请在自己的电脑上搭建 Python 开发环境：安装好 Anaconda、VS Code 和 Git。

题目 1.2　请用 VS Code 编写、运行并调试第一个 Python 程序：Hello，Python！。

题目 1.3　思考一下，学好 Python 对自己今后的学习工作有什么益处？

第 2 章

Python 变量与数据类型

2.1 Python 变量

2.1.1 变量(variable)的一般概念

变量，顾名思义，指可以改变的量。在计算机的世界中，变量通常被认为是一种访问存储位置的方式。

在许多编程语言中，例如 C 语言，变量被实现为内存地址的符号名称，该内存地址存储了某一种类型的数据，例如数字、文本或其他更复杂类型的数据，如图 2-1 所示。

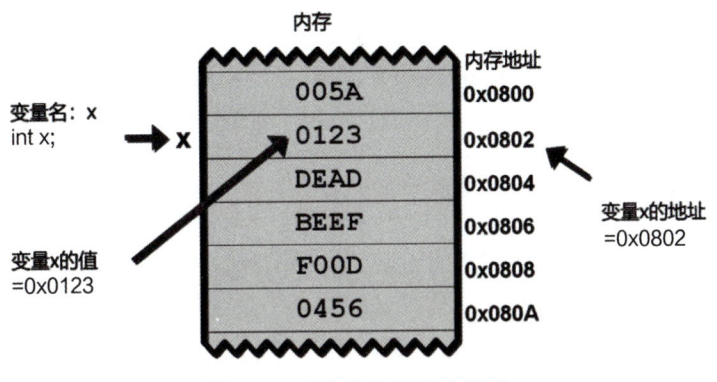

图 2-1　C 语言中的变量实现

2.1.2 Python 变量是对象的引用

如前所述，Python 是一种面向对象的解释型计算机程序设计语言。面向对象一个典型体现是在 Python 中一切皆为对象，Python 变量是对象的引用，实际数据包含在对象中。下面本书将详述 Python 变量这个概念。

2.1.3 创建 Python 变量

Python 中不需要声明变量，想使用变量时，可以考虑一个名字，然后将其用作变量。例如，当执行"height = 1"这条语句时，Python 解释器会做以下工作：
- 创建一个类型为整型、值为 1 的对象。
- 创建一个变量名"height"。
- 把变量名"height"关联到这个对象上。

这样，变量"height"就被创建出来了，使用变量"height"就可以引用"整型 1"这个对象了。

为了形象理解 Python 变量、变量名和对象之间的关系，可以把 Python 变量想象为一个标签。当 Python 解释器创建好一个对象后，就把名称为"height"的标签贴到对象上，这样就可以用"height"变量来引用这个对象了。

从图 2-2 中可以清楚看到，Python 变量只是一个"标签"，用于引用对象，实际数据是存放在对象中而不是 Python 变量里的。

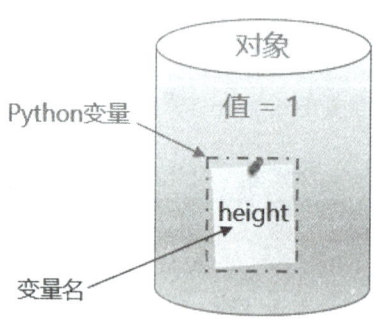

图 2-2 "height"变量与引用的对象

2.1.4 改变变量对对象的引用

如前节所述，Python 变量是对象的引用，但是实际数据包含在对象中。Python 变量在程序运行的过程中可以随时改变对对象的引用，如图 2-3 所示。

当执行 x = 55 这条语句时，Python 解释器会创建一个整数类型对象，其值为 55，然后把变量 x 关联到这个整数类型对象上；当执行 x = "hello，python!"这条语句时，Python 解释器会创建另外一个字符串类型对象"hello，python!"，然后把变量 x 关联到这个字符串类型对象上。这时，变量 x 引用的对象是"hello，python!"，而不是之前的"55"了。

每个对象被创建时都有一个唯一的标识(id)，可以认为它就是对象的内存地址，用 id()函数可以检查变量引用对象的标识，若标识改变，说明变量引用的对象已经改变了，如图 2-3 所示。

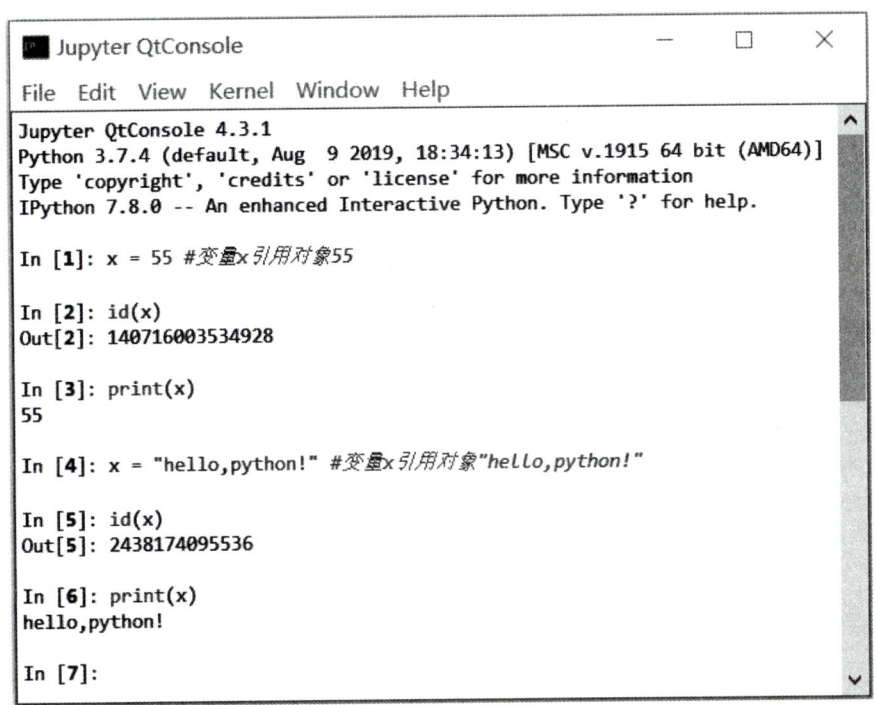

图 2-3　改变变量对对象的引用

2.1.5　"="在 Python 中的意义：引用赋值

"="在 C 语言中的意思是值赋值，例如，int x = 5 这条 C 语言语句，意思是把整数 5 赋值给整型变量 x。int y = x 这条 C 语言语句，意思是首先创建一个整型变量 y，然后把变量 x 的值赋值给整型变量 y。

"="在 Python 语言中的意思是引用赋值，跟 C 语言中的意义完全不一样。例如，x = 5 这条 Python 语句，意思是把变量 x 跟整数类型对象"5"关联（reference）起来，变量 x 里面存的是对对象"5"的引用。

y=x 这条 Python 语句，意思是把变量 x 关联的对象"5"的引用赋值给变量 y，然后变量 y 和变量 x 都可以引用对象"5"了。

用一个更加形象的比喻，读者可以把变量想象为一张标签，当执行完 x=5 这条语句后，Python 解释器会先创建一个对象，其值为"5"，然后把标签 x 贴到对象"5"上；当执行完 y=x 语句后，Python 解释器不会在内存中再创建一个新的对象"5"，而是在对象"5"上再贴一张标签 y，如图 2-4 所示，即执行完 y=x 语句后，变量 x 和变量 y 都关联到对象"5"上了。

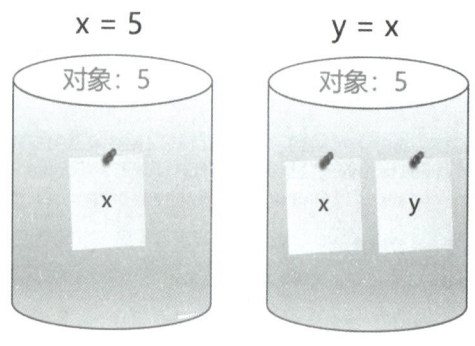

图 2-4 y=x

用 id( )函数可以查看变量关联的对象的标识(id)，若标识相同，可以认为变量引用的对象相同；也可以用运算符 is，直接判断变量 x 和 y 是否关联到同一个对象，如图 2-5 所示。

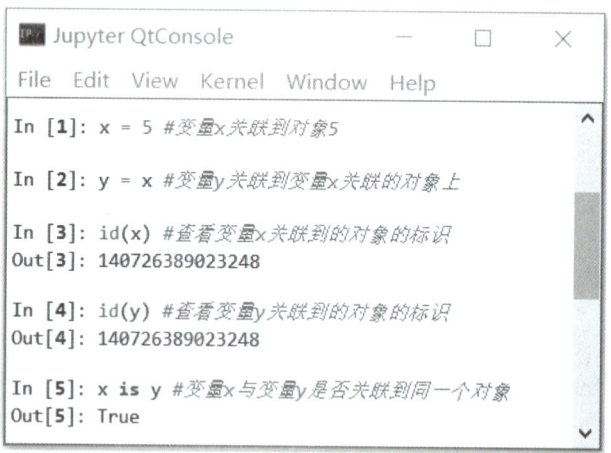

图 2-5 查看变量 x 和 y 是否关联到同一个对象

2.1.6 对象的类型、标识和值

对象在创建时具有以下属性：
- 标识(id)，唯一识别，不可改变，可以认为它就是对象的内存地址。
- 类型(type)，不可改变，对象的类型确定了对象能够支持的操作，同时也定义了该种对象的取值范围。
- 值(value)，某类对象的值可以改变，某类对象的值不可以改变；值可以改变的对象称为可变的(mutable)对象，例如列表、字典、集合；一旦创建完成值就不能改变的对象称为不可变的(immutable)对象，例如整数、字符串、元组。

可以通过函数 type( )查看对象的类型，通过函数 id( )查看对象的标识，通过运算符 is

判断两个变量是否关联到同一个对象，通过运算符==判断两个对象的值是否相等。

启动 Jupyter QtConsole，键入如图 2-6 所示的代码，实现 Python 对象的创建与查看。

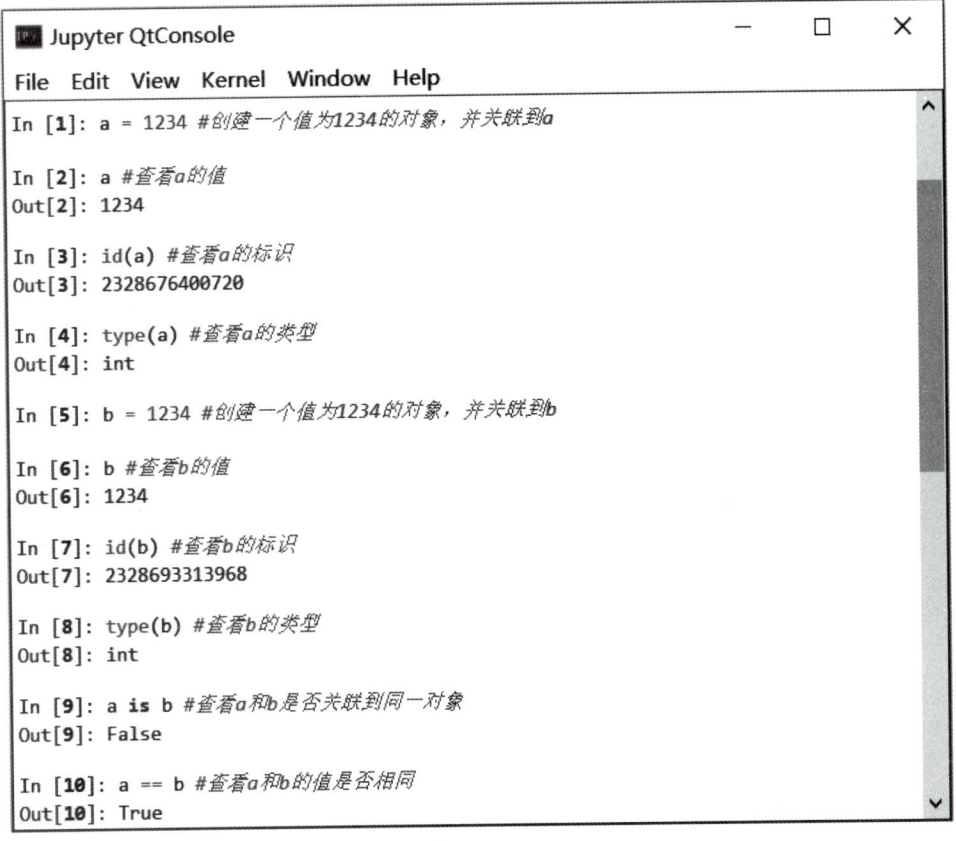

图 2-6　Python 对象的创建与查看

基于性能优化考虑，Python 会把值较小的对象放在缓存区。当新建一个变量要关联到"小对象"时，Python 会先查找缓存区，若该"小对象"已经创建，则不会再创建新的存储相同值的对象，而是直接把这个"小对象"关联到新建的变量，这样可以避免频繁申请和销毁内存空间，如图 2-7 所示。值较小的对象有：

- 取值在[-5，256]的整数类型对象。
- 只有一个单词的字符串类型对象。
- None 对象。
- 值为 False/True 常量的布尔类型对象。

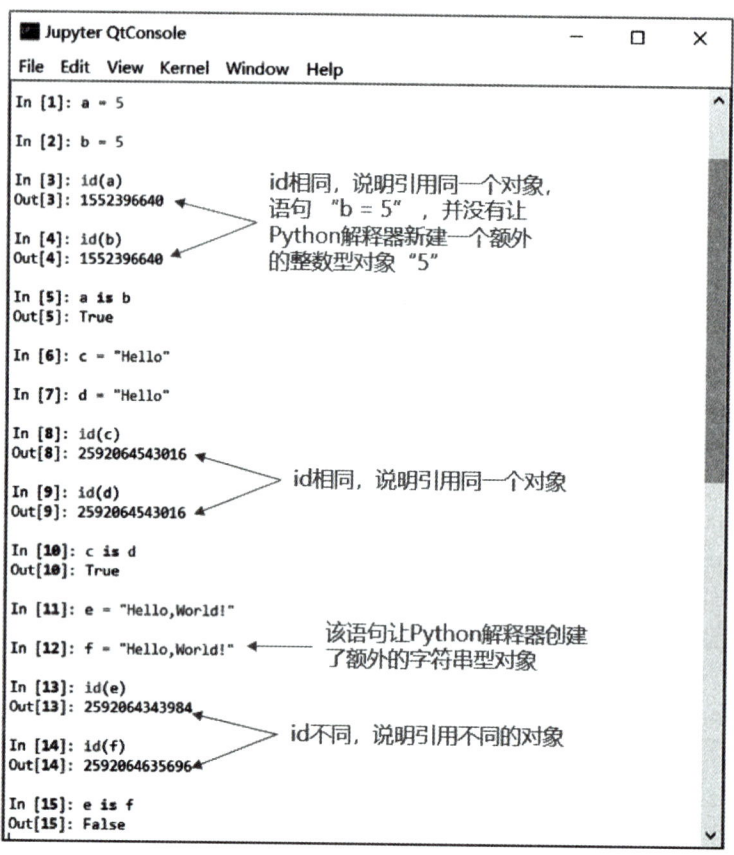

图 2-7 不会额外创建新对象的情况

要学好 Python，就要按 Python 的思维方式去思考。在 Python 中，一切皆对象，一旦具备"Python 变量是对象的引用，实际数据包含在对象中"的思维后，Python 的学习之旅将非常轻松，很多疑惑都会自然消除。

2.1.7 Python 标识符命名约定

Python 标识符（identifier）是用于标识变量、函数、类、模块或其他对象的名称。标识符可以由大写字母 A 至 Z、小写字母 a 至 z、下划线"_"和数字 0 至 9 组成，但是标识符的第一个字符不能是数字。

标识符不能与 Python 关键字具有相同的名称，标识符与关键字相同会引发"SyntaxError：can't assign to keyword"之类的错误。

用语句：

1. import keyword
2. print(keyword.kwlist)

可以查看 Python 的关键字，如图 2-8 所示。

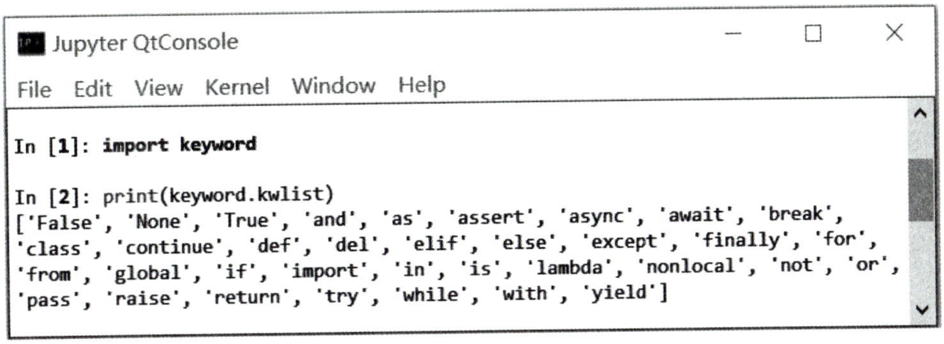

```
Jupyter QtConsole                           —   □   ×
File  Edit  View  Kernel  Window  Help

In [1]: import keyword

In [2]: print(keyword.kwlist)
['False', 'None', 'True', 'and', 'as', 'assert', 'async', 'await', 'break',
'class', 'continue', 'def', 'del', 'elif', 'else', 'except', 'finally', 'for',
'from', 'global', 'if', 'import', 'in', 'is', 'lambda', 'nonlocal', 'not', 'or',
'pass', 'raise', 'return', 'try', 'while', 'with', 'yield']
```

图 2-8　Python 的关键字

强烈建议标识符不要与 Python 的内建（built-in）变量和函数具有相同的名称。虽然标识符跟 Python 的内建变量和函数名称相同不会引发错误，但容易引起误解。

用语句：

1. import builtins
2. print(dir(builtins))

可以查看 Python 的内建变量和函数，如图 2-9 所示。

```
Jupyter QtConsole                           —   □   ×
File  Edit  View  Kernel  Window  Help

In [1]: import builtins

In [2]: print(dir(builtins))
['ArithmeticError', 'AssertionError', 'AttributeError', 'BaseException', 'BlockingIOError',
'BrokenPipeError', 'BufferError', 'BytesWarning', 'ChildProcessError',
'ConnectionAbortedError', 'ConnectionError', 'ConnectionRefusedError',
'ConnectionResetError', 'DeprecationWarning', 'EOFError', 'Ellipsis', 'EnvironmentError',
'Exception', 'False', 'FileExistsError', 'FileNotFoundError', 'FloatingPointError',
'FutureWarning', 'GeneratorExit', 'IOError', 'ImportError', 'ImportWarning',
'IndentationError', 'IndexError', 'InterruptedError', 'IsADirectoryError', 'KeyError',
'KeyboardInterrupt', 'LookupError', 'MemoryError', 'ModuleNotFoundError', 'NameError',
'None', 'NotADirectoryError', 'NotImplemented', 'NotImplementedError', 'OSError',
'OverflowError', 'PendingDeprecationWarning', 'PermissionError', 'ProcessLookupError',
'RecursionError', 'ReferenceError', 'ResourceWarning', 'RuntimeError', 'RuntimeWarning',
'StopAsyncIteration', 'StopIteration', 'SyntaxError', 'SyntaxWarning', 'SystemError',
'SystemExit', 'TabError', 'TimeoutError', 'True', 'TypeError', 'UnboundLocalError',
'UnicodeDecodeError', 'UnicodeEncodeError', 'UnicodeError', 'UnicodeTranslateError',
'UnicodeWarning', 'UserWarning', 'ValueError', 'Warning', 'WindowsError',
'ZeroDivisionError', '__IPYTHON__', '__build_class__', '__debug__', '__doc__', '__import__',
'__loader__', '__name__', '__package__', '__spec__', 'abs', 'all', 'any', 'ascii', 'bin',
'bool', 'breakpoint', 'bytearray', 'bytes', 'callable', 'chr', 'classmethod', 'compile',
'complex', 'copyright', 'credits', 'delattr', 'dict', 'dir', 'display', 'divmod',
'enumerate', 'eval', 'exec', 'filter', 'float', 'format', 'frozenset', 'get_ipython',
'getattr', 'globals', 'hasattr', 'hash', 'help', 'hex', 'id', 'input', 'int', 'isinstance',
'issubclass', 'iter', 'len', 'license', 'list', 'locals', 'map', 'max', 'memoryview', 'min',
'next', 'object', 'oct', 'open', 'ord', 'pow', 'print', 'property', 'range', 'repr',
'reversed', 'round', 'set', 'setattr', 'slice', 'sorted', 'staticmethod', 'str', 'sum',
'super', 'tuple', 'type', 'vars', 'zip']
```

图 2-9　Python 的内建变量和函数

官方文档《PEP 8 -- Style Guide for Python Code》推荐的命名约定如下：
- 变量名、函数名、公共方法名（public method）、公共属性名（public attribute）、软件包（package）和模块（module）名通常遵循 lowercase 风格，即全部小写，单词之间用下划线分开，例如，maximum_height，menu_options，等等。
- 常量名（constant）必须全部大写，单词之间用下划线分开，例如，PI，LENGTH，WIDTH，等等。
- 类名称应遵循 UpperCaseCamelCase 风格，例如，ExcellentStudent，RaceCar，等等。
- 名称前加单下划线"_"是为了向其他程序员表明该属性或方法是私有的（private），或者是模块内部（internal）的。"from…import *"语句不会导入名字前有单下划线的对象。
- 名称前后加双下划线"__"，说明这是由 Python 系统定义和使用的属性或方法，不希望程序员去访问，例如，__name__，__init__。这样约定可以避免跟程序员命名的标识符冲突。

在编写 Python 代码的时候，尽量遵循整个 Python 社区都在遵循的 Python 编程风格规范 PEP 8，让自己的代码更加具有 Pythonic 风格，从而体现出一个 Python 程序员的专业素养。

有初学者问，条条道路通罗马，不一定要遵循 PEP 8，用 C 语言风格编写 Python 代码，一样没有语法错误，一样能实现同样的功能，有什么问题吗？这个问题有点儿像一个人坚持在一群说普通话的人里面说自己的家乡话，虽然大家都能明白他的意思（实现了功能），但是会觉得他怪怪的（不遵循公共约定）。

2.2 代码块与缩进

Python 程序由代码块（block）构成，代码块由一条一条的 Python 语句组成。一个模块，一个函数，一个类，一个文件等都是一个代码块。

Python 程序通过缩进（indentation）来定义代码块，所以 Python 是一种缩进敏感的语言，程序员需要小心检查缩进量。

PEP 8 定义每个缩进级别使用 4 个空格，如图 2-10 所示。当 Python 的 IDE 把一个"Tab"解释为 4 个空格的时候，也可以用一个"Tab"表示一个缩进级别。需要注意的是，Python 3 不允许混合使用制表符和空格进行缩进。

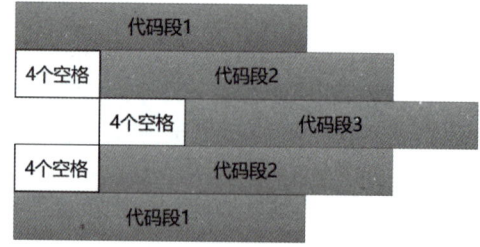

图 2-10 缩进与代码段

2.3　数值类型

Python 有四种内置数值类型，分别为：
- 整数类型（int）。
- 布尔类型（bool）。
- 浮点数类型（float）。
- 复数类型（complex）。

数值类型主要用于数学运算，以及索引成员变量。

2.3.1　整数类

在 C 语言中，int 表示整数；在 Python 中，一切皆对象，int 是一个类，即整数类<class ' int' >。

Python 的整数类可以表示任意大小的整数，整数类变量接受四种进制形式，如图 2-11 所示。

```
In [1]: a = 10 #十进制

In [2]: a
Out[2]: 10

In [3]: b = 0o10 #八进制

In [4]: b
Out[4]: 8

In [5]: c= 0x10 #十六进制

In [6]: c
Out[6]: 16

In [7]: d = 0b10 #二进制

In [8]: d
Out[8]: 2
```

图 2-11　四种进制形式

通过函数 str( )，oct( )，hex( )，bin( )可以把整数数值转换为十进制、八进制、十六进制、二进制的字符串，如图 2-12 所示。

```
In [1]: x = 10

In [2]: str(x) #转换成十进制字符串
Out[2]: '10'

In [3]: oct(x) #转换成八进制字符串
Out[3]: '0o12'

In [4]: hex(x) #转换成十六进制字符串
Out[4]: '0xa'

In [5]: bin(x) #转换成二进制字符串
Out[5]: '0b1010'
```

图 2-12　转换为十进制、八进制、十六进制、二进制的字符串

通过函数 int( ) 可以把十进制、八进制、十六进制、二进制的字符串转换为整数数值，如图 2-13 所示。

```
In [1]: int('10', 10) #十进制字符串转换为十进制整数
Out[1]: 10

In [2]: int('0o12', 8) #八进制字符串转换为十进制整数
Out[2]: 10

In [3]: int('0xa', 16) #十六进制字符串转换为十进制整数
Out[3]: 10

In [4]: int('0b1010', 2) #二进制字符串转换为十进制整数
Out[4]: 10
```

图 2-13　十进制、八进制、十六进制、二进制的字符串转换为整数数值

2.3.2　浮点数类

在 Python 中，浮点数是一个类，即浮点数类 <class 'float'>。简而言之，浮点数就是小数，有常规的数学表示法，如 123456.789，也有科学记数法，如 1.23456789e5。

Python 的浮点数默认是双精度类型，占 8 个字节（64bit）的内存空间，可提供 17 位有效数字。浮点数的表示范围：

- 最大值是 1.7976931348623157e+308。
- 最小值是 2.2250738585072014e-308。

可以通过语句 sys.float_info 查询浮点数的最大值和最小值，如图 2-14 所示。

```
In [1]: a = 123456.789 #常规数学表示法

In [2]: b = 1.23456789e5 #科学记数法

In [3]: a == b #比较两种记数法的值
Out[3]: True

In [4]: print(type(a), type(b))
<class 'float'> <class 'float'>

In [5]: import sys

In [6]: sys.float_info.max #浮点数最大值
Out[6]: 1.7976931348623157e+308

In [7]: sys.float_info.min #浮点数最小值
Out[7]: 2.2250738585072014e-308
```

图 2-14　浮点数类

2.3.3 布尔类

布尔类本质是整数类的一个子类，取值只有两个，一个是 True，一个是 False，这两个值的第一个字母是大写的。

比较运算和布尔值的布尔运算的结果是布尔值，如图 2-15 所示。

```
In [1]: a = True #注意，第一个字母需大写

In [2]: b = False

In [3]: print(type(a), type(b)) #查看类型
<class 'bool'> <class 'bool'>

In [4]: 1 > 2 #比较运算的结果是布尔值
Out[4]: False

In [5]: a or b #布尔值的布尔运算的结果是布尔值
Out[5]: True

In [6]: a and b
Out[6]: False

In [7]: not b
Out[7]: True
```

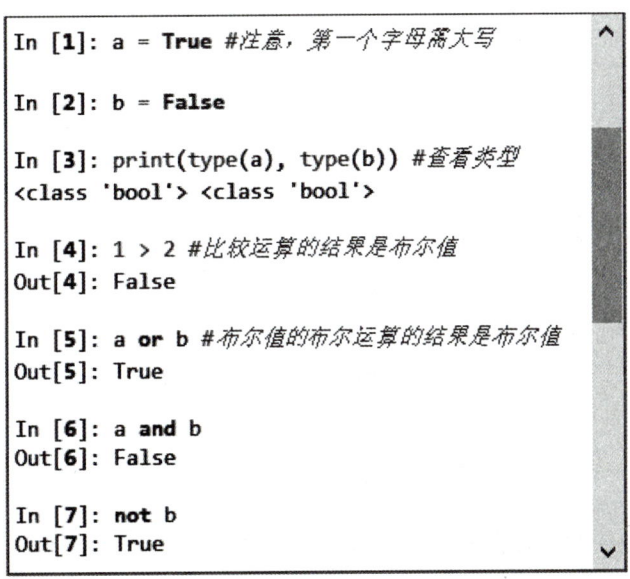

图 2-15　布尔类

2.3.4 复数类

与数学上的复数定义一致,复数类由实部和虚部的二元有序实数对构成,例如,1+2j。在数学中,虚数单位是 i;在 Python 中,虚数单位是 j,这一点需要注意。

创建复数对象的方法:
- 直接键入复数,如 1 + 2j。
- 用 complex( ),如 complex(1, 2) 或 complex('1+2j')。

需要注意的是,若在 complex( )输入复数字符串,则运算符前后不能有空格,否则会报错,如图 2-16 所示。

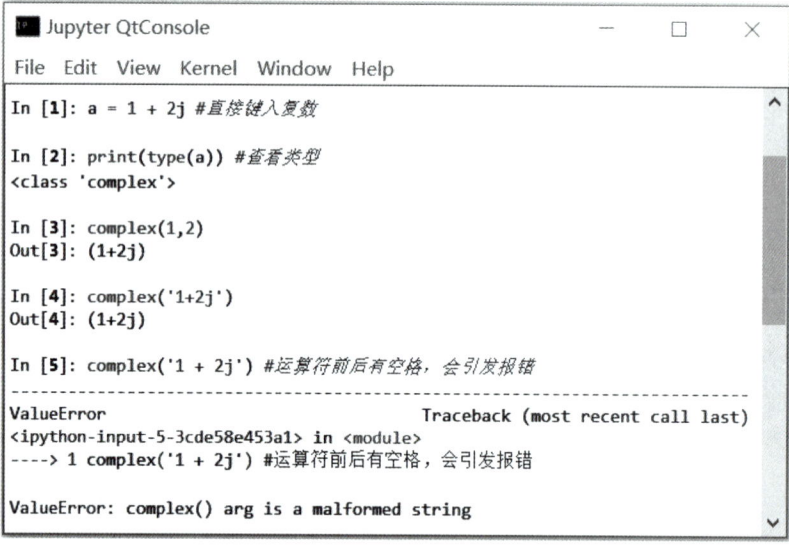

图 2-16 复数类

2.3.5 内置数值运算

Python 内置了丰富的数值运算,例如加、减、乘、除等,如表 2-1 所示。

表 2-1 内置数值运算

运算符	作用	范例	结果
+	加	1+2	3
-	减	2-1	1
*	乘	3*3	9
**	指数运算	3**3	27
/	除法	10/3	3.3333333333333333
//	整除(向下取整)	10//3	3

续表

运算符	作用	范例	结果
%	取余	10%3	1
abs(x)	取绝对值	abs(-10)	10
divmod(x, y)	取模	divmod(10, 3)	(3, 1)
power(x, n)	x 的 n 次幂	power(3, 3)	27

运算符与"="结合在一起就是复合赋值运算符,例如+=,-=,*=,/=。

"x += y"语句等效于"x = x + y",复合赋值运算符经常用在自加、自减上,例如,"counter += 1"。

2.3.6 布尔运算

Python 内置的布尔运算有与(and)、或(or)、非(not),如表 2-2 所示。

表 2-2 布尔运算

运算符	作用	范例	结果
x and y	逻辑与,若 x 是 False,则输出 x,否则输出 y	0 and 3 1 and 3 False and True	0 3 False
x or y	逻辑或,若 x 是 False,则输出 y,否则输出 x	0 or 3 1 or 3 False or True	3 1 True
not x	逻辑非,若 x 是 False,则输出 True,否则输出 False 在 Python 中,0、None、False、空字符串、空列表、空字典、空元组都相当于 False	not 0 not 3 not True not "" not [ ]	True False False True True

not 运算符常用于替代比较运算,使得代码的可读性更好,如表 2-3 所示。

表 2-3 not 运算符用法示例

常规思维实现版	更加优雅的 Pythonic 实现版

if ok != True: #若 ok 不等于 True
　　print('Oh, NO!')
	if not ok: #若非 ok,即布尔值为 False
	　　print('Oh, NO!')

if string == '': #若字符串等于空
　　print("the string is empty!")
	if not string: #若非字符串,即字符串为空
	　　print("the string is empty!")

2.3.7 比较运算

Python 内置的比较运算有大于、小于、is、is not 等,如表 2-4 所示。比较运算可以任意连接，例如 x < y <= z, a>b>c>d，等等。

表 2-4 比较运算

运算符	作 用	范 例	结 果
<	严格小于	1 < 2	True
>	严格大于	1 > 2	False
<=	小于或等于	1 <= 1	True
>=	大于或等于	1>= 1	True
==	等于	1 == 1	True
!=	不等于	1!= 1	False
is	判断两个对象是否一致（object identity）	x = 5 y = x x is y	True
is not	判断两个对象是否不一致（negated object identity）	x = 5 y = x x is not y	False

Python 中一切皆对象，且 None 对象有且只有一个，所以经常用"is None"代替"== None"做对象是否为 None 对象的检查，使得代码的可读性更好，如表 2-5 所示。

表 2-5 is 运算符用法示例

常规思维实现版	更加优雅的 Pythonic 实现版

if args == None: #若 args 值等于 None
　　print("args is None!")
	if args is None: #若 args 是 None 对象
	　　print("args is None!")

2.3.8 整数按位运算

在 Python 中，按位运算仅能作用于整数类型的变量。按位运算包括按位与(&)、按位或(|)、按位非(~)等，如表 2-6 所示。

表 2-6 按位运算

运算符	作 用	范 例	结 果
x|y	x 和 y 按位或	0b111 | 0b1010	15
x^y	x 和 y 按位异或	0b111 ^ 0b1010	13
x&y	x 和 y 按位与	0b111 & 0b1010	2
x<<n	x 按位向左移动 n 位	0b1<<3	8
x>>n	x 按位向右移动 n 位	0b1000>>3	1
~x	x 按位取反	~5	-6

在 Python 中，数值一律用补码来表示。正整数的补码是对应的二进制码，负整数的补码是其对应的正整数二进制码按位取反，然后加 1。

5 的补码是 0b00000101，-6 的补码是 0b11111010，所以 5 按位取反的结果是-6。

按位运算的优先级低于数值运算，但高于比较运算。在程序编写过程中，若记不住运算符的优先级，可以使用括号来确保运算的执行顺序。

2.4 字符串类

在 Python 中，字符串是一个类(<class 'str'>)，用于表示、储存、操作一串字符。字符串类属于 Python 最基本的数据结构：序列(sequence)。序列中的每个元素都有一个索引(index)与之对应，字符串可以看作是字符的序列。

序列的基础操作有创建、索引、切片、连接以及属于该对象的方法，下面本文将依次介绍字符串类的创建、索引、切片、连接以及属于字符串类的方法。

2.4.1 创建字符串

在 Python 中，可以用单引号(' ')、双引号(" ")和三引号(""" """/''' ''')创建字符串，如图 2-17 所示。

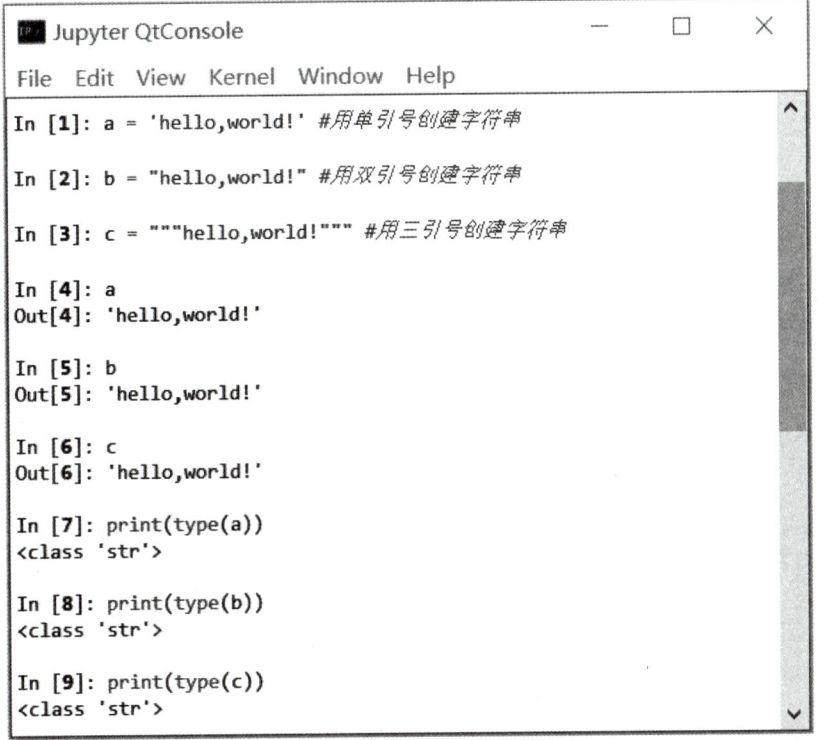

图 2-17 创建字符串

2.4.2 单引号、双引号、三引号的区别

既然在 Python 中可以用单引号(' ')、双引号(" ")和三引号(""" """/''' ''')直接创建字符串，那么它们三者有什么区别呢？首先，回顾一下 Python 的编程哲学。

- 优美胜过丑陋(beautiful is better than ugly)。
- 简单胜过复杂(simple is better than complex)。

在 Python 中，当用单引号定义字符串时，若字符串中有单引号，需要在字符串中的单引号前面加上转义符号"\"来告诉 Python 解释器，把字符串中的单引号作为普通的字符看待。

当用双引号定义字符串时，若字符串中有双引号，需要在字符串中的双引号前面加上转义符号"\"来告诉 Python 解释器，把字符串中的双引号作为普通的字符看待。

在字符串中混杂转义符号"\"，会让代码看起来很丑陋，由于要额外键入转义符号"\"，也会变得复杂(complex)，如图 2-18 所示。

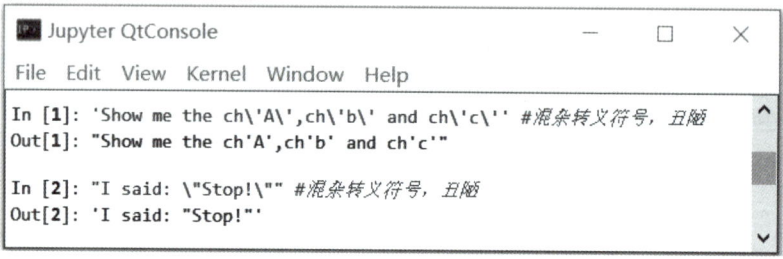

图 2-18　混杂转义符号"\"版本

为了让代码优美，输入简单，Python 规定：当用单引号定义字符串时，字符串中的双引号被视作是普通字符；当用双引号定义字符串时，字符串中的单引号被视作是普通字符，如图 2-19 所示。

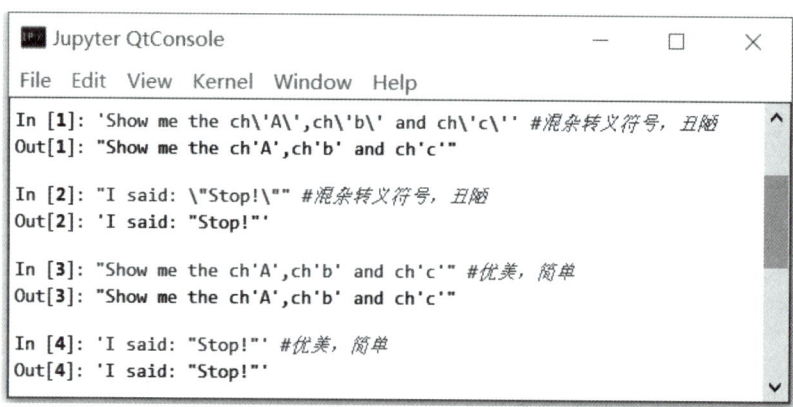

图 2-19　优美简单的字符串创建

当用单引号和双引号定义字符串时，若遇到字符串有多行的情况，需要在每行的后面加多一个换行的转义字符"\n"，这样输入很复杂，代码很丑陋。

遇到多行字符串输入的情况，Python建议使用三引号，这样可以避免每行都要加入一个换行符，如图2-20所示。

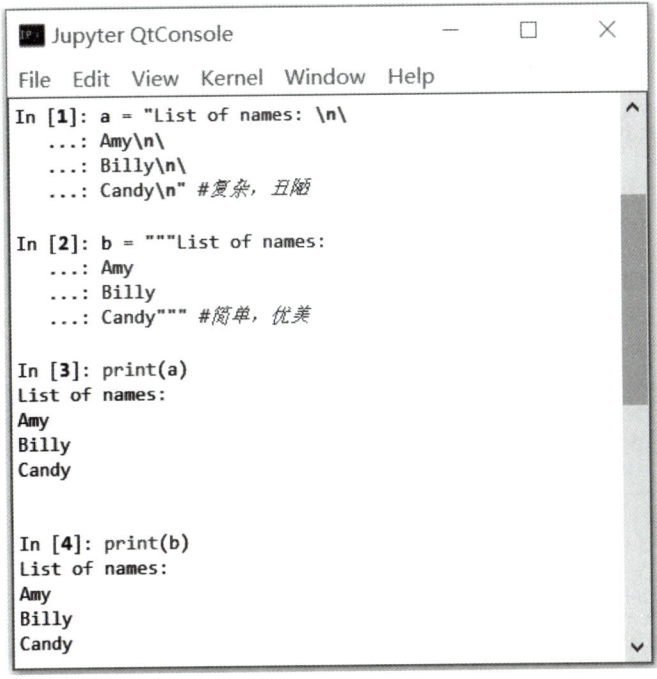

图2-20　用三引号引用多行字符串

在三引号定义的字符串中，未转义的换行符和引号都被视为普通字符串。三引号常用于实现Python函数、类和模块的文档字符串，本书将在4.1.7节详述文档字符串。

当字符串太长，由于长度限制需要以多行字符串形式书写时，Python提供了一个更加优雅的实现方式：用小括号( ) + 单引号或双引号，如图2-21所示。

```
In [1]: msg1 = \
   ...: "Hello, Everyone! \          ← 常规实现方式
   ...: This is Alex, Nice to meet you!"

In [2]: msg2 = (
   ...: "Hello, Everyone! "          ← 更加优雅的
   ...: "This is Alex, Nice to meet you!")    Pythonic实现方式

In [3]: msg1
Out[3]: 'Hello, Everyone! This is Alex, Nice to meet you!'

In [4]: msg2
Out[4]: 'Hello, Everyone! This is Alex, Nice to meet you!'
```

图2-21　以多行字符串形式书写长字符串

总之，字符串类型的引号的最佳编程实践是：
- 当字符串中没有把单引号作为普通字符时，用单引号定义字符串。
- 当字符串中需要把单引号作为普通字符时，用双引号定义字符串。
- 当字符串太长，需要以多行字符串形式书写时，用小括号+单引号或双引号定义字符串。
- 当撰写文档字符串时，用三引号定义字符串。

2.4.3 索引字符串元素

Python 字符串中的元素（字符）可以用下标来索引，如图 2-22 所示。
- 从左到右索引，使用正数，最左边的字符下标从 0 开始。
- 从右到左索引，使用负数，最右边的字符下标从 -1 开始。

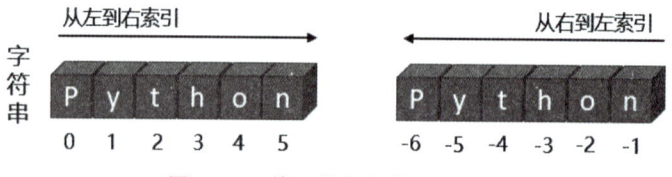

图 2-22 从两个方向索引字符串

索引字符串中的首字符、末字符、第三个字符、倒数第三个字符，如图 2-23 所示。在索引字符串元素时，需要注意：索引越界会引发错误。

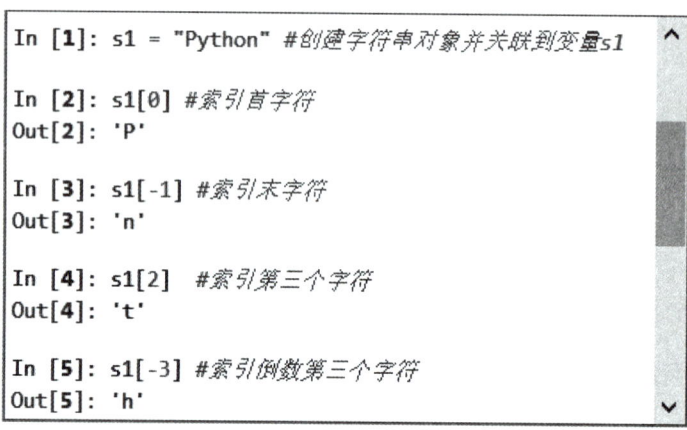

图 2-23 索引字符串

除了索引操作外，字符串也可以通过解包操作获得字符，不过不常使用，如图 2-24 所示。

```
In [1]: x, y, z = 'ABC' #字符串解包

In [2]: x
Out[2]: 'A'

In [3]: y
Out[3]: 'B'

In [4]: z
Out[4]: 'C'
```

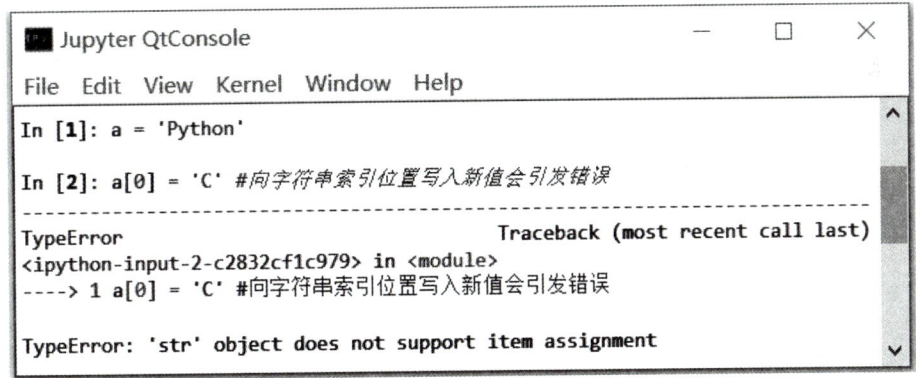

图 2-24　通过解包操作获得字符

字符串类跟数值类一样，都是不可变对象（immutable），向字符串索引位置写入新的值，会引发错误，如图 2-25 所示。

```
Jupyter QtConsole
File  Edit  View  Kernel  Window  Help
In [1]: a = 'Python'

In [2]: a[0] = 'C' #向字符串索引位置写入新值会引发错误
---------------------------------------------------------------------------
TypeError                                 Traceback (most recent call last)
<ipython-input-2-c2832cf1c979> in <module>
----> 1 a[0] = 'C' #向字符串索引位置写入新值会引发错误

TypeError: 'str' object does not support item assignment
```

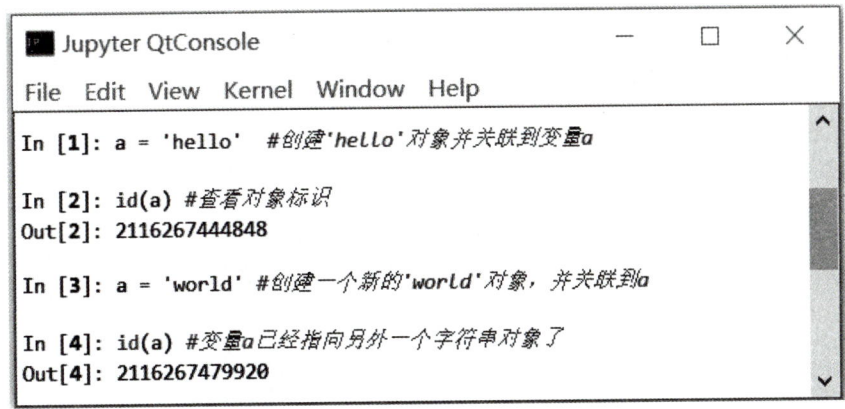

图 2-25　字符串是不可变对象

当把变量关联（reference）到新的字符串对象时，Python 解释器会创建一个新的字符串对象，然后把这个新的字符串对象关联到变量上，如图 2-26 所示。初学者很容易因为变量能够重新关联到新的字符串对象上而误认为是字符串对象可以改变。

```
Jupyter QtConsole
File  Edit  View  Kernel  Window  Help
In [1]: a = 'hello'  #创建'hello'对象并关联到变量a

In [2]: id(a) #查看对象标识
Out[2]: 2116267444848

In [3]: a = 'world' #创建一个新的'world'对象，并关联到a

In [4]: id(a) #变量a已经指向另外一个字符串对象了
Out[4]: 2116267479920
```

图 2-26　字符串对象不可改变

2.4.4 字符串切片(slice)

使用切片运算符(slice operator)：[起点(start)：终点(end)：步长(step)]，可以对字符串进行切片。切片的意思是索引字符串的一个子集，如图 2-27 所示。需要注意的是：

- 切片运算符包含起点索引值对应的元素，不包含终点索引值对应的元素。
- 若省略起点，则是告诉 Python 解释器，起点是首字符。
- 若省略终点，则是告诉 Python 解释器，终点是末字符。
- 索引越界会被 Python 解释器自动处理为边界值，不会引起报错。

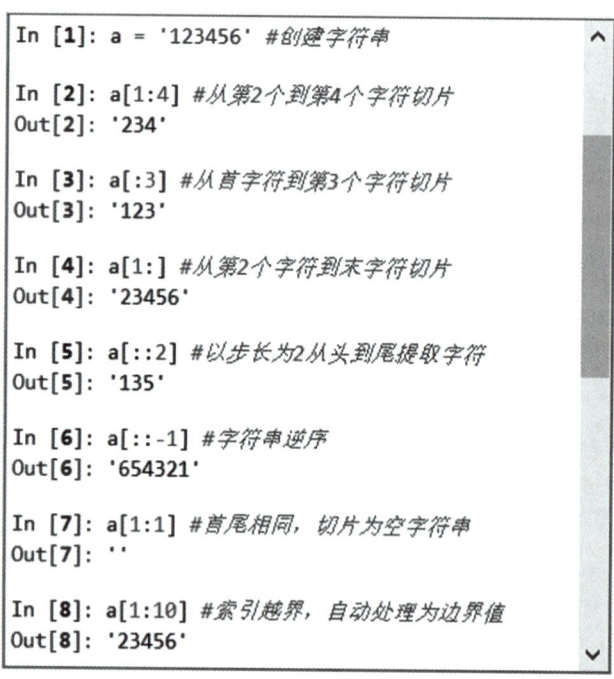

图 2-27 字符串切片

2.4.5 连接(concatenate)和重复(duplicate)

字符串可以实现连接和重复，如图 2-28 所示。
- "字符串+字符串"实现字符串连接。
- "字符串 * n"实现字符串重复 n 次。

```
In [1]: a = "Nice"

In [2]: b = "to"

In [3]: c = "meet"

In [4]: d = "you"

In [5]: a + ' ' + b + ' ' + c + ' ' + d + '!' #连接字符串
Out[5]: 'Nice to meet you!'

In [6]: a * 3 #字符串重复3次
Out[6]: 'NiceNiceNice'

In [7]: d * 0 #字符串复制0次,相当于空字符串
Out[7]: ''

In [8]: b * 5 #字符串重复5次
Out[8]: 'totototototo'
```

图 2-28　连接和重复

2.4.6　数据类型转换与操作符重载

字符串类型的连接和重复操作符与数值类型的加法和乘法操作符形式上一模一样，但功能完全不一样。这种操作符形式上一模一样，而执行的功能不一样的编程方式叫操作符重载（overload）。

当 Python 解释器遇到"1+2"这样的表达式时，检测到操作符"+"作用的变量类型是数值型，从而推断出操作符"+"最终要执行的功能是加法。

当 Python 解释器遇到"'hello' +'world' "这样的表达式时，检测到操作符"+"作用的变量类型是字符串类型，从而推断出操作符"+"最终要执行的功能是字符串连接。

当 Python 解释器遇到"'hello' +5"这样的表达式时，检测到操作符"+"左边作用的变量是数值类型，右边作用的变量是字符串类型，无法推断出操作符"+"到底要执行什么功能，只好引发错误，由程序员去修改。

所以，遇到可重载操作符时，程序员要负责数据类型的转换，保证 Python 解释器能正确推断出可重载操作符最终的功能，例如，若程序员希望实现表达式"a + b"执行的是字符串连接操作，就要显式确保变量 a 和 b 都是字符串类型，或者在执行连接操作之前，用语句"str(a) + str(b)"把它们转换为字符串类型，如图 2-29 所示。

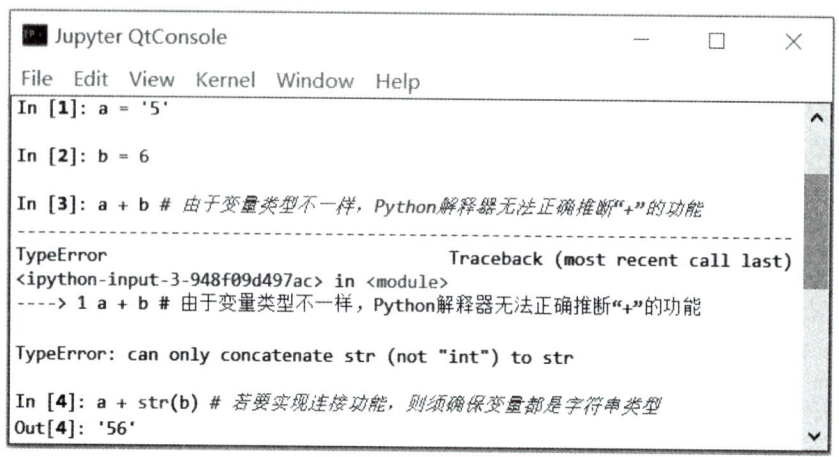

图 2-29　显式确保变量类型

2.4.7　获取字符串长度、最大和最小元素

Python 提供内建函数 len( )、max( ) 和 min( )，利用这三个函数可以分别获得序列的长度、最大元素和最小元素。字符串是序列的一种，当然可以用 len( )、max( ) 和 min( ) 函数获得字符串的长度、最大元素和最小元素，如图 2-30 所示。

```
In [1]: s = "Hello, Python!"

In [2]: len(s) #获取字符串s的长度
Out[2]: 14

In [3]: max(s) #获取字符串s中的最大元素
Out[3]: 'y'

In [4]: min(s) #获取字符串s中的最小元素
Out[4]: ' '
```

图 2-30　获取字符串长度、最大元素和最小元素

2.4.8　字符串对象的常用方法

在 Python 中，一切皆为对象。对象有自己的属性和方法，字符串对象也不例外，常用的方法，如表 2-7 所示。

表 2-7　字符串对象的常用方法

方法	作用	范例	结果
str.capitalize( )	首个字符大写，其余为小写	'hello'.capitalize( )	'Hello'
str.casefold( )	把字符串中的大写字母转换为小写字母	'HELLO'.casefold( )	'hello'

续表

方法	作 用	范 例	结 果
str.count(sub[,start[,end]])	返回子字符串 sub 在[start,end]范围内出现的次数	'hellohello'.count('l')	4
str.find(sub[,start[,end]])	返回子字符串 sub 在[start,end]范围内被找到的最小索引，找不到时返回-1	'hellohello'.find('l')	2
str.format(*args,**kwargs)	执行字符串格式化操作	'1+2={0}'.format(1+2)	'1+2=3'
index(sub[,start[,end]])	返回子字符串 sub 在[start,end]范围内被找到的最小索引，找不到时引发错误	'hellohello'.index('l')	2
str.join(iterable)	将列表(或元组)中多个字符串采用固定的分隔符 str 连接在一起	'@'.join(['12','qq.com'])	'12@qq.com'
str.split(sep=None,maxsplit=-1)	将字符串 str 按照指定的分隔符 seq 切分成多个子字符串构成的列表，maxsplit 是最大切分次数	'12@qq.com'.split('.')	['12@qq','com']
str.center(width[,fillchar])	返回长度为 width 的字符串，原字符串 str 居中，使用指定的字符 fillchar 填充两边的空位	'aaa'.center(7,'-')	'--aaa--'
str.ljust(width[,fillchar])	返回长度为 width 的字符串，原字符串 str 左对齐，使用指定的字符 fillchar 填充右边的空位	'aaa'.ljust(7,'-')	'aaa----'
str.rjust(width[,fillchar])	返回长度为 width 的字符串，原字符串 str 右对齐，使用指定的字符 fillchar 填充左边的空位	'aaa'.rjust(7,'-')	'----aaa'
str.strip([chars])	移除字符串前后的由 chars 指定的字符串。若未指定，则移除空白符(包括'\n','\r','\t',' ')	'--aaa--'.strip('-')	'aaa'
str.lstrip([chars])	移除字符串左边的由 chars 指定的字符串。若未指定，则移除空白符(包括'\n','\r','\t',' ')	'----aaa'.strip('-')	'aaa'
str.rstrip([chars])	移除字符串右边的由 chars 指定的字符串。若未指定，则移除空白符(包括'\n','\r','\t',' ')	'aaa----'.strip('-')	'aaa'

本书已经引入了函数和方法这两个概念，对于初学者来说，通常会对这两个书写形式上相近的概念感到迷惑。函数和方法都是一段可以复用的程序代码，都可以接受输入参数并有返回值，看起来非常相似。其区别是：

• 方法属于类的一个成员，在类中定义；调用时，方法名前面需要加类名或对象名，例如，对象名.方法名()。

• 函数独立定义，不属于某个类，调用时，直接使用函数名即可，例如，函数名()。

表 2-7 仅仅列出了字符串类的常用方法，当需要查阅其他方法时，本书建议使用 dir

( ) 和 help( ) 函数来查阅。

2.4.9 dir( ) 和 help( ) 函数

Python 内置函数、模块、类有很多，即便是精通 Python 的程序员都不能全部记住所有的函数、模块、类的用法。为了方便程序员无须上网即可查阅 Python 各种函数、模块、类的用法，Python 提供了两个帮助函数：dir( ) 和 help( )。

- 当我们想要了解某种类有哪些属性和方法时，用 dir( ) 函数。
- 当我们想要了解某种方法或函数如何使用时，用 help( ) 函数。

以字符串类为例，用 dir(str) 可以查阅字符串类有哪些属性和方法，如图 2-31 所示。

```
Jupyter QtConsole
File  Edit  View  Kernel  Window  Help
In [1]: print(dir(str))
['__add__', '__class__', '__contains__', '__delattr__', '__dir__', '__doc__',
'__eq__', '__format__', '__ge__', '__getattribute__', '__getitem__',
'__getnewargs__', '__gt__', '__hash__', '__init__', '__init_subclass__',
'__iter__', '__le__', '__len__', '__lt__', '__mod__', '__mul__', '__ne__',
'__new__', '__reduce__', '__reduce_ex__', '__repr__', '__rmod__', '__rmul__',
'__setattr__', '__sizeof__', '__str__', '__subclasshook__', 'capitalize',
'casefold', 'center', 'count', 'encode', 'endswith', 'expandtabs', 'find',
'format', 'format_map', 'index', 'isalnum', 'isalpha', 'isascii', 'isdecimal',
'isdigit', 'isidentifier', 'islower', 'isnumeric', 'isprintable', 'isspace',
'istitle', 'isupper', 'join', 'ljust', 'lower', 'lstrip', 'maketrans',
'partition', 'replace', 'rfind', 'rindex', 'rjust', 'rpartition', 'rsplit',
'rstrip', 'split', 'splitlines', 'startswith', 'strip', 'swapcase', 'title',
'translate', 'upper', 'zfill']
```

图 2-31　查阅字符串类的属性和方法

名称前后有双下划线“__”，说明这是由 Python 系统定义和使用的属性或方法，不希望程序员去访问，程序员只需要关心没有带双下划线“__”的属性和方法。

当我们希望了解“capitalize”这个方法如何使用时，可以用 help(str. capitalize)，如图 2-32 所示。

```
In [1]: help(str.capitalize)
Help on method_descriptor:

capitalize(self, /)
    Return a capitalized version of the string.

    More specifically, make the first character have upper case and the
rest lower
    case.
```

图 2-32　查阅 capitalize 方法如何使用

2.4.10　print( )函数

print( )函数常用于把感兴趣的信息输出到控制台(console)，是使用最频繁的函数之一。print( )函数的函数原型是：

> 1. print(value, …, sep=' ', end=' \n', file=sys.stdout, flush=False)

其中，value 是 Python 中的任意对象，默认情况下，print( )函数把 value 对象输出到控制台。其余参数是可选参数，可以不用输入。

由于最适合人阅读的信息是字符串，所以通常将 Python 中的 value 对象格式化为字符串，再输出。

从 Python 2.6 版本开始，字符串类(str)提供了 str.format(*args, **kwargs)方法对字符串进行格式化，由此 Python 的 print( )函数获得了更加优雅的 Pythonic 格式化输出方法。

用"help(str.format)"查询字符串类(str)提供的 str.format(*args, **kwargs)方法的用法：

> 1. Help on method_descriptor：
> 2. format(…)
> 3. 　　S.format(*args, **kwargs) -> str
> 4. 　　Return a formatted version of S, using substitutionsfrom args and kwargs.
> 5. 　　The substitutions are identified by braces ('{' and '}').

可以看到，"S.format( )"方法会返回一个格式化良好的字符串，"S"字符串中有占位符"{}"的地方，会根据格式化参数进行替换，如图 2-33 所示。

```
In [1]: "height:{0:5d}mm, width:{1:5.2f}mm".format(23, 45.987)
Out[1]: 'height:   23mm, width:45.99mm'

In [2]: "height:{}mm, width:{}mm".format(23, 45.987)
Out[2]: 'height:23mm, width:45.987mm'
```

图 2-33　用字符串类的 format( )方法实现格式化输出

S 字符串："height：{0：5d}mm, width：{1：5.2f}mm"可以认为是一个由常规字符和占位字符{}组成的模板字符串。花括号{}外面的字符不做改变，原样输出。花括号{}里面是格式化参数，语法格式为：[索引][标志][宽度][.精度][转换符]。

冒号":"左边的索引值对应 format( )方法中的参数位置，例如，{0}对应 format( )方法中的第一个参数，{1}对应 format( )方法中的第二个参数；索引也可以用变量名，与 format( )方法中的输入参数变量名对应；索引还可以省略，表示按照 format( )方法中的输入参数顺序，依次对应，如图 2-34 所示。

冒号":"右边是格式化参数，语法格式为：[标志][宽度][.精度][转换符]。

```
In [1]: "height:{0:5d}mm, width:{1:5.2f}mm".format(23, 45.987) #数字索引
Out[1]: 'height:   23mm, width:45.99mm'

In [2]: "height:{b:5d}mm, width:{a:5.2f}mm".format(b=23, a=45.987) #变量索引
Out[2]: 'height:   23mm, width:45.99mm'

In [3]: "height:{}mm, width:{}mm".format(23, 45.987) #省略，依次对应
Out[3]: 'height:23mm, width:45.987mm'
```

图 2-34　冒号":"左边的索引值

- 宽度指转换后的字符串占多少个字符位宽。
- 精度指转换后的字符串保留多少位小数，例如，"5.2f"中的 5 表示转换后的字符串占 5 个字符位宽，2 表示保留 2 位小数。
- 标志的用法如表 2-8 所示。

表 2-8　标志的用法

标志	作用	范例	结果
#	与类型符号 o、x、X 一起使用，在转换字符串前加入八进制和十六进制的前导符	'{0:#4x}mm'.format(16) '{0:#4X}mm'.format(16) '{0:#4o}mm'.format(16)	'0x10mm' '0X10mm' '0o20mm'
0	在转换字符串前加入 0 补齐空格	'{0:05d}mm'.format(16)	'00016mm'
^	居中对齐	'{0:^6d}mm'.format(16)	' 16 mm'
>	右对齐	'{0:>6d}mm'.format(16)	' 16mm'
<	左对齐	'{0:<6d}mm'.format(16)	'16 mm'
+	在转换字符串前加入一个+号	'{0:+4d}mm'.format(16)	' +16mm'
,	在转换字符串中加入千分位	'{0:,}m'.format(1234567)	'1,234,567m'

- 转换符的用法如表 2-9 所示。

表 2-9　转换符的用法

转换符	作用	范例	结果
d	有符号十进制整数	'{0:d}mm'.format(16)	'16mm'
o	有符号八进制数	'{0:#o}mm'.format(16)	'0o20mm'
x	有符号十六进制数（小写）	'{0:#x}mm'.format(16)	'0x10mm'
X	有符号十六进制数（大写）	'{0:#X}mm'.format(16)	'0X10mm'
e	浮点数科学记数法（小写）	'{0:e}'.format(123)	'1.230000e+02'
E	浮点数科学记数法（大写）	'{0:.2E}'.format(123)	'1.23E+02'

续表

转换符	作　用	范　例	结　果
f, F	浮点数	'{0: f}'.format(123)	'123.000000'
		'{0: .2F}'.format(123)	'123.00'
%	百分数	'{0: .1%}'.format(0.43)	'43.0%'
s	字符串	'{0: s}'.format('hello')	'hello'

需要注意的是，浮点数、百分数和浮点数科学记数法的小数点后默认位数是6。

学过C/C++语言的读者，对printf()函数的格式化输出印象深刻，例如，"printf("%d", 10);"。Python的print()函数也支持这种传统风格，如图2-35所示。本文强烈推荐使用Pythonic风格的格式化输出，因为很可能有一天，Python会停止支持传统风格的方式。

传统风格，不推荐	Pythonic风格，推荐
In [2]: print("width:%2dmm"%(16)) width:16mm	In [1]: print("width:{0:2d}mm".format(16)) width:16mm

图 2-35　两种风格的格式化输出

2.4.11　f 字符串（f-strings）

Python3.6及后续版本提供了一个f字符串（f-strings）来实现字符串格式化。f字符串的优点是：可读性更好、更加简洁且执行速度更快。f字符串的语法非常简单，在字符串前面加入一个前缀f，然后用{}括号表示替换的对象，如图2-36所示。

```
In [1]: name = 'Amy'
In [2]: age = 74
In [3]: f"Hello, {name}. Are you {age}?"
Out[3]: 'Hello, Amy. Are you 74?'
```
（用f做前缀　　用{}指明替代的对象）

图 2-36　f 字符串用法

2.4.12　input() 函数

在Python中，使用内置函数input()可以从键盘读取用户的输入。input()函数的函数原型是：

1. input([prompt])

其中，prompt是提示字符串。input函数把用户的键盘输入当作字符串返回，若输入的是数字，需要用 int( )、float( ) 等函数将字符串转换为相应的数值类型，如表 2-10 所示。

表 2-10　常用数值与字符串类型转换函数

函数	作用	范例	结果
int( )	将字符串转换为整数	int('123')	123
float( )	将字符串转换为浮点数	float('1.23')	1.23
complex( )	将字符串转换为复数	complex('1+2j')	1+2j
str( )	将数值转换为十进制字符串	str(123) str(1.23) str(0o10) str(0x10) str(1.23e2)	'123' '1.23' '8' '16' '123.0'

input( ) 函数返回的是用户输入的字符串，使用范例如图 2-37 所示。

```
In [1]: a = input('input an integer: ') #提示用户输入一个整数
input an integer: 123

In [2]: print(type(a)) #实际获得的是一个字符串
<class 'str'>

In [3]: a
Out[3]: '123'

In [4]: b = int(input('input an integer: ')) #用int()把用户输入转换为整数类型
input an integer: 123

In [5]: print(type(b)) #查看类型
<class 'int'>

In [6]: b
Out[6]: 123
```

图 2-37　input( ) 函数返回用户输入的字符串

2.4.13　eval( ) 函数

eval( ) 函数可以直接计算字符串型数学表达式的值，例如，eval('1+2') 会返回数值 3。input( ) 函数和 eval( ) 函数组合起来使用，可以直接处理用户输入的数学表达式，并返回表达式的结果，简洁方便，如图 2-38 所示。这个特性在实现图形化计算器的时候特别有用。

```
In [1]: a = eval(input('input an integer: '))  #eval()自动评估表达式
input an integer: 123

In [2]: print(type(a)) #查看类型
<class 'int'>

In [3]: a
Out[3]: 123

In [4]: b = eval(input('input a list: '))
input a list: [1, 2, 3]

In [5]: print(type(b))
<class 'list'>

In [6]: b
Out[6]: [1, 2, 3]

In [7]: ans = eval(input('input an addition expression: '))
input an addition expression: 1+2+3

In [8]: ans #自动评估表达式，返回表达式的值
Out[8]: 6
```

图 2-38　eval( ) 函数自动计算并返回用户表达式的值

2.5　列表

字符串这种序列结构有一个局限性，即字符串中的元素只能是字符。Python 提供一个功能强大的通用序列类型——列表（list），它允许把任意 Python 数据类型组合到一起，成员之间用逗号分隔，放置在方括号 [ ] 里面，如图 2-39 所示。

```
In [1]: [1, 2, 3.14, 'a', 'b', (5, 6, 7)]
Out[1]: [1, 2, 3.14, 'a', 'b', (5, 6, 7)]

In [2]: ['Hello, Python!', 5.6, 'Nice to Meet You!', 8.8]
Out[2]: ['Hello, Python!', 5.6, 'Nice to Meet You!', 8.8]
```

图 2-39　列表

列表在逻辑上把相关的数据组织到一起，方便数据的管理和传递。由于列表可以把任意 Python 数据类型组织到一起，所以它是 Python 中最通用和最常用的数据类型。

列表的典型特点有：
- 有序化，列表的元素被有序地组织在一起。
- 可以包含任意类型对象。
- 列表的元素可以通过索引访问，可迭代，可遍历。
- 支持自动解包。
- 列表可以任意嵌套，即可以包含其他列表作为子列表。

- 列表的大小是可变的。
- 列表是可变对象，即列表元素可以增加、更改或删除。

下面将依次介绍列表的基本操作、列表类的方法等。

2.5.1 创建列表

在 Python 中，可以用 list( ) 函数或方括号 [ ] 创建列表。创建空列表时，二者结果一致；创建有元素的列表时，如图 2-40 所示。

- list( ) 函数：只能输入一个可迭代对象，然后把可迭代对象的元素加入列表。
- 方括号 [ ]：可以输入多个对象，把输入的对象作为元素整体加入列表。

```
In [1]: list1 = list() #用list()创建一个空列表

In [2]: list2 = []      #用[]创建一个空列表

In [3]: list3 = list('Hello,Python!') #用list()创建一个有初始化元素的列表

In [4]: list3 ←————— 把可迭代对象的元素加入列表
Out[4]: ['H', 'e', 'l', 'l', 'o', ',', 'P', 'y', 't', 'h', 'o', 'n', '!']

In [5]: list4 = ['Hello,Python!', 1, 2.4, False] #用[]创建一个有初始化元素的列表

In [6]: list4 ←————— 把对象作为元素整体加入列表
Out[6]: ['Hello,Python!', 1, 2.4, False]
```

图 2-40 创建列表

IPython 提供两个用于测量运行时间的魔术命令（magic command），如图 2-41 所示。

- %timeit：用于测量单行语句或表达式的运行时间。
- %%timeit：用于测量多行语句的运行时间。

```
In [1]: import math

In [2]: %timeit for i in range(100): math.sin(i)
12.9 µs ± 81.2 ns per loop (mean ± std. dev. of 7 runs, 100000 loops each)

In [3]: %%timeit
   ...: for i in range(100):
   ...:     math.sin(i)
   ...:
13 µs ± 181 ns per loop (mean ± std. dev. of 7 runs, 100000 loops each)
```

图 2-41 %timeit 和 %%timeit 使用范例

用 %timeit 命令分别测试 list( ) 和 [ ] 运行 1000 次的平均时间，如图 2-42 所示。

```
In [1]: %timeit -n 1000 list1 = list()
69.5 ns ± 1.26 ns per loop (mean ± std. dev. of 7 runs, 1000 loops each)

In [2]: %timeit -n 1000 list2 = []
18.9 ns ± 1.51 ns per loop (mean ± std. dev. of 7 runs, 1000 loops each)

In [3]: %timeit -n 1000 list3 = list(range(10000))
125 µs ± 1.76 µs per loop (mean ± std. dev. of 7 runs, 1000 loops each)

In [4]: %timeit -n 1000 list4 = [*range(10000)]
118 µs ± 5.85 µs per loop (mean ± std. dev. of 7 runs, 1000 loops each)
```

图 2-42 分别测试用 list( ) 和 [ ] 创建列表的时间

从图 2-42 中可以看出，方括号[ ]创建空列表的时间远远少于 list( )函数，表达方式也比 list( )函数更加简洁，所以资深 Python 程序员更喜欢用方括号[ ]而不是 list( )函数来创建空列表，这也符合"Python 之禅（The Zen of Python）"中的"简单胜过复杂（Simple is better than complex）"原则。

在创建有初始化元素的列表时，为了确保用方括号[ ]创建的列表跟用 list( )函数创建的列表是一样的，需要对方括号中的可迭代对象进行解包（unpacking）操作，即在可迭代对象前加上"*"操作符。

2.5.2 列表解包

把元素放入列表，就像把货物放入集装箱，方便存储和传输；把元素从列表中取出来，相当于把货物从集装箱里取出来，方便操作和使用。

把元素从列表中取出来，有解包、索引和切片等方式，本节将介绍解包操作，索引和切片将在后续小节依次介绍。

解包（unpacking）操作指从可迭代对象中把元素逐个取出来分发给对应的变量，好比你买回来一包口罩，然后把口罩（元素）分发给家里的人。列表是可迭代对象，自然支持解包操作。在 Python 中，解包是自动完成的，这使得解包操作的实现非常简洁优雅，如图 2-43 所示。

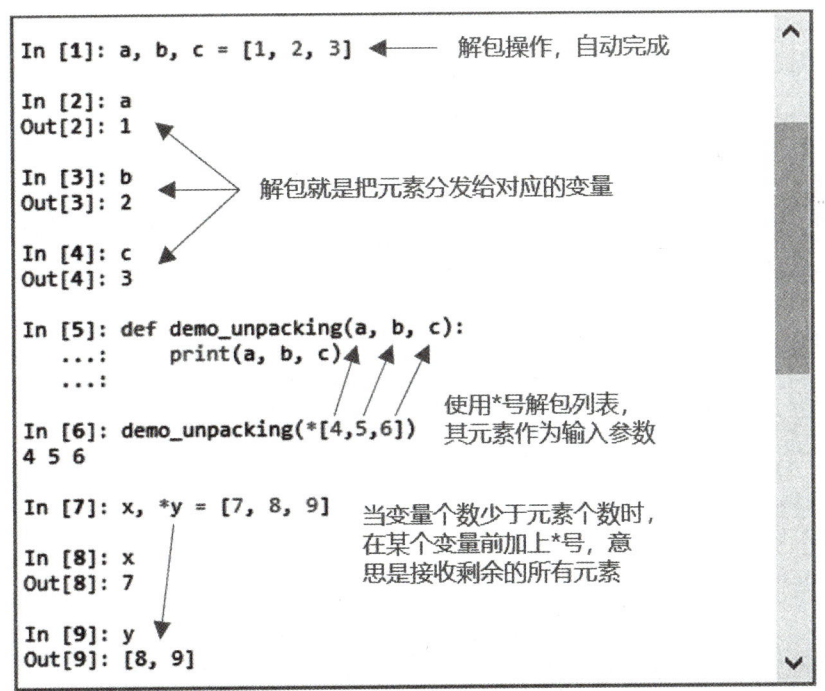

图 2-43　列表解包操作

2.5.3 索引列表元素

类似字符串索引操作，Python 列表中的元素可以用下标来索引，如图 2-44 所示。
- 从左到右索引，使用正数，最左边的字符下标从 0 开始。
- 从右到左索引，使用负数，最右边的字符下标从 -1 开始。
- 索引越界会引发错误。

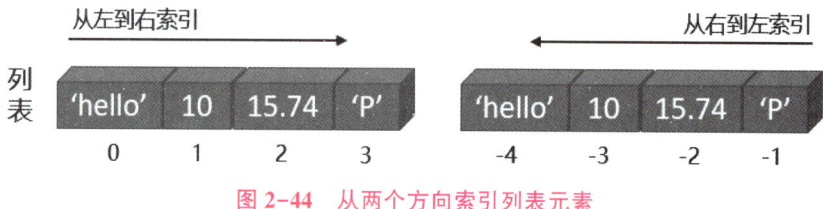

图 2-44　从两个方向索引列表元素

索引列表中的首元素、末元素、第三个元素、倒数第三个元素，如图 2-45 所示。

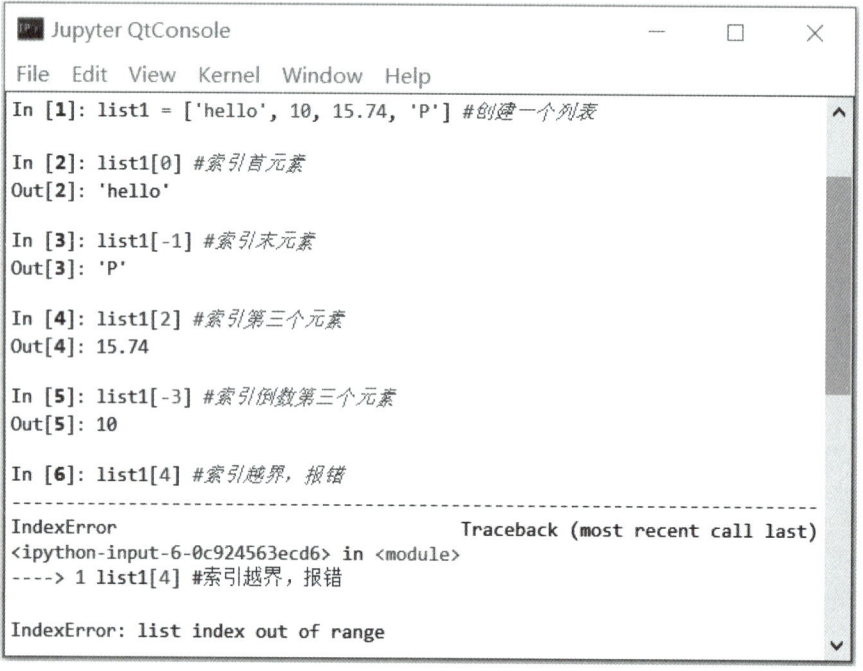

图 2-45　索引列表元素

列表是可变对象，即列表的元素可以增加、更改或删除。通过赋值操作符"="，可以更改列表中的元素，如图 2-46 所示。

```
In [1]: list1 = ['Hello', 1, 2, 3, 'a', 'b', 9.9] #创建一个列表

In [2]: list1[0] = 'Python!' # 更改首元素

In [3]: list1 # 查看更改效果
Out[3]: ['Python!', 1, 2, 3, 'a', 'b', 9.9]
```

图 2-46　更改列表中的元素

2.5.4 列表切片

使用切片运算符(slice operator)：[起点(start)：终点(end)：步长(step)]，可以对列表进行切片。切片的意思是索引列表的一个子集，如图 2-47 所示。需要注意的是：

- 切片运算符包含起点索引值对应的元素，不包含终点索引值对应的元素。
- 若省略起点，则是告诉 Python 解释器，起点是首元素。
- 若省略终点，则是告诉 Python 解释器，终点是末元素。
- 索引越界会被 Python 解释器自动处理为边界值，不会引发报错。

```
Jupyter QtConsole
File  Edit  View  Kernel  Window  Help

In [1]: list1 = [1, 2, 3, 4, 5, 6] #创建一个列表

In [2]: list1[1:4] #索引第2到第4个元素
Out[2]: [2, 3, 4]

In [3]: list1[:3]  #索引从首元素到第3个元素
Out[3]: [1, 2, 3]

In [4]: list1[1:] #索引从第2个元素到末元素
Out[4]: [2, 3, 4, 5, 6]

In [5]: list1[::2] #以步长为2索引列表元素
Out[5]: [1, 3, 5]

In [6]: list1[1:10] #索引越界自动处理为边界值
Out[6]: [2, 3, 4, 5, 6]
```

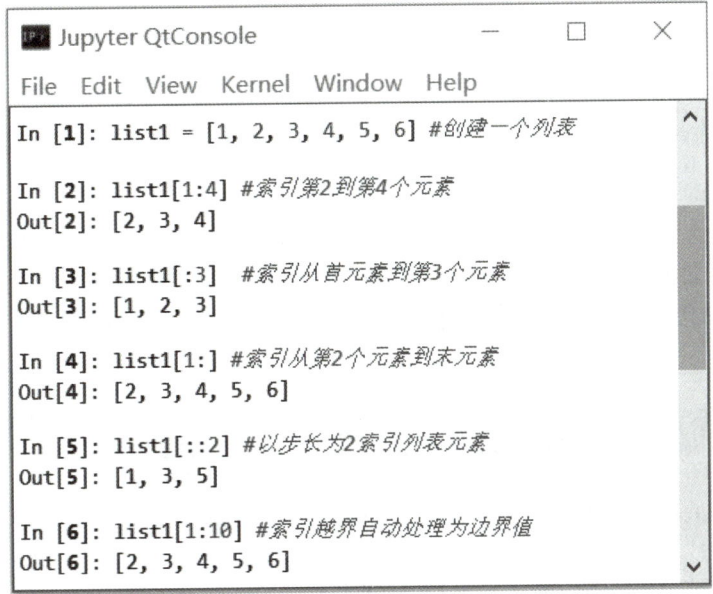

图 2-47　列表切片

2.5.5 列表基本操作

像字符串一样，列表也支持连接“+”、重复“ * ”、列表长度 len()、最大元素 max()和最小元素 min()这些基本操作，还支持检查成员资格和迭代操作，如表 2-11 所示。

表 2-11 列表基本操作

操作	作用	范例	结果
+	列表连接	[1, 2]+[3, 4]+[5, 6]	[1, 2, 3, 4, 5, 6]
L*n	列表L重复n次	['hi']*4	['hi', 'hi', 'hi', 'hi']
len( )	获得列表元素个数	len([1, 2, 3, 4, 5, 6])	6
max( )	获得列表中的最大元素，max( )要求列表中的元素必须是同一类型，不能是混合类型	max([1, 2, 3, 4, 5, 6])	6
min( )	获得列表中的最小元素，min( )要求列表中的元素必须是同一类型，不能是混合类型	min(['z', 'x', 'y'])	'x'
sum( )	列表元素求和，sum( )要求列表中的元素必须全是数值型	sum([1, 2, 3, 4, 5, 6])	21
in	检查成员资格，即列表中是否有该成员	1 in [1, 2, 3, 4, 5, 6] 10 in [1, 2, 3, 4, 5, 6]	True False
for x in L	迭代操作列表L里面的所有成员	for x in [1, 2, 3]: 　　print(x)	1 2 3
list(seq)	把序列seq转换为列表	list('hello') list((1, 2, 3))	['h', 'e', 'l', 'l', 'o'] [1, 2, 3]
del(L)	删除列表对象L	del(L)	name 'L' is not defined
del(L[i])	删除由i索引的列表对象元素L[i]	L = [1, 2, 3, 4, 5, 6] del(L[0])	[2, 3, 4, 5, 6]

用"+"实现列表连接时，需要注意"+"两侧必须都是列表对象，否则会引发语法报错。当需要将列表和其他非列表可迭代对象连接成一个新的列表时，用方括号[]结合解包操作来实现会更加简洁优雅，如图 2-48 所示。

常规思维，不推荐	Pythonic风格，推荐
In [1]: list1 = [1, 2, 3] In [2]: list2 = list('hello') In [3]: list1 + list2 Out[3]: [1, 2, 3, 'h', 'e', 'l', 'l', 'o']	In [1]: list1 = [1, 2, 3] In [2]: [*list1,*'hello'] Out[2]: [1, 2, 3, 'h', 'e', 'l', 'l', 'o']

图 2-48 连接列表对象和非列表可迭代对象

2.5.6 列表对象的常用方法

列表对象内置的常用方法，如表 2-12 所示。详细的方法使用帮助信息，请用 help( ) 函数查阅，例如，查询 append( ) 方法，用语句：help(list.append)。

表 2-12　列表对象的常用方法

方法	作用	范例	结果
append(obj)	在列表末尾添加一个对象	[1, 2, 3].append(4)	[1, 2, 3, 4]
insert(index, obj)	在列表 index 下标处插入一个对象	[1, 2, 3].insert(1, 4)	[1, 4, 2, 3]
extend(iterable)	把可迭代对象的元素追加到当前列表后面	[1, 2, 3].extend('OK')	[1, 2, 3, 'O', 'K']
index(obj, start=0, stop=9223372036854775807)	在查询范围[start, stop]内，返回第一个找到的对象 obj 的索引值；若找不到，则报错	[1, 2, 3].index(3)	2
count(obj)	统计元素对象 obj 出现的次数	[1, 2, 1, 2].count(2)	2
remove(obj)	删除第一个匹配的对象 obj，若没有匹配的对象，则报错	[1, 2, 3].remove(3)	[1, 2]
pop(index=-1)	删除并返回由 index 指定位置的对象，默认删除并返回末端对象。若列表为空，或 index 超出范围，则报错	[1, 2, 3].pop()	3
clear()	将列表对象清空	[1, 2, 3].clear()	[]
reverse()	将列表倒序	[1, 2, 3].reverse()	[3, 2, 1]
sort(self, /, *, key=None, reverse=False)	默认将列表中的元素升序排列；reverse=True，降序排列	[1, 2, 3].sort(reverse=True)	[3, 2, 1]
copy()	返回一个浅拷贝的列表	L1 = [1, 2, 3] L2 = L1.copy()	变量 L1 和 L2 引用同样的元素对象

2.5.7　嵌套列表

由于任何对象都可以装入列表，所以列表对象也可以装入列表中。列表中的列表对象，称为子列表(sublist)；列表中有列表，称为嵌套列表(nested list)。嵌套列表的操作跟普通列表一模一样，只需要将子列表看成一个元素即可，如图 2-49 所示。

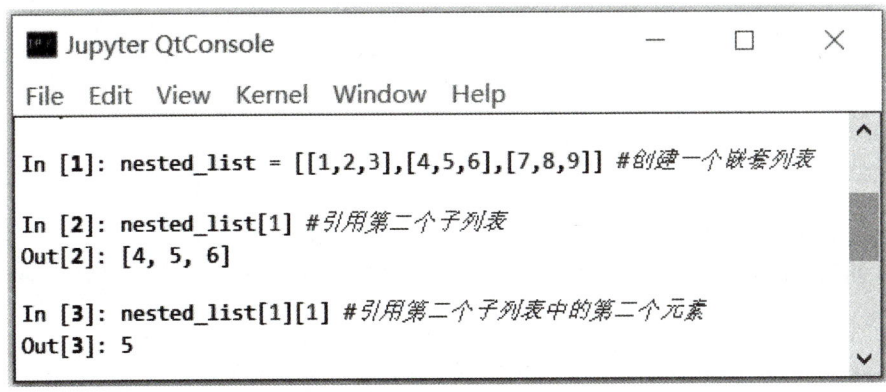

图 2-49　嵌套列表

2.5.8 列表的拷贝

列表的拷贝有三种：
- 引用拷贝。
- 浅拷贝（shallow copy）。
- 深拷贝（deep copy）。

用"="实现的拷贝是引用拷贝，例如，语句：list2 = list1，将变量 list1 中指向列表对象的引用拷贝给变量 list2，使得变量 list2 和 list1 都关联到了相同的列表对象上，如图 2-50 所示。

```
In [1]: list1 = [1, 2, 3]  #创建一个列表，并关联到变量list1

In [2]: list2 = list1      #将list1的引用赋值给list2

In [3]: id(list1) #查看list1的id是否跟list2的id一样
Out[3]: 2049012243720

In [4]: id(list2)
Out[4]: 2049012243720
```

图 2-50 列表的引用拷贝

列表的浅拷贝是指在内存中新建一个原列表对象的副本，并把新建的列表变量关联到原列表的元素对象上，但不会在内存中新建一份原列表的元素对象，如图 2-51 所示。

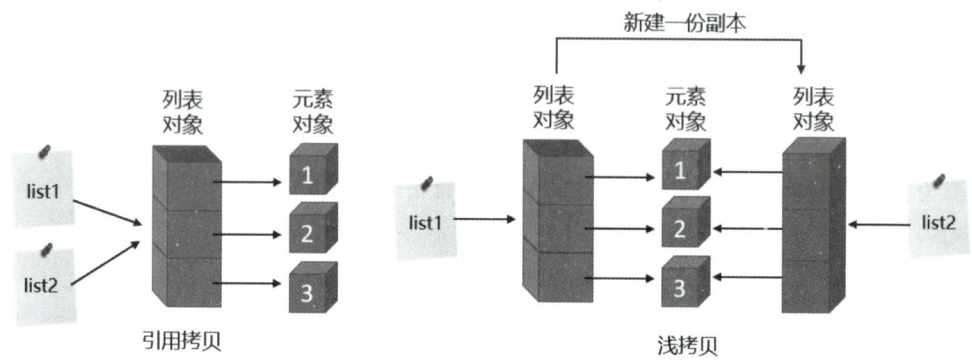

图 2-51 引用拷贝 vs 浅拷贝

用 id() 函数来查阅新旧列表对象，可以看到新列表与旧列表对象的 id 是不一致的；查阅新旧列表中的元素对象，可以看到新旧列表中的元素对象的 id 是一致的，如图 2-52 所示。

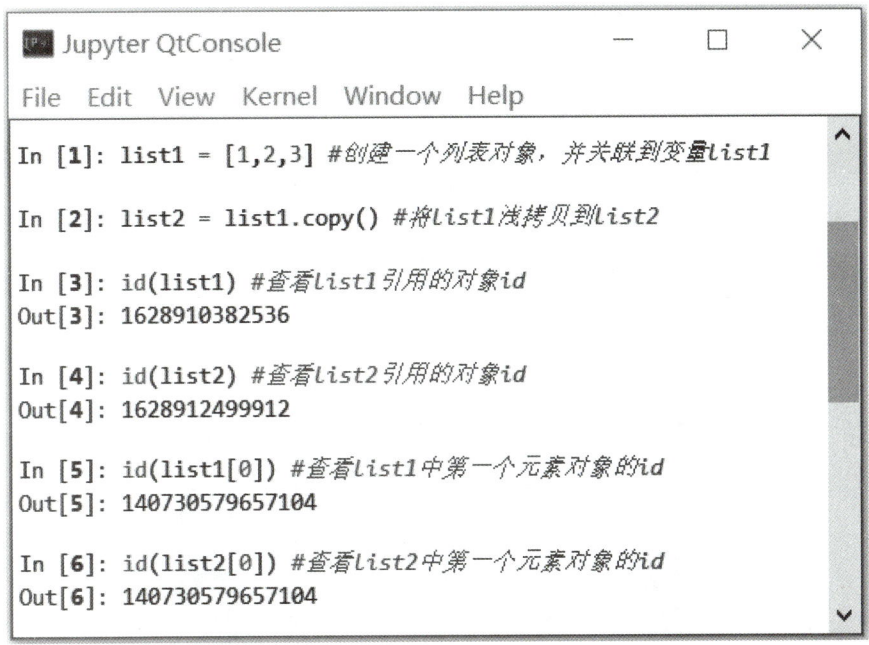

图 2-52　列表浅拷贝

由于列表浅拷贝不会新建列表的元素对象的副本，当列表为嵌套列表时，列表浅拷贝也不会新建子列表对象的副本。在图 2-53 中，new_list 由 old_list 浅拷贝生成，当修改 new_list 列表的元素时，old_list 列表的元素也会跟着被修改。

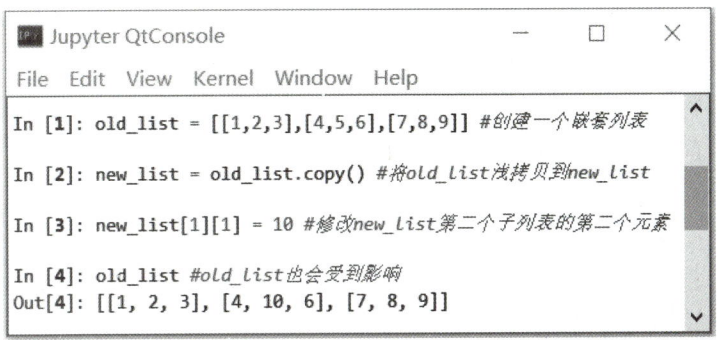

图 2-53　嵌套列表浅拷贝

为了避免上述情况发生，要使用深拷贝。列表的深拷贝是指在内存中不仅新建一个列表对象的副本，还要新建所有嵌套子列表的副本，如图 2-54 所示。

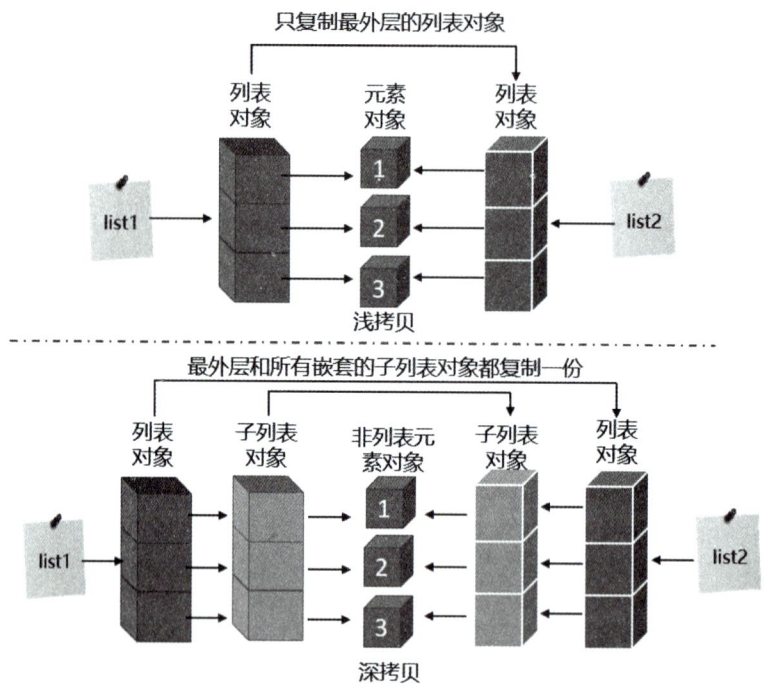

图 2-54 浅拷贝 vs 深拷贝

列表的深拷贝由 copy 模块中的 deepcopy( ) 函数实现，如图 2-55 所示。

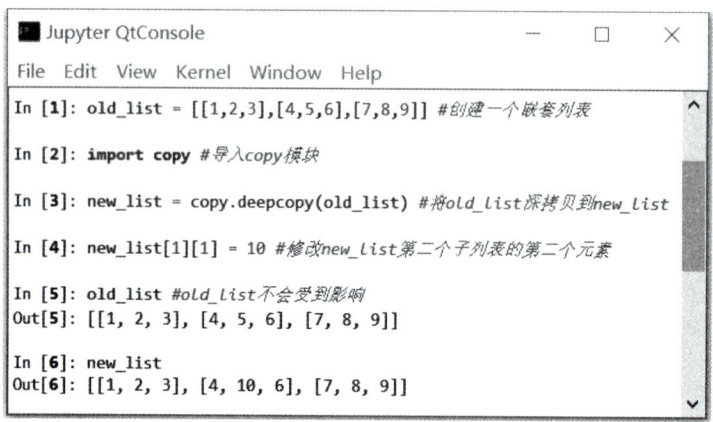

图 2-55 deepcopy( ) 函数

在图 2-55 中，new_list 由 old_list 深拷贝生成，当修改 new_list 列表的元素时，old_list 列表的元素不会受到影响，如图 2-56 所示。

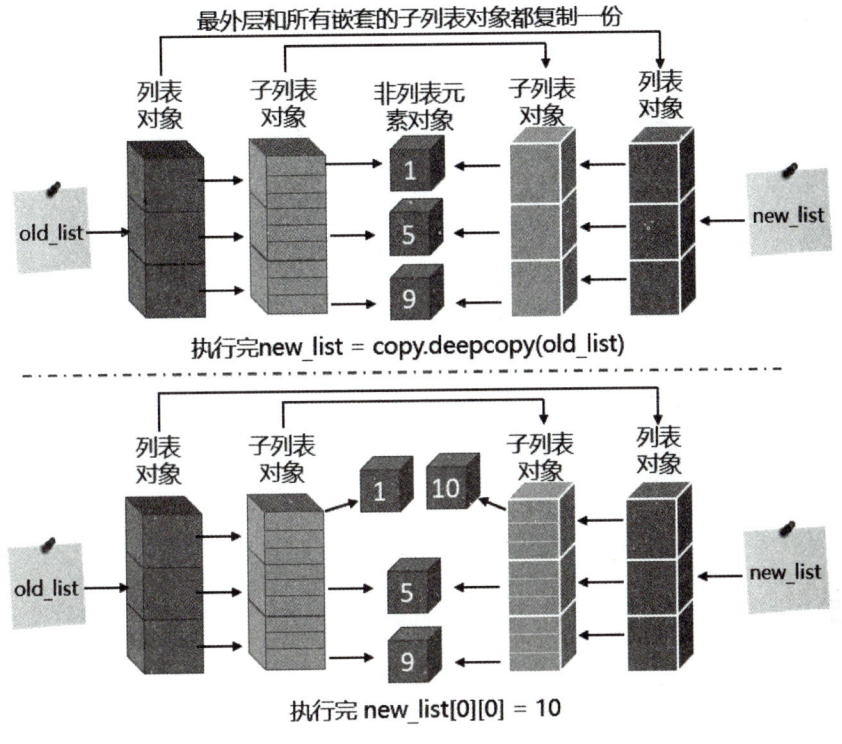

图 2-56 深拷贝

2.6 元组

元组（tuple）跟列表一样，也是一个序列类型。可以把元组看作不可变列表，即元组一旦创建，就不能以任何方式对其元素进行增加、更改或删除。

元组的定义跟列表类似，不同之处在于元素被放在小括号( )而不是方括号[ ]中。索引的规则与列表的规则相同。

元组的典型特点有：

- 元组在运行速度和空间占用上都优于列表。
- 若知道哪些数据不必更改，用元组比用列表好，因为可以保护数据免遭意外更改。这个特性在多线程环境下特别有用，因为一个不可变对象本身就是线程安全的，这样可以省去线程间同步的开销。
- 元组的元素可以通过索引访问，可迭代，可遍历。
- 元组支持自动解包。
- 元组可以任意嵌套，即可以包含其他元组作为子元组。
- 元组一旦创建，其大小是不可变的。
- 元组是不可变对象（immutable），即元组的元素不可以增加、更改或删除。

- 一个方法或函数要返回多个值时,元组是一个不错的选择。

2.6.1 创建元组

在 Python 中,可以用 tuple( ) 函数或小括号( ) 创建元组,创建空元组时,二者结果一致;创建有初始元素的元组如图 2-57 所示。

- tuple( ) 函数:只能输入一个可迭代对象,然后把可迭代对象的元素加入元组。
- 小括号( ):可以输入多个对象,把输入的对象作为元素整体加入元组。

```
In [1]: tuple1 = tuple()   #用tuple()创建一个空元组

In [2]: tuple2 = ()        #用()创建一个空元组

In [3]: tuple3 = tuple('Hello,Python!') #创建一个有初始元素的元组

In [4]: tuple3
Out[4]: ('H', 'e', 'l', 'l', 'o', ',', 'P', 'y', 't', 'h', 'o', 'n', '!')

In [5]: tuple4 = ('Hello,Python!', 1, 2.4, False) #创建一个有初始元素的元组

In [6]: tuple4
Out[6]: ('Hello,Python!', 1, 2.4, False)
```

图 2-57　创建元组

用 %timeit 分别测试用 tuple( ) 函数和小括号( ) 创建元组的时间,并对比用 list( ) 函数和方括号[ ]创建列表的时间,如图 2-58 所示。

```
In [1]: %timeit -n 1000 tuple1 = tuple(range(10000))
126 µs ± 994 ns per loop (mean ± std. dev. of 7 runs, 1000 loops each)

In [2]: %timeit -n 1000 list1 = list(range(10000))
128 µs ± 2.57 µs per loop (mean ± std. dev. of 7 runs, 1000 loops each)

In [3]: %timeit -n 1000 tuple2 = ()
10.4 ns ± 0.0881 ns per loop (mean ± std. dev. of 7 runs, 1000 loops each)

In [4]: %timeit -n 1000 tuple3 = tuple()
49.8 ns ± 0.73 ns per loop (mean ± std. dev. of 7 runs, 1000 loops each)

In [5]: %timeit -n 1000 list2 = []
18 ns ± 0.131 ns per loop (mean ± std. dev. of 7 runs, 1000 loops each)
```

图 2-58　测试创建元组的时间

从图 2-58 中可以看出:小括号( ) 创建元组的时间远远少于用 tuple( ) 函数创建元组的时间;元组的创建时间优于列表的创建时间,元组的执行效率优于列表。

2.6.2 元组解包

跟列表一样,元组也是可迭代对象,支持解包操作,如图 2-59 所示。

```
In [1]: tuple1 = (1, 2, 3)

In [2]: a, b, c = tuple1  #自动解包   ← 解包操作,自动完成

In [3]: a
Out[3]: 1

In [4]: b
Out[4]: 2

In [5]: c
Out[5]: 3

In [6]: def demo_unpacking(a, b, c):
   ...:     print(a, b, c)
   ...:

In [7]: demo_unpacking(*tuple1)        使用*号解包元组,
1 2 3                                   其元素作为输入参数

In [8]: x, *y = tuple1    当变量个数少于元素个数时,在某个变量前加上*号,
                          意思是接收剩余的所有元素
In [9]: x
Out[9]: 1

In [10]: y    ← 需要注意的是,接收剩余元素的数据类型是列表
Out[10]: [2, 3]

In [11]: list1 = list('Hello')

In [12]: [*tuple1, *list1]         可迭代对象的解包操作可以优雅地实现元素连接
Out[12]: [1, 2, 3, 'H', 'e', 'l', 'l', 'o']
```

图 2-59　元组解包操作

2.6.3 索引元组的元素

类似列表索引操作,元组中的元素也可以用下标来索引,如图 2-60 所示。
- 从左到右索引,使用正数,最左边的字符下标从 0 开始。
- 从右到左索引,使用负数,最右边的字符下标从 -1 开始。
- 索引越界会引发错误。

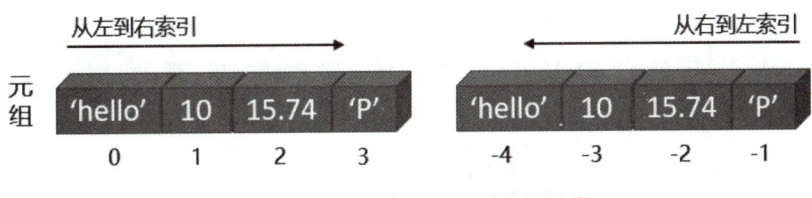

图 2-60　从两个方向索引元组元素

索引元组中的首元素、末元素、第三个元素、倒数第三个元素，如图 2-61 所示。

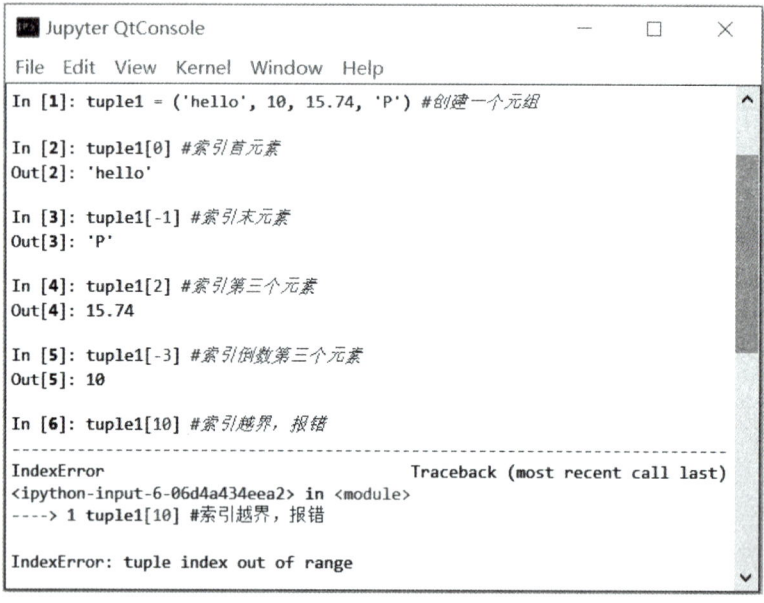

图 2-61　索引元组元素

2.6.4　元组切片

使用切片运算符（slice operator）：［起点（start）：终点（end）：步长（step）］，可以对元组进行切片。切片的意思是索引元组的一个子集，如图 2-62 所示。需要注意的是：
- 切片运算符包含起点索引值对应的元素，不包含终点索引值对应的元素。
- 若省略起点，则是告诉 Python 解释器，起点是首元素。
- 若省略终点，则是告诉 Python 解释器，终点是末元素。
- 索引越界会被 Python 解释器自动处理为边界值，不会引起报错。

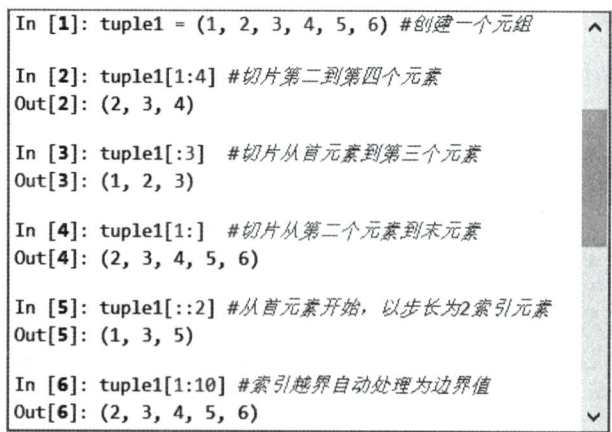

图 2-62　元组切片

2.6.5 元组基本操作

元组是不可变对象，不能用赋值语句更改元组的元素。

像列表一样，元组也支持连接"+"、重复"*"、元组长度 len( )、最大元素 max( ) 和最小元素 min( ) 这些基本操作，还支持检查成员资格和迭代操作，如表 2-13 所示。

表 2-13 元组基本操作

操作	作用	范例	结果
+	元组连接	(1, 2)+(3, 4)+(5, 6)	(1, 2, 3, 4, 5, 6)
T*n	元组 T 重复 n 次	('hi')*4 (1, 2)*4	'hihihihi' (1, 2, 1, 2, 1, 2, 1, 2)
len( )	获得元组元素个数	len((1, 2, 3, 4, 5, 6))	6
max( )	获得元组中的最大元素，元组中的元素必须是同一类型，不能是混合类型	max((1, 2, 3, 4, 5, 6))	6
min( )	获得元组中的最小元素，元组中的元素必须是同一类型，不能是混合类型	min(('z', 'x', 'y'))	'x'
sum( )	元组元素求和，所有元素必须是数值型	sum((1, 2, 3, 4, 5, 6))	21
in	检查成员资格，即元组中是否有该成员	1 in (1, 2, 3, 4, 5, 6) 10 in (1, 2, 3, 4, 5, 6)	True False
for x in T	迭代操作元组 T 里面的所有成员	for x in (1, 2, 3): 　　print(x)	1 2 3
tuple(seq)	把序列 seq 转换为元组	tuple('hello') tuple([1, 2, 3])	('h', 'e', 'l', 'l', 'o') (1, 2, 3)
del(T)	删除元组对象 T	del(T)	name 'T' is not defined

2.6.6 元组对象的常用方法

由于元组对象是不可变对象，所以元组对象内置的方法只有两种，如表 2-14 所示。详细的方法使用请用 help( ) 函数查阅，例如，查询 index( ) 方法，用语句：help(tuple.index)。

表 2-14 元组对象内置的方法

方法	作用	范例	结果
index(obj, start=0, stop=9223372036854775807)	在查询范围[start, stop]内。返回第一个找到的对象 obj 的索引值；若找不到，则报错	(1, 2, 3).index(3)	2
count(obj)	统计元素对象 obj 出现的次数	(1, 2, 1, 2).count(2)	2

2.6.7 用 zip( )函数创建元组为元素的列表

zip( )函数可以将多个可迭代对象中的对应元素组成元组,并返回 zip 对象。用 list( )函数可以将 zip( )函数返回的 zip 对象转换为列表,如图 2-63 所示。

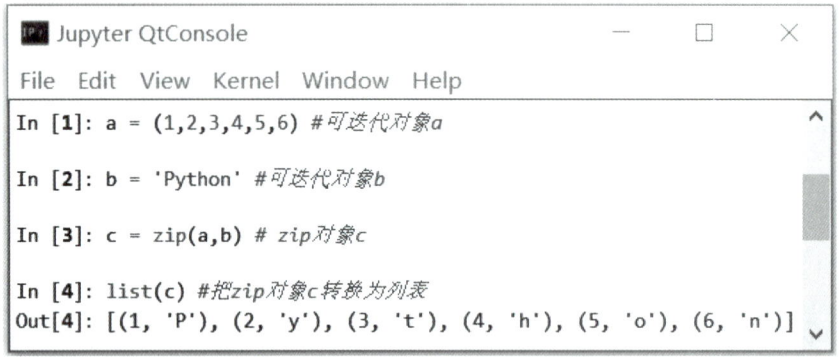

图 2-63 将 zip( )函数返回的 zip 对象转换为列表

2.6.8 用 enumerate( )函数创建带索引号的元组为元素的列表

enumerate( )函数将一个可遍历的对象(如列表、元组或字符串)的元素,加上索引号组合为一个 enumerate 对象。用 list( )函数将 enumerate( )函数返回的对象转换为列表对象,列表里面每个元素是一个元组,元组里面的元素是索引号和对应元素,如图 2-64 所示。

图 2-64 enumerate( )函数

enumerate( )函数通常用于既要遍历索引又要遍历元素的情况,相比手动创建一个计数器去维护元素的位置索引,更加简洁优雅,如表 2-15 所示。

表 2-15　用 enumerate( )更加优雅地实现索引和元素的同时遍历

常规思维实现版	更加优雅的 Pythonic 实现版
list1 = [5, 6, 7, 8] for i in range(len(list1)): 　　print(i, list1[i])	list1 = [5, 6, 7, 8] for index, item in enumerate(list1): 　　print(index, item)

2.7　字典

Python 社区有个小笑话：Python 中一切皆字典(everything in python is a dictionary)。从笑话中可以看出一个事实，字典(dictionary)的使用频率远远高于列表、元组和集合。

字典类是一种基础元素为"键-值对(key-value pair)"，无序可变的，可嵌套可迭代的数据结构，主要特点有：
- 基础元素为键-值对，通过键名而不是索引号来索引访问值。
- 字典中的元素是无序的，意味着无法通过索引来访问。
- 字典中的元素访问速度远高于列表和元组。
- 字典是可变的，元素可以增加、更改或删除。
- 支持自动解包。
- 字典可以任意嵌套。
- 通过键来访问值。
- 键必须唯一，若键的输入有重复，最后一次输入的键会被记住。
- 值可以是任何类型，而且值可以重复。
- 空字典用大括号{}表示。
- 键必须是不可变的数据类型，例如字符串、数字或元组。键之所以必须是不可变的数据类型，是因为在 Python 中，只有不可变的数据类型才能哈希化(hashable)，字典通过哈希化(哈希表)实现高效的数据访问。

可以通过__hash__()方法查阅某数据类型是否可以哈希化，不能哈希化的数据类型会返回 NoneType，如图 2-65 所示。

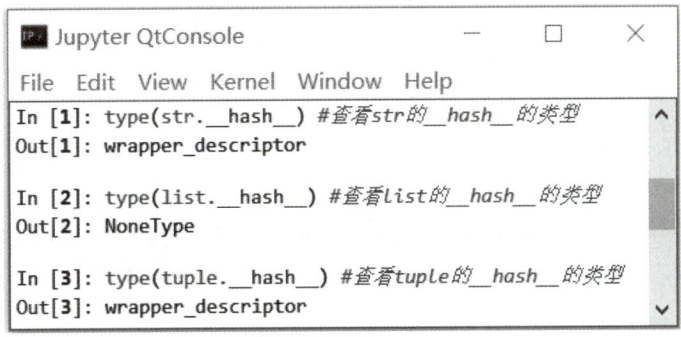

图 2-65　查看数据是否可以哈希化

2.7.1 创建字典

字典用大括号"{}"来定义，在大括号中，用冒号":"来分隔键-值对（key-value pair），键-值对之间用逗号","分隔，如下所示：

字典:{key1:value1, key2:value2, key3:value3 …}

在 Python 中，可以用 dict() 函数或大括号{}创建字典，如图 2-66 所示。

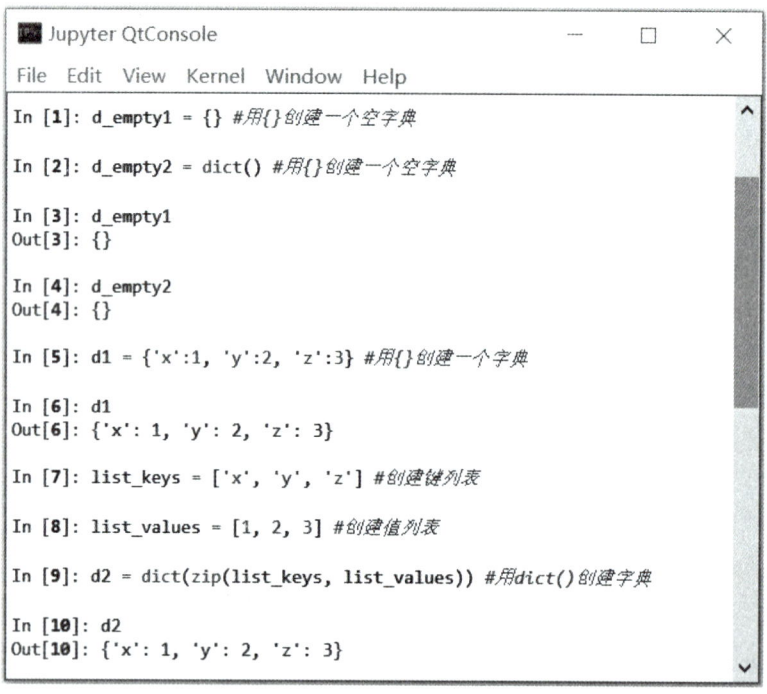

图 2-66　创建字典

从图 2-66 中可以看到，用大括号{}创建字典的优点是简单清晰，但是，当键-值对很多的时候，手动输入键-值对则很不方便。这时，用 dict() 函数可以从现有的列表中创建字典。

2.7.2 访问字典的值

字典是无序元素的组合，意味着不能通过索引来访问字典的元素。字典规定通过方括号[ ]和键（key）来访问值（value），若键不存在，则会引发错误，如图 2-67 所示。

字典是可变对象，可以通过方括号[ ]和键名（key）加赋值语句来添加和修改字典元素；通过方括号[ ]和键名（key）加 del() 函数来删除字典元素，如图 2-68 所示。

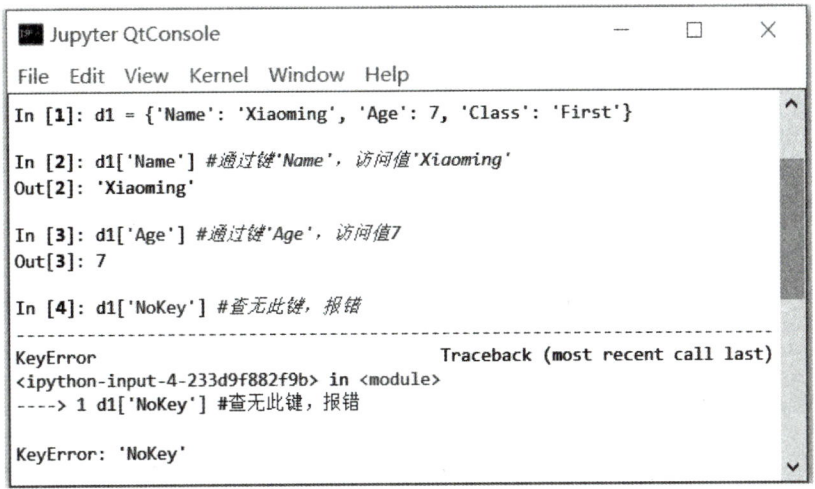

图 2-67　通过键访问值

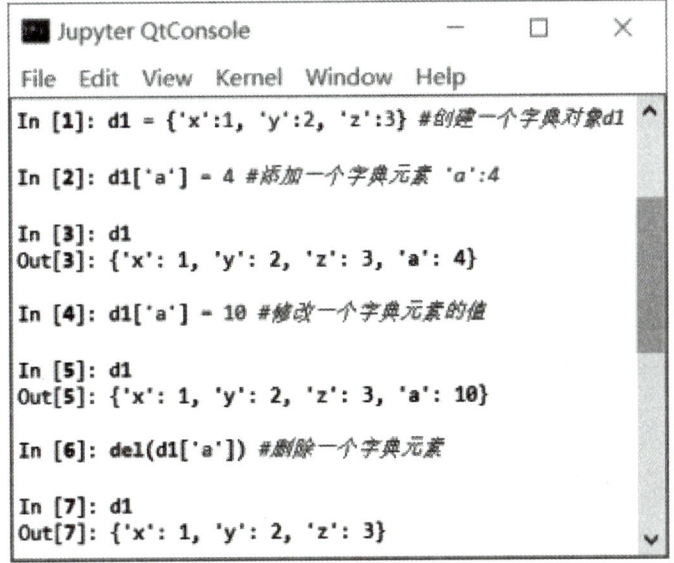

图 2-68　添加、修改和删除字典元素

2.7.3　字典解包

跟列表一样，字典也是可迭代对象，支持解包操作。
- 解包后赋值变量：解包后仅把键名(key)传给变量。
- 解包后作为参数传递给函数：单星号"＊"表示解包后把键名(key)作为参数传递给函数，键名个数需与形参个数相同；双星号"＊＊"表示把键值(value)作为参数传递给函数，函数形参名需与键名相同。

字典解包操作还能简洁地将两个字典合并到一起，如图 2-69 所示。

```
In [1]: x, y, z = {'a':1, 'b':2, 'c':3} #字典解包

In [2]: print(x, y, z) #仅将键名(key)传给变量
a b c

In [3]: d1 = {'a':1, 'b':2, 'c':3}

In [4]: d2 = {'x':9, 'y':8, 'z':7}

In [5]: def demo_unpacking(a, b, c):
   ...:     print(a, b, c)
   ...:

In [6]: demo_unpacking(*d1) #单星号，把键名传递给函数，键名个数需与形参个数相同
a b c

In [7]: demo_unpacking(*d2) #单星号，把键名传递给函数，键名个数需与形参个数相同
x y z

In [8]: demo_unpacking(**d1) #双星号，把键值传递给函数，键名需与形参名相同
1 2 3

In [9]: demo_unpacking(**d2) #双星号，键名与形参名不同，引发报错
---------------------------------------------------------------
TypeError                    Traceback (most recent call last)
<ipython-input-9-7b12943c8685> in <module>
----> 1 demo_unpacking(**d2) #双星号，键名与形参名不同，引发报错

TypeError: demo_unpacking() got an unexpected keyword argument 'x'

In [10]: d3 = {**d1, **d2} #简洁优雅地合并字典操作

In [11]: d3
Out[11]: {'a': 1, 'b': 2, 'c': 3, 'x': 9, 'y': 8, 'z': 7}
```

图 2-69　字典解包操作

2.7.4　字典基本操作

字典不支持连接"+"、重复"*"操作，但支持长度 len( )、最大元素 max( )、最小元素 min( )、检查成员资格操作"in"等，如表 2-16 所示。

表 2-16　字典基本操作

操作	作用	范例	结果
len( )	获得字典键值对个数	len({'x':1,'y':2,'z':3})	3
max( )	返回字典中的最大值对应的键	max({'x':1,'y':2,'z':3})	'z'
min( )	返回字典中的最小值对应的键	min({'x':1,'y':2,'z':3})	'x'
in	检查键是否在字典中	'x' in {'x':1,'y':2,'z':3} 1 in {'x':1,'y':2,'z':3}	True False
del(D)	删除字典对象 D	del(D)	name 'D' is not defined

续表

操作	作 用	范 例	结 果
del(D[key])	删除由键 key 索引的字典元素	D = {'x': 1, 'y': 2, 'z': 3} del(D['x'])	{'y': 2, 'z': 3}

值得一提的是，在字典上进行检查成员资格操作"in"远远快于在列表和元组上进行检查成员资格操作，如图 2-70 所示。

```
In [1]: list1 = list(range(1000000))

In [2]: tuple1 = tuple(range(1000000))

In [3]: dict1 = dict(zip(list1, tuple1))

In [4]: %timeit -n 1000 45678 in list1
456 µs ± 2.64 µs per loop (mean ± std. dev. of 7 runs, 1000 loops each)

In [5]: %timeit -n 1000 45678 in tuple1
462 µs ± 6.98 µs per loop (mean ± std. dev. of 7 runs, 1000 loops each)

In [6]: %timeit -n 1000 45678 in dict1
48.3 ns ± 0.336 ns per loop (mean ± std. dev. of 7 runs, 1000 loops each)
```

图 2-70　字典的检查成员资格操作非常快

2.7.5　字典对象的常用方法

字典对象内置的常用方法，如表 2-17 所示，"d"代表字典对象。详细的方法使用请用 help( )函数查阅，例如，查询 clear( )方法，用语句 help(dict.clear)。

表 2-17　字典对象内置的常用方法

方法	作 用	范 例	结 果
d.clear( )	清除字典内所有元素	{'x': 1, 'y': 2, 'z': 3}.clear( )	{ }
d.copy( )	浅拷贝字典	{'x': 1, 'y': 2}.copy( )	{'x': 1, 'y': 2}
d.get(k, default=None)	通过键获得值；键不存在，则返回 None；或者返回指定的默认值	{'x': 1, 'y': 2}.get('x') {'x': 1, 'y': 2}.get('z') {'x': 1, 'y': 2}.get('z', 0)	1 None 0
d.items( )	返回可迭代的键-值对列表	{'x': 1, 'y': 2}.items( )	[('x', 1), ('y', 2)]
d.keys( )	返回可迭代的键列表	{'x': 1, 'y': 2}.keys( )	['x', 'y']
d.values( )	返回可迭代的值列表	{'x': 1, 'y': 2}.values( )	[1, 2]

续表

方法	作 用	范 例	结 果
d.pop(k[,v])	删除键 k 所对应的值并返回该值。k 必须指定，若 k 不存在，且指定了返回默认值 v，则返回 v；否则，报错	{'x':1,'y':2}.pop('x') {'x':1,'y':2}.pop('z',3) {'x':1,'y':2}.pop('z')	1 3 KeyError: 'z'
d.popitem()	删除字典中的最后一对键值对，并以元组形式返回该键值对；若字典为空，则报错	{'x':1,'y':2}.popitem() {}.popitem()	('y', 2) KeyError: ' popitem ( ):dictionary is empty'
d.update(d1)	把字典 d1 添加到字典 d 中去；若字典 d 中有键与 d1 重复，那么更新这些重复的键对应的值	{'x':1}.update({'y':2}) {'x':1}.update(y=2) {'x':1}.update({'x':2})	{'x':1,'y':2} {'x':1,'y':2} {'x':2}

在实际开发中，经常遇到不知道字典中有哪些键名的情况，为了避免键名不存在时用键名直接访问键值会引发报错的情况，可以使用 get() 方法在键名不存在的情况下返回 None 或设定的默认值，避免引发报错。

items() 方法返回的可迭代对象，经常跟 for 语句配合使用，用于遍历字典的元素，这是一种典型的 Pythonic 风格的遍历方法，如图 2-71 所示。这里仅仅给出一个简单的范例，本书将在 for 语句一节中详述。

```
In [1]: d1 = {'a':1, 'b':2, 'c':3}

In [2]: for d in d1:    #不使用items()方法，在遍历中只能获得键名(key)
   ...:     print(d)
   ...:
a
b
c

In [3]: for key, value in d1.items():  #使用items()方法，能同时获得键名和键值
   ...:     print(key, value)          #Pythonic风格的遍历方法
   ...:
a 1
b 2
c 3
```

图 2-71 用 for 语句遍历字典元素

2.8 集合

集合(set)是数学中最基本的概念之一，指定义明确的不同对象的聚集(collection)。集合的基本操作包括交集(intersection)、并集(union)、补集(complement)等，如图 2-72 所示。

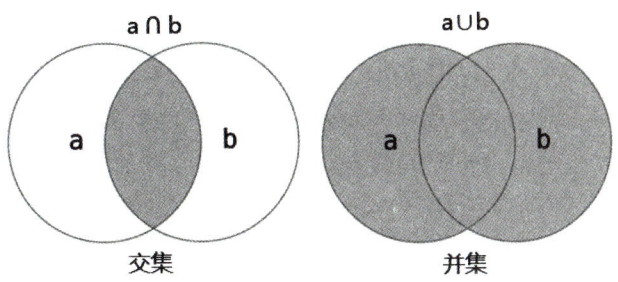

图 2-72　交集和并集

　　Python 中的集合类可以看作是数学集合概念的 Python 程序实现。与有序的列表类相比，集合类是无序且没有重复元素、可变、可迭代的数据类型，主要特点有：
- 集合元素唯一（unique），这意味着集合中没有重复的元素对象。
- 集合元素无序（unordered），这意味着不能通过下标引用集合元素。
- 集合对象可变、可迭代。
- 集合只能接受不可变的数据类型作为元素。在 Python 中，不可变的数据类型才能哈希化（hashable），Python 通过哈希化实现高效的数据访问。
- 集合常用于高效找出两个数据集中的共同点和差异点。

　　Python 中还有一种集合对象不能改变的集合类型——冻结集合（frozenset），它跟元组类似，一旦创建，不能改变，其余特性跟集合一样。

2.8.1　创建集合

　　跟字典一样，集合也是用大括号"{}"来定义，只是没有冒号":"。
　　用 set() 函数或大括号{}创建集合，如图 2-73 所示。需要注意的是：
- "{}"已经被解释为空字典，所以不能用"{}"来创建空集合，只能用 set() 创建空集合。
- 当用"{}"来创建集合时，"{}"会把输入对象作为一个集合元素，整体加入集合，所以输入对象不能是可变数据类型。例如，将 [1, 2, 3, 4] 作为输入，由"{}"创建集合，会引发 unhashable type 的错误。
- 当用 set() 函数来创建集合时，set() 函数会把输入对象的元素作为集合元素加入集合，所以输入对象可以是可变数据类型，但其元素必须是不可变数据类型。例如，可以将 [1, 2, 3, 4] 作为输入，由 set() 函数创建集合；但将 [[1, 2], [3, 4]] 作为输入，由 set() 函数创建集合，会引发 unhashable type 的错误。

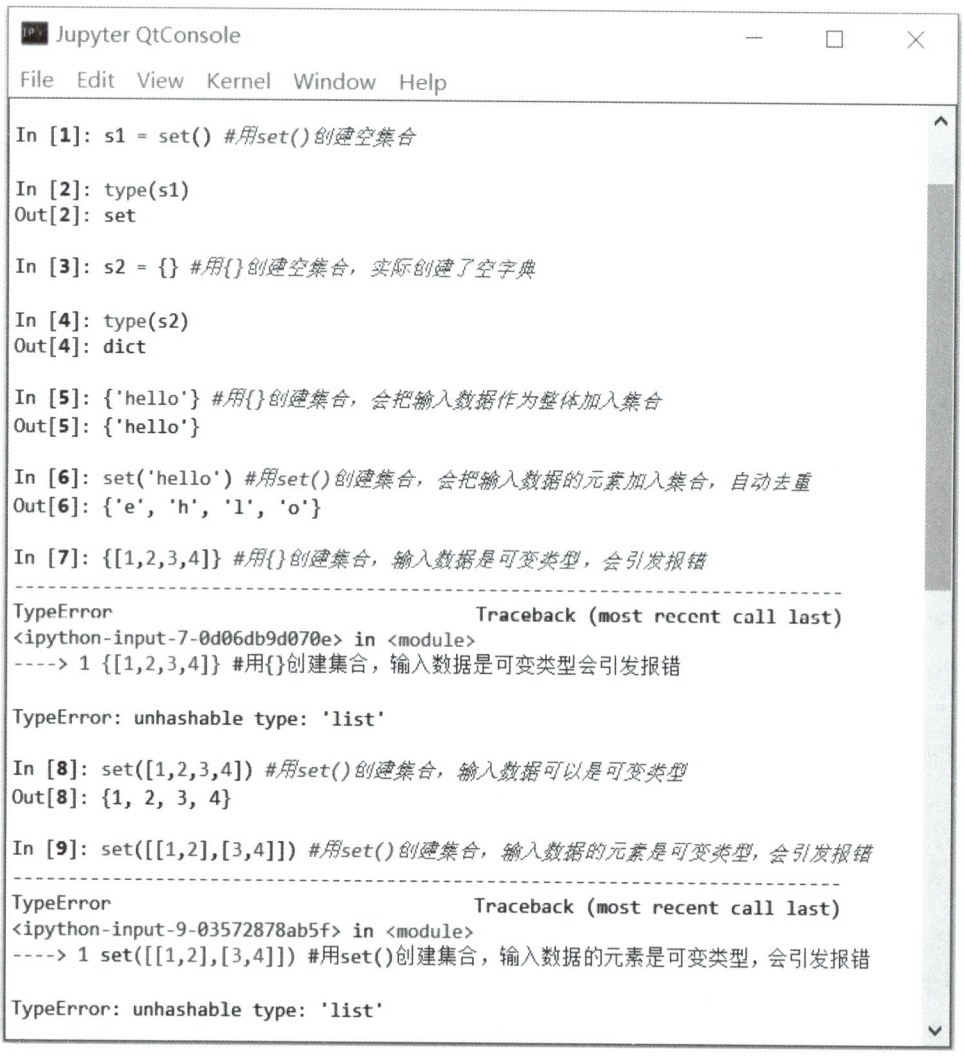

图 2-73 创建集合

2.8.2 访问集合的元素

集合是无序元素的组合,意味着不能通过索引来访问集合的元素;集合又没有键,无法像字典一样通过键来访问值。如上节所述,集合通常用于高效找出两个数据集中的共同点和差异点,Python 没有提供单独索引集合元素的方法。

2.8.3 集合解包

跟列表一样,集合也是可迭代对象,支持解包操作,如图 2-74 所示。

```
In [1]: a, b, c = {1, 2, 3} #集合解包

In [2]: print(a, b, c) #解包操作，自动完成
1 2 3

In [3]: def demo_unpacking(a, b, c):
   ...:     print(a, b, c)
   ...:

In [4]: demo_unpacking(*{1, 2, 3}) #用*解包集合，将元素传递给函数
1 2 3

In [5]: x, *y = {1, 2, 3} #变量个数少于集合元素个数，用*接收剩余元素

In [6]: x
Out[6]: 1

In [7]: y
Out[7]: [2, 3]
```

图 2-74　集合解包操作

2.8.4　集合基本操作

跟字典一样，集合不支持连接"+"、重复"*"操作，但支持长度 len( )、最大元素 max( )、最小元素 min( )、检查成员资格操作"in"等，如表 2-18 所示。

表 2-18　集合基本操作

操作	作　用	范　例	结　果
len( )	获得集合中的元素个数	len({1, 2, 3})	3
max( )	返回集合中的最大值	max({1, 2, 3})	3
min( )	返回集合中的最小值	min({1, 2, 3})	1
in	检查元素是否在集合中	'x' in {'x', 'y', 'z'} 1 in {'x', 'y', 'z'}	True False
del(S)	删除集合对象 S	del(S)	name 'S' is not defined

集合的底层是由字典实现的，所以在集合上进行检查成员资格操作"in"也远远快于在列表和元组上进行检查成员资格操作。

2.8.5　添加和删除集合元素

可以用集合对象自带的 add( ) 和 update( ) 方法添加集合元素，如表 2-19 所示。详细的方法使用请用 help( ) 函数查阅，例如，查询 add( ) 方法，用语句 help(set.add)。

表 2-19　添加集合元素

方法	作　用	范　例	结　果
add()	将不可变数据对象添加为集合元素	s1 = {1, 'h'} s1.add(False)	{1, False, 'h'}
update()	将一个可迭代且不可改变的对象以并集的方式添加到原来的集合中	s1 = {1, 'h'} s1.update('hello') s1.update({False})	{1, 'e', 'h', 'l', 'o'} {1, False, 'e', 'h', 'l', 'o'}

可以用集合对象自带的 clear()、discard()、remove() 和 pop() 方法删除集合元素，如表 2-20 所示。

表 2-20　删除集合元素

方法	作　用	范　例	结　果
clear()	清空集合中的所有元素	s1 = {1, 'h'} s1.clear()	set()，空集合
discard()	从集合中删除指定的元素，若元素不存在，则不做任何事情	s1 = {1, 'h'} s1.discard('e') s1.discard('h')	{1, 'h'} {1}
remove()	从集合中删除指定的元素，若元素不存在，则报错	s1 = {1, 'h'} s1.remove('e') s1.remove('h')	KeyError: 'e' {1}
pop()	从集合中删除第一个元素，并将这个元素返回。若集合为空，则报错	s1 = {1, 'h'} s1.pop() s1.pop() s1.pop()	返回: 1, s1 = {'h'} 返回: 'h', s1 为空集合 KeyError: 'pop from an empty set'

2.8.6　集合的交集、并集、差集、对称差集和子集运算

交集（intersection）是找出两个集合之间共有的元素，数学符号为∩，如图 2-75 所示。

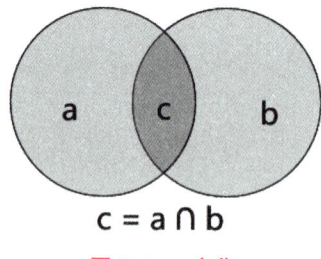

图 2-75　交集

交集可以由 Python 中集合对象自带的方法 intersection()，或者运算符"&"实现，如图 2-76 所示。

```
In [1]: a = {1, 2, 3, 4} #创建集合a

In [2]: b = {3, 4, 5, 6} #创建集合b

In [3]: a.intersection(b) #用intersection()方法实现交集运算
Out[3]: {3, 4}

In [4]: a & b #用&运算符实现交集运算
Out[4]: {3, 4}
```

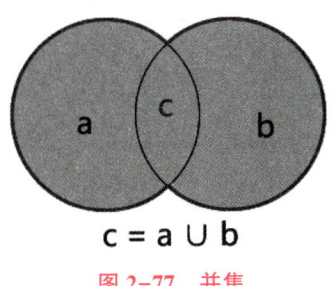

图 2-76　交集运算

并集(union)是合并两个集合，并自动去掉重复的元素，数学符号为∪，常用于元素去重，如图 2-77 所示。

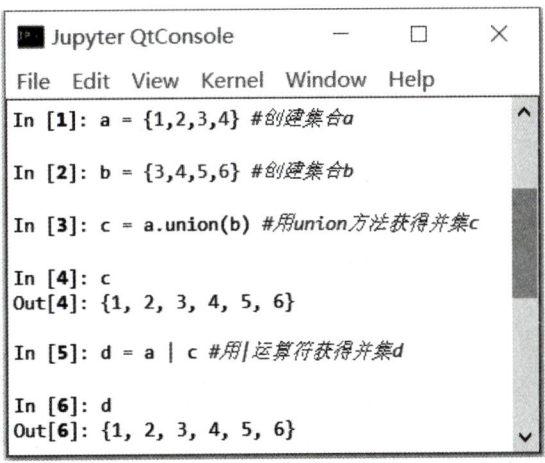

图 2-77　并集

并集可以由 Python 中集合对象自带的方法 union( )，或者运算符“ | ”实现，如图 2-78 所示。

```
Jupyter QtConsole
File  Edit  View  Kernel  Window  Help
In [1]: a = {1,2,3,4} #创建集合a

In [2]: b = {3,4,5,6} #创建集合b

In [3]: c = a.union(b) #用union方法获得并集c

In [4]: c
Out[4]: {1, 2, 3, 4, 5, 6}

In [5]: d = a | c #用|运算符获得并集d

In [6]: d
Out[6]: {1, 2, 3, 4, 5, 6}
```

图 2-78　并集运算

差集(difference)是找本集合中有而另外一个集合中没有的元素，数学符号为-，如图 2-79 所示。需要注意的是：a - b 和 b - a 不一样。

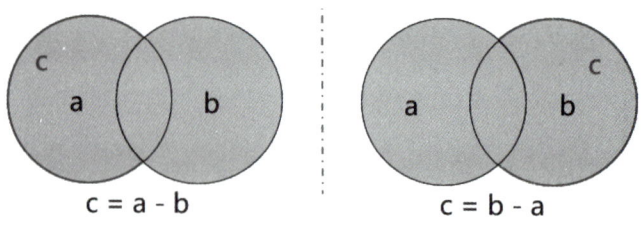

图 2-79　差集

差集可以由 Python 中集合对象自带的方法 difference()，或者运算符"-"实现，如图 2-80 所示。

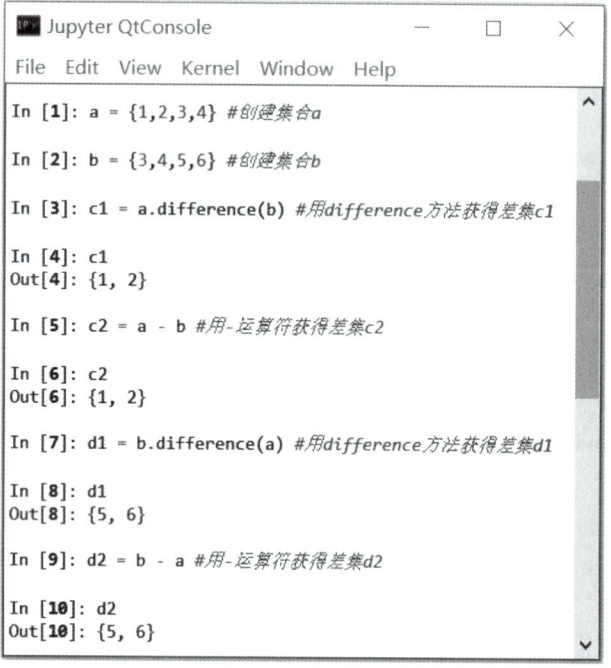

图 2-80　差集运算

对称差集(symmetric difference)是找出两个集合中所有不重复的元素，如图 2-81 所示。

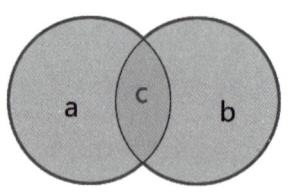

图 2-81　对称差集

对称差集可以由 Python 中集合对象自带的方法 symmetric_difference( ) 实现，如图 2-82 所示。

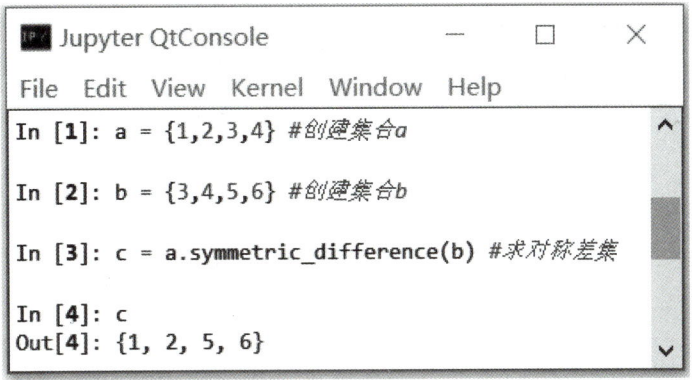

图 2-82　对称差集运算

子集（subset）是检查本集合的所有元素是否都在另外一个集合里面，由 Python 中集合对象自带的方法 issubset( ) 实现，如图 2-83 所示。

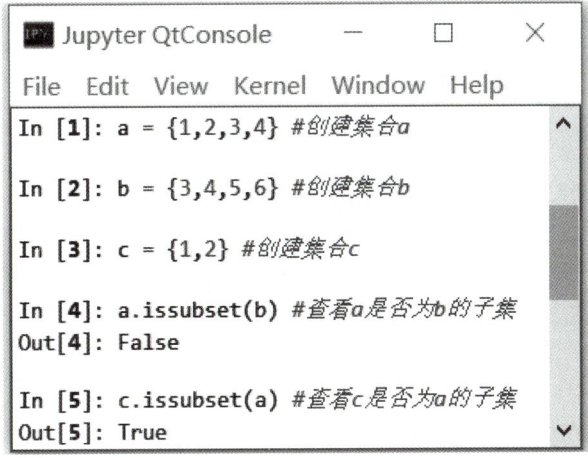

图 2-83　子集运算

2.9　列表、元组、字典和集合的区别

到此，本书已经详细介绍完 Python 中最常用的数据结构类型：列表、元组、字典和集合。为了帮助读者更加清晰地了解这四种数据类型的差异，本节给出一个列表、元组、字典和集合对比表，如表 2-21 所示。

表 2-21　列表、元组、字典和集合对比表

类别	定义符号	是否可变	元素是否可变	是否有序	是否可迭代
列表（list）	[元素1, 元素2, …]	可变	可变	有序	可迭代
元组（tuple）	(元素1, 元素2, …)	不可变	不可变	有序	可迭代
字典（dict）	{键1: 值1, 键2: 值2, …}	可变	键：不可变 值：可变	无序	可迭代
集合（set）	{元素1, 元素2, …}	可变	不可变	无序	可迭代

2.10　可变对象与不可变对象

在 Python 中，一切皆对象。Python 对象按照该对象在创建之后能否被改变可以分为可变对象和不可变对象。

在 Python 中，修改一个不可变对象的值相当于把变量指向了一个新的对象，如图 2-84 所示。

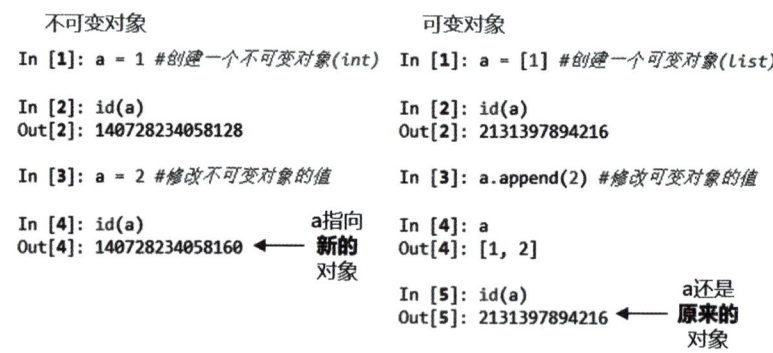

图 2-84　不可变对象 vs 可变对象

Python 中的可变对象和不可变对象：

- 可变对象：列表、字典、集合、字节数组、用户定义的类。
- 不可变对象：整数、浮点数、十进制数、复数、布尔值、字符串、元组、范围类、冻结集合、字节类。

2.11　本章要点回顾

本章详细介绍了 Python 变量的概念，建立"Python 中，一切皆对象（Everything is an object）"和"Python 变量是对象的引用，实际数据包含在对象中"这两个概念，对正确理解 Python 变量至关重要。

接着依次介绍了 Python 中的数据类型，由于 Python 中一切皆对象，所以这些数据类

型的 Python 实现都是类：数值类、字符串类、列表类、元组类、字典类和集合类。它们有自己的属性和方法。

掌握这些数据类型，第一是理解其概念，第二是熟悉其基本操作，第三是掌握其自带的属性和方法。

2.12　本章练习题

题目2.1　请读者实现公里(km)和英里(mile)的转换(1 mile = 1.609344 km)。

题目2.2　请读者实现华氏温度到摄氏温度的转换[摄氏温度 =（华氏温度-32）/ 1.8]。

题目2.3　输入一个年份，判断其是否为闰年(闰年是公立年份是4的倍数且不是100的倍数，或者是400的倍数)。

题目2.4　将字符串"Nice To Meet You!"中的大写字母全部改为小写字母。

题目2.5　找出字符串"nice to meet you!"中字符't'的个数和位置。

题目2.6　请将带扩展名的文件名"ssd_mobilenet.xml"分解为文件名和扩展名，分别保存在变量 filename 和 ext 上。

题目2.7　已知变量 name = 'Xiaoming'，height = 179.8，weight = 75.0，请格式化输出"Name：Xiaoming；Height：179.8cm；Weight：75.0kg"。

题目2.8　列表有哪些特点？

题目2.9　列表有哪些基本操作？

题目2.10　列表对象有哪些常用方法？

题目2.11　列表的拷贝操作可以分几种？各有什么区别？

题目2.12　创建[1, 100]的自然数列表、偶数列表和奇数列表。

题目2.13　已知列表 nums = [1, -200, 3, 400, 5, -8, 9, 15, -100, 2]，请找出其中的最大、第二大、最小、第二小的元素。

题目2.14　已知列表 fruits = ['apple', 'pear', 'grapefruit', 'pineapple', 'avocado']，请将'blueberry'添加到列表中；请将'apple'从列表中删除；请判断'pineapple'是在什么位置；请在'pineapple'前插入'lemon'；请判断'mango'是否在列表中；请计算 fruits 中一共有几种水果。

题目2.15　元组有哪些特点？

题目2.16　元组有哪些基本操作？

题目2.17　元组对象有哪些常用方法？

题目2.18　元组跟列表相比有什么不同？什么情况下用元组比用列表好？

题目2.19　zip()函数和 enumerate()函数各有什么用途？

题目2.20　已知元组 fruits = ('apple', 'pear', 'grapefruit', 'pineapple', 'avocado')，计算元组中的元素个数；找出以'a'开头的所有元素；输出每个元素及其对应的序号。

题目2.21　字典有哪些特点？

题目 2.22　字典有哪些基本操作？

题目 2.23　字典对象有哪些常用方法？

题目 2.24　字典跟列表相比有什么不同？什么情况下用字典比用列表好？

题目 2.25　已知字典 d1 = {'a'：1，'b'：2，'c'：3}，请找出字典元素中的最大值、最小值并求出字典元素的个数；请将元素'd'：4 加入字典 d1，然后将元素'a'：1 改为'a'：9，最后删除元素'b'：2。

题目 2.26　已知字典 d1 = {'a'：1，'b'：2，'c'：3}，请遍历出所有的键名，请遍历出所有的键值，请同时遍历出所有的键名和键值。

题目 2.27　集合有哪些特点？

题目 2.28　集合有哪些基本操作？

题目 2.29　集合对象有哪些常用方法？

题目 2.30　集合常用于解决什么问题？

题目 2.31　已知列表 no_primes = [4，6，6，8，8，9，10，10，12，12，12，12，14，14，15，15，16，16，16]，请删除列表中重复的元素。

题目 2.32　用 random. randint( ) 函数生成 100 个[1，100]的随机整数，去掉重复的元素，然后按照从大到小的顺序排序，并输出排序后的元素。

题目 2.33　已知集合 s1 = {1，2，3，4，6，7，8，9}和 s2 = {3，4，6，7，12，13，14，15}，求 s1 和 s2 的交集、并集、差集和对称差集。

题目 2.34　已知列表 letters = ['H'，'e'，'l'，'l'，'o']，请将其转换为字符串'Hello'。

题目 2.35　已知股价 prices = {'002415'：32.03，'600519'：1296.25，'600036'：34.46，'002138'：22.78，'600584'：27.23}，请用股价大于 30 元的股票创建一个新的字典，然后输出股价最高和最低的股票代码，并求出股价的平均值。

题目 2.36　请用户输入月份，然后返回该月份属于哪个季节。

题目 2.37　请在列表中逆向插入 100 个自然数，最后结果为[100，99…1]。

第 3 章

Python 流程控制语句

到现在为止，本书给出的 Python 代码范例都是一条一条语句顺序执行的，这种代码结构通常称之为顺序结构，可是仅有顺序结构并不能解决所有的问题。结构化程序理论指出，任何可解的算法，无论多么复杂，都可以由顺序结构、选择(分支)结构和循环结构这三种基本结构组成，如图 3-1 所示。本章将详细介绍 Python 中的选择结构语句、循环结构语句和异常处理结构语句(分支结构的一种)。

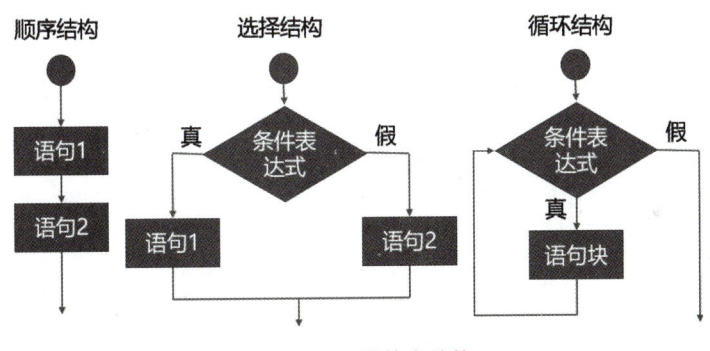

图 3-1　三种基本结构

3.1　if 条件语句

在 Python 中，实现选择结构的语句称为 if 语句。如果 if 语句条件表达式为真(True)，则执行代码块。

3.1.1　if 条件语句的三种实现形式

if 条件语句有三种实现形式，如表 3-1 所示。

表 3-1 if 条件语句的三种实现形式

类型	if 语句	if…else 语句	if…elif…else 语句
语法	if 条件表达式： 　　语句块	if 条件表达式： 　　语句块 1 else： 　　语句块 2	if 条件表达式： 　　语句块 1 elif： 　　语句块 2 elif： 　　语句块 3 … else： 　　语句块 N
范例	bmi = 14 if bmi < 18.5： 　　print('underweight')	bmi = 14 if bmi < 18.5： 　　print('underweight') else： 　　print('normal')	bmi = 14 if bmi < 18.5： 　　print('underweight') elif bmi >30： 　　print('overweight') else： 　　print('normal')

由表 3-1 可以看到，if 和 elif 后面都要加入条件表达式，else 则不需要；else 语句块里面放默认执行的语句，即什么条件都不满足的情况下，默认执行的操作；elif 和 else 不能独立使用，必须跟 if 一起使用。

三种 if 语句形式，可以相互嵌套，如代码清单 3-1 所示。

代码清单 3-1　嵌套 if 语句范例

```
1.  bmi = 14
2.  if bmi < 18.5：
3.      print('underweight')
4.  else：
5.      if bmi >= 30：
6.          print('obese')
7.      elif bmi > 25 and bmi < 30：
8.          print('overweight')
9.      else：
10.         print('normal')
```

3.1.2　用布尔运算符连接多个条件

可以用布尔运算符 and 和 or 连接多个条件。

- 需要同时满足多个条件，用 and 连接。

例如，70 周岁以下且年满 18 周岁的人可以申请驾照，由于需要同时满足 70 周岁以下且年满 18 周岁这两个条件,所以用 and 连接,范例代码如代码清单 3-2 所示。

代码清单 3-2　and 连接条件语句

```
1. age = eval(input('Please Enter your age：'))
2. if age < 70 and age > 18：#70 周岁以下且年满 18 周岁
3.     print('valid for driver license!')
```

- 只需要满足多个条件中的一个,用 or 连接。

例如,18 周岁以下或者 60 周岁以上的人可以不用参加工作,由于只需要满足 18 周岁以下或者 60 周岁以上这两个条件中的一个,所以用 or 连接,范例代码如代码清单 3-3 所示。

代码清单 3-3　or 连接条件语句

```
1. age = eval(input('Please Enter your age：'))
2. if age < 18 or age > 60：#18 周岁以下或者 60 周岁以上
3.     print('not a worker!')
```

- and 和 or 可以一起使用,形成复合条件语句。

例如,判断值是否在 0~3 或者 7~10 之间,范例代码如代码清单 3-4 所示。

代码清单 3-4　复合条件语句

```
1. num = eval(input('Please Enter a integer：'))
2. #判断值是否在 0~3 或者 7~10 之间
3. if (num >= 0 and num <= 3) or (num >= 7 and num <= 10)：
4.     print('qualified number!')
```

3.1.3　not 操作符

经常会遇到判断输入变量为空的情况,可以用语句"not 变量"作为 if 语句的条件表达式。在 Python 中,False、None、空字符串、空列表、空元组、空字典等都相当于 False,not 与这些空变量结合,会返回"True",如图 3-2 所示。

```
In [1]: not None
Out[1]: True

In [2]: not ''
Out[2]: True

In [3]: not []
Out[3]: True

In [4]: not ()
Out[4]: True

In [5]: not {}
Out[5]: True
```

图 3-2　空变量相当于 False

not 与 if 语句结合在一起常用于检查变量是否为空，例如，检查输入列表是否为空，若为空，输出"list is empty"；检查输入字符串是否为空，若为空，输出"string is empty"。如代码清单 3-5 所示。

代码清单 3-5　检查变量是否为空

```
1. input_list = [ ]
2. if not input_list：           #若输入列表为空
3.     print('list is empty')
4.
5. input_string =''
6. if not input_string：         #若输入字符串为空
7.     print('string is empty')
```

3.1.4　用 if 语句实现三元运算符的功能

大部分高级语言都支持":?"这个三元运算符（ternary operator），Python 不支持这个运算符，但可以用一行 if 语句来实现，相比三元运算符，可读性更好，语法格式如下：

```
1. 变量 = 变量1 if 条件表达式 else 变量2
```

【范例 3-1】读取用户输入，若输入为空，则使用默认字符串"default"，如代码清单 3-6 所示。

代码清单 3-6　检测用户输入是否为空范例

```
1. user_input = input('Enter a string:')              #读取用户输入
2. a = user_input if user_input else 'default'        #若用户输入为空,则使用默认字符串
```

3.2　while 循环语句

while 循环用于实现当条件为真（True）时，循环执行 while 循环体中的语句块；当条件为假（False）时，从 while 循环体中退出。

3.2.1　while 循环语句的两种实现形式

while 循环语句有两种实现形式，如表 3-2 所示。

表 3-2　while 循环语句的两种实现形式

类型	while 语句	while…else 语句
语法	while 条件表达式： 　　语句块	while 条件表达式： 　　语句块1 else： 　　语句块2

类型	while 语句	while…else 语句

范例	counter = 0
	while counter<10:
	    print(counter)
	    counter += 1
		counter = 0
		while counter<10:
		    print(counter)
		    counter += 1
		else:
		    print('Good bye!')

需要注意的是：在 Python 中，while 循环语句也有可选的 else 部分。

3.2.2 break 和 continue 语句

使用 break 语句，可以从 while 循环中提前退出，如代码清单 3-7 所示的依次打印 1~10。

代码清单 3-7　break 语句范例

```
1. counter = 0              #初始化 counter 为 0
2. while True:
3.     counter += 1          #counter 累加 1
4.     print(counter)        #输出 counter 值
5.     if counter >= 10:     #当 counter 大于等于 10 时，跳出 while 循环
6.         break
```

使用 continue 语句，可以直接忽略后面需要执行的语句，开始下一次循环，如代码清单 3-8 所示的输出 1~10 之间的偶数。

代码清单 3-8　continue 语句范例

```
1. counter = 0              #初始化 counter 为 0
2. while counter < 10:
3.     counter += 1          #counter 累加 1
4.     if counter % 2 != 0:
5.         continue          #跳过奇数
6.     print(counter)        #输出偶数
```

3.3　for 循环语句

与条件循环 while 语句相比，for 循环语句属于计次循环，通常用于循环次数已知的情况。对于可迭代的对象，for 循环常用于遍历可迭代对象的元素。

相比 while 循环，for 循环不容易导致死循环，而且大部分 while 循环都可以用 for 循环实现，本书推荐优先使用 for 循环，for 循环做不到的地方，再考虑用 while 循环。

3.3.1　for 循环语句的两种实现形式

for 循环语句有两种实现形式，如表 3-3 所示。

表 3-3　for 循环语句的两种实现形式

类型	for 语句	for…else 语句
语法	for 变量 in 可迭代对象： 　　循环体	for 变量 in 可迭代对象： 　　循环体 　　if 条件语句： 　　　　break 　else： 　　语句
范例	for i in range(100)： 　　print(i)	for i in range(100)： 　　print(i) 　　if i == 55： 　　　　break 　else： 　　print('byebye!')

需要注意的是，在 Python 中，for 循环语句也有可选的 else 部分。由于 for 循环本身就是有限次数循环，当条件达到后，会自动跳出 for 循环，所以 for 循环语句的 else 部分通常跟 break 语句搭配使用。

3.3.2　range() 函数与 for 循环

Python 中的内置函数 range(start, end, step) 可以生成一个连续的序列值，经常和 for 循环配合使用。其中参数 start 用于指定起始值，若省略则默认为 0；end 用于指定结束值，但不包括该值，不能省略；step 用于指定步长，若省略则默认为 1。

【范例 3-2】计算 1~100 的累加和，如代码清单 3-9 所示。

代码清单 3-9　计算 1~100 的累加和

```
1. accumulation_sum = 0
2. for i in range(101):        #生成[0,100]步长为1的序列
3.     accumulation_sum += i   #累加
4. print(f'the sum of 1 to 100 is：{accumulation_sum}')
5.
6. >>> the sum of 1 to 100 is：5050
```

【范例 3-3】计算两个数的最大公约数和最小公倍数，如代码清单 3-10 所示。最大公约数(greatest common divisor)是指两个或多个整数共有约数中最大的一个，可以从较小的整数开始，递减遍历，遇到第一个能被所有数整除的因数(factor)，就是最大公约数。最小公倍数(least common multiple)是指两个或多个整数公有的倍数中最小的一个，可以用公

式：最小公倍数 = 两个整数的乘积 ÷ 最大公约数，计算最小公倍数。

代码清单 3-10　计算两个数的最大公约数和最小公倍数

```
1. a, b = 9, 3# 初始化 a,b,a 必须大于 b
2. greatest_common_divisor, least_common_multiple = 0,0
3. for factor in range(b, 0, -1):
4.     #若 a,b 都能整除 factor
5.     if b%factor == 0 and a%factor == 0:
6.         #找到最大公约数和最小公倍数
7.         greatest_common_divisor, least_common_multiple = factor, a * b//factor
8.         break
9. print(greatest_common_divisor, least_common_multiple)
10.
11. >>>3,9
```

3.3.3　遍历可迭代对象

for 循环常用于遍历可迭代对象的元素，for 循环语句遍历可迭代对象的模板为：

```
1. for 变量 in 可迭代对象：
2.     语句块
```

例如，遍历名单中的名字，如代码清单 3-11 所示。

代码清单 3-11　遍历名单中的名字

```
1. names = ['Andy', 'Amy', 'Lucy', 'Tony']
2. for name in names：
3.     print(name)
```

3.3.4　列表推导式（list comprehension）

在数学中，有一种非常简洁和优雅的集合表示方法，例如：
- 所有的自然数组成的集合，用 $\{x \mid x \in N\}$ 表示。
- 所有自然数的平方组成的集合，用 $\{x^2 \mid x \in N\}$ 表示。

Python 借鉴数学中集合表示方法的简洁和优雅，把列表和 for 循环语句组合在一起形成列表推导式（list comprehension），只用一行语句就可以表示一组元素。

列表推导式的语法格式如下：

```
1. 列表变量 = [表达式 for 循环变量 in 可迭代对象]
```

可迭代对象是指可以将自身的元素按照顺序取出的对象，例如列表、字符串、元组、字典等。推导式是在可迭代对象的基础上构建出新的可迭代对象的方式。

【范例 3-4】生成 1 到 10 的平方的列表，如代码清单 3-12 所示。

代码清单 3-12　生成 1 到 10 的平方的列表

1. >>> list1 = [x**2 for x in range(1,11)]　#生成1到10的平方的列表
2. >>>print(list1)
3. >>> [1, 4, 9, 16, 25, 36, 49, 64, 81, 100]

【范例 3-5】计算 1~100 的累加和，如代码清单 3-13 所示。

代码清单 3-13　计算 1~100 的累加和

1. >>> accumulation_sum = sum([i for i in range(101)])　#计算1到100的累加和
2. >>>print(accumulation_sum)
3. >>> 5050

1 到 100 的累加和用列表推导式的代码实现，与在 3.3.2 节用 for 循环语句的代码实现相比，更加简洁，只用了一行，符合"Python 之禅（The Zen of Python）"中的"扁平胜于嵌套（flat is better than nested）"原则，更加具有 Pythonic 编程风格。

与 for 循环语句相比，列表推导式除了形式上更加简洁和优雅外，运行速度也更快，如图 3-3 所示。资深 Python 程序员经常用推导式代替 for 循环语句。

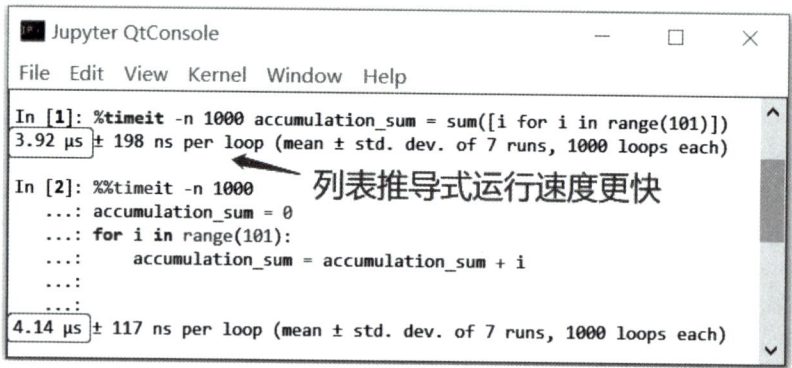

图 3-3　列表推导式运行速度更快

【范例 3-6】将摄氏温度转换为华氏温度，如代码清单 3-14 所示。

代码清单 3-14　将摄氏温度转换为华氏温度

1. >>> Celsius = [39.2, 36.5, 37.3, 37.8]　　　　　　　　　　#创建摄氏温度列表
2. >>> Fahrenheit = [((float(9)/5)*x + 32)for x in Celsius]　#转换为华氏温度
3. >>>print(Fahrenheit)
4. >>> [102.56, 97.700000000000003, 99.140000000000001, 100.03999999999999]

列表推导式后面还可以跟 if 条件语句，语法格式如下：

1. 列表变量 = [表达式 for 循环变量 in 可迭代对象 if 条件语句]

【范例 3-7】找出 100 以内的质数（prime number），如代码清单 3-15 所示。质数又称

素数，是指在大于1的自然数中，除了1和它本身之外，不再有其他因数的数。

代码清单3-15　找出100以内的质数

1. \>>>no_primes = {4, 6, 8, 9, 10, 12, 14, 15, 16, 18, 20, 21, 22, 24, 25, 26, 27, 28, 30, 32, 33, 34, 35, 36, 38, 39, 40, 42, 44, 45, 46, 48, 49, 50, 51, 52, 54, 55, 56, 57, 58, 60, 62, 63, 64, 65, 66, 68, 69, 70, 72, 74, 75, 76, 77, 78, 80, 81, 82, 84, 85, 86, 87, 88, 90, 91, 92, 93, 94, 95, 96, 98, 99}　　#创建100以内非质数集合
   #遍历[2,100)，如果不属于非质数，那就是质数
2. \>>> primes = [i for i in range(2, 100) if i not in no_primes]
3. \>>>print(primes)
4. \>>> [2, 3, 5, 7, 11, 13, 17, 19, 23, 29, 31, 37, 41, 43, 47, 53, 59, 61, 67, 71, 73, 79, 83, 89, 97]

列表推导式还可以嵌套，语法格式如下：

1. 列表变量 = [表达式 for 循环变量1 in 可迭代对象1 for 循环变量2 in 可迭代对象2……for 循环变量n in 可迭代对象n if 条件语句]

【范例3-8】找出30以内的勾股定理对，如代码清单3-16所示。勾股定理：$a^2 + b^2 = c^2$，由三个正整数a、b、c组成。最著名的勾股定理对是(3，4，5)，勾三股四弦五。

代码清单3-16　找出30以内的勾股定理对

1. \>>> list1 = [(x,y,z) for x in range(1,30) for y in range(x,30) for z in range(y,30) if x**2 + y**2 == z**2]
2. \>>>print(list1)
3. \>>> [(3, 4, 5), (5, 12, 13), (6, 8, 10), (7, 24, 25), (8, 15, 17), (9, 12, 15), (10, 24, 26), (12, 16, 20), (15, 20, 25), (20, 21, 29)]

若该程序用传统嵌套式for循环语句来实现的话，如下所示：

1. list1 = [ ]
2. for x in range(1,30):
3. 　　for y in range(x, 30):
4. 　　　　for z in range(y, 30):
5. 　　　　　　if x**2 + y**2 == z**2:
6. 　　　　　　　　list1.append((x,y,z))

通过对比，可以看出列表推导式的代码实现更加简洁，更加优美，更加扁平，更加符合"Python之禅(The Zen of Python)"，希望成为专业Python程序员的读者，应该熟练掌握列表推导式。

3.3.5　集合推导式(set comprehesion)

跟列表推导式一样，在Python中，把集合和for循环语句组合在一起形成的集合推导式，只用一行语句就可以简洁优美地表示一组没有重复的元素。

集合推导式在语法上跟列表推导式基本一致，只需要把中括号[ ]直接换为大括号{ }就可以了，其语法格式（"if 条件语句"可省略）为：

1. 集合变量 = {值 for 循环变量 in 可迭代对象 if 条件语句}

在功能上，列表推导式不会删除重复元素，集合推导式会自动删除重复元素（自动去重）。

大多数情况下，都会使用列表推导式；在需要自动去重的情况下，使用集合推导式。

【范例3-9】找出100以内的非质数。直接从3遍历到100，判断每个数字是否能整除2一直到自身，若能，那么就是非质数。用带条件语句的嵌套列表推导式找出100以内非质数的范例程序如代码清单3-17所示。

代码清单3-17　找出100以内的非质数

```
1. >>> no_primes = [num for num in range(3, 100) for n in range(2, num) if num%n == 0]
2. >>>print(no_primes)
3. >>> [4, 6, 6, 8, 8, 9, 10, 10, 12, 12, 12, 12, 14, 14, 15, 15, 16, 16, 16, 18, 18, 18, 18,
20, 20, 20, 20, 21, 21, 22, 22, 24, 24, 24, 24, 24, 24, 25, 26, 26, 27, 27, 28, 28, 28, 28,
30, 30, 30, 30, 30, 30, 32, 32, 32, 32, 33, 33, 34, 34, 35, 35, 36, 36, 36, 36, 36, 36, 36,
38, 38, 39, 39, 40, 40, 40, 40, 40, 40, 42, 42, 42, 42, 42, 44, 44, 44, 44, 45, 45, 45,
45, 46, 46, 48, 48, 48, 48, 48, 48, 48, 49, 50, 50, 50, 50, 51, 51, 52, 52, 52, 52, 54,
54, 54, 54, 54, 55, 55, 56, 56, 56, 56, 56, 56, 57, 57, 58, 58, 60, 60, 60, 60, 60, 60,
60, 60, 60, 60, 62, 62, 63, 63, 63, 64, 64, 64, 64, 65, 65, 66, 66, 66, 66, 66, 66,
68, 68, 68, 68, 69, 69, 70, 70, 70, 70, 70, 70, 72, 72, 72, 72, 72, 72, 72, 72, 72, 74,
74, 75, 75, 75, 75, 76, 76, 76, 76, 77, 77, 78, 78, 78, 78, 78, 80, 80, 80, 80, 80,
80, 80, 81, 81, 81, 82, 82, 84, 84, 84, 84, 84, 84, 84, 84, 84, 84, 85, 85, 86, 86, 87, 87,
88, 88, 88, 88, 88, 88, 90, 90, 90, 90, 90, 90, 90, 90, 90, 90, 91, 91, 92, 92, 92, 93,
93, 94, 94, 95, 95, 96, 96, 96, 96, 96, 96, 96, 96, 98, 98, 98, 99, 99, 99, 99]
```

可以看到列表推导式把很多非质数重复计算了。

把中括号[ ]直接换为大括号{ }，列表推导式就变为集合推导式了。用带条件语句的嵌套集合推导式找出100以内非质数的范例程序如下所示：

```
1. >>> no_primes = {num for num in range(3, 100) for n in range(2, num) if num%n == 0}
2. >>>print(no_primes)
3. >>> {4, 6, 8, 9, 10, 12, 14, 15, 16, 18, 20, 21, 22, 24, 25, 26, 27, 28, 30, 32, 33, 34, 35,
36, 38, 39, 40, 42, 44, 45, 46, 48, 49, 50, 51, 52, 54, 55, 56, 57, 58, 60, 62, 63, 64, 65,
66, 68, 69, 70, 72, 74, 75, 76, 77, 78, 80, 81, 82, 84, 85, 86, 87, 88, 90, 91, 92, 93, 94,
95, 96, 98, 99}
```

【范例3-10】找出100以内的孪生素数（twin prime），如代码清单3-18所示。孪生素数是指一对素数，它们之间相差2，例如3和5、5和7、11和13等。孪生素数猜想是由希尔伯特在1900年国际数学家大会的报告正式提出的非常著名的数论问题，问题可以这样描述：存在无穷多个素数p，使得p + 2是素数。2013年，华人数学家张益唐对孪生素数猜想做出了重要突破，证明存在无穷多个素数对相差都小于 7000 万。

代码清单 3-18　找出 100 以内的孪生素数

```
1. import math
2. def is_prime(n):
3.     """
4.     判断一个数是否为素数
5.     ----------------------
6.     返回值:True,是素数
7.            False,不是素数
8.     """
9.     return n > 1 and all(n % i for i in range(2, int(math.sqrt(n)) + 1))
10.
11. twin_primes = {(x, x + 2)
12.                for x in range(1, 100, 2) if is_prime(x) and is_prime(x + 2)}
13. print(twin_primes)
14.
15. >>> {(3, 5), (17, 19), (71, 73), (29, 31), (5, 7), (41, 43), (59, 61), (11, 13)}
```

从列表推导式和集合推导式的范例中，可以体会到用 Python 程序在实现过程中的优雅、明确和简单，常常只用一行语句就能解决问题。

3.3.6　字典推导式（dict comprehesion）

字典推导式跟集合推导式的形式类似，都是使用大括号"{}"；不一样的是，字典推导式生成的是"键-值对"，其语法格式（"if 条件语句"可省略）为：

```
1. 字典变量 = {键:值 for 循环变量 in 可迭代对象 if 条件语句}
```

字典推导式常用于提取或修改字典的元素。三种推导式中，应用得最多的是列表推导式。

【范例 3-11】从字典 dict1 中提取键值是小写字母的键值对，如代码清单 3-19 所示。

代码清单 3-19　按条件提取字典中的数据

```
1. dict1 = {"a":10,"B":20,"C":True,"D":"hello world","e":"PythonBook"}
2. dict2 = {key:value for key,value in dict1.items() if key.islower()}
3. print(dict2)
4.
5. >>> {'a': 10, 'e': 'PythonBook'}
```

3.4 异常处理和 try 语句

3.4.1 什么是异常(exception)

在计算机科学中,异常是指程序在运行过程中发生违反规则的事件,例如除数为零、索引越界、内存不足、文件不存在等。

在 Python 语言中,Python 解释器中报错的错误信息可以分为两大类:
- 语法错误(syntax error),语法不正确,程序无法运行。
- 异常错误(exception error),语法是正确的,在运行时被 Python 解释器检测到了违反规则的错误。

从程序实现的视角,语法错误与异常错误的区别是:语法错误不能用异常处理语句 try 捕捉到,但异常错误能够用异常处理语句 try 捕捉到。

从程序运行的视角,语法错误是程序本身的错误,违反了语法规则,程序不能运行;异常错误不是程序本身的错误,是程序在运行过程中,由于外部条件,例如除数为零、访问的文件不存在、没有访问权限、数据库已关闭等,造成的程序不能正常运行,这时候,程序员需要负责捕捉异常错误,并告诉程序当异常发生的时候该怎么做。

3.4.2 Python 内建的异常种类

Python 的异常可以分为 Python 内建的异常和用户自定义的异常。常见的 Python 内建异常,如表 3-4 所示。

表 3-4 常见的 Python 内建异常

异常种类	关键字	描述
加载模块错误	ImportError	import 语句在尝试加载模块时,找不到模块
下标越界	IndexError	在索引序列时,下标超出范围时引发
键找不到	KeyError	在字典的键名集合中找不到键名时引发
内存不足	MemoryError	内存不足时引发
找不到变量	NameError	在找不到本地或全局变量时引发
值错误	ValueError	函数接收到类型正确但值不合适的参数时引发
输入输出错误	IOError	计算机输入输出设备引发的,例如文件不存在
除数为 0	ZeroDivisionError	除数为零引发

3.4.3 异常处理语句:try 语句

在 Python 中,异常处理由异常处理语句 try 实现,通常将有发生异常风险的代码块,例如除法操作、读取文件等，放入 try 语句中，当异常发生的时候，由 try 语句负责捕捉异常，并按照程序员编写的代码块处理异常。

若不使用 try 语句，则当异常发生的时候，由 Python 解释器自动处理异常，典型的做法是：Python 解释器将用户程序中断，然后输出异常类型信息。

try 语句的语法，如代码清单 3-20 所示。

代码清单 3-20　try 语句的语法

```
1. try:
2.     # 把有发生异常风险的代码放这里
3.     pass   # 占位语句
4. except [异常类型 a] as 标识符:
5.     # 处理异常 a 的代码放这里
6.     pass
7. except [异常类型 b] as 标识符:
8. #处理异常 b 的代码放这里
9. #还有其他异常情况,继续增加 except 语句块
10.     pass
11. else:
12.     # 没有发生异常时,执行 else 这里的代码块
13.     pass
14. finally:
15. #不管发没发生异常,都会执行的代码块
16. #常用于实现清理(clean up)工作,例如关闭文件、释放资源
17.     pass
```

try 语句块中，需要注意：

● finally 语句块通常用于释放外部资源，实现清理工作，例如关闭文件、关掉数据库连接、释放资源等，无论异常是否发生，finally 语句块都会执行。若没有资源要释放或清理，上述完整的 try 语句块精简为 try…except…else 语句块，即不需要 finally 语句块。

● 若在没有发生异常的情况下，没有代码需要执行，则 try…except…else 语句块精简为 try…except 语句块，即不需要 else 语句块。

● 其他情况，推荐使用完整的 try 语句块，如图 3-4 所示。

● except 语句中的"as"标识符，用于获得引发异常错误的原因，可以省略。

● pass 语句不做任何操作，放在这里是为了保证 try 语句的范例结构看起来更完整，可读性更强，相当于"占位符"，同时也提醒程序员，别忘记用程序语句替换 pass 语句。

【范例 3-12】捕捉除数为 0 的异常并处理，用 try…except 语句块实现，如代码清单 3-21 所示。

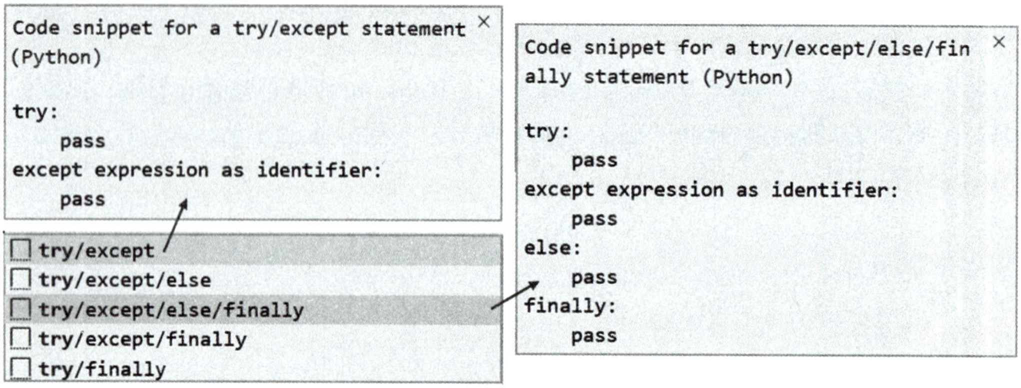

图 3-4　try 语句的五种形式

代码清单 3-21　try…except 范例

1. dividend = eval(input('Please Enter a dividend:'))　　#从键盘输入被除数
2. divisor = eval(input('Please Enter a divisor:'))　　#从键盘输入除数
3. try:
4. 　　result = dividend/divisor
5. except ZeroDivisionError:　　　　　　　　　　　　　　#捕捉除数为零,异常
6. # 当除数为零,异常发生,输出提示信息
7. 　　print('Input Error: divisor can NOT be Zero!')

运行结果，如图 3-5 所示。

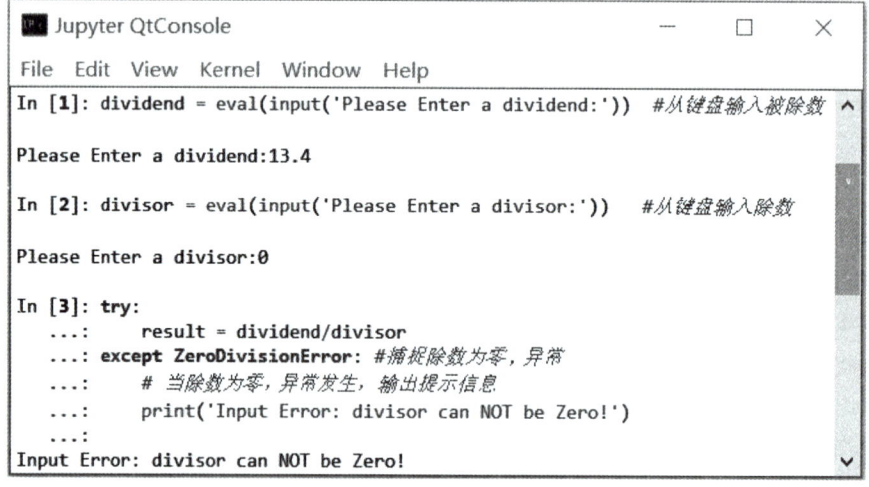

图 3-5　除数为零，异常

【范例 3-13】捕捉除数为 0 和类型错误的异常并处理，若没有发生异常，则输出计算结果，用 try…except…else 语句块实现，如代码清单 3-22 所示。

代码清单 3-22　try…except…else 范例

```
1.  while True:
2.      try:
3.          dividend = int(input('Enter an integer dividend:'))    #从键盘输入被除数
4.          divisor = int(input('Enter an integer divisor:'))      #从键盘输入除数
5.          result = dividend / divisor
6.      except ZeroDivisionError:                                  #捕捉除数为零异常
7.      # 当除数为零异常发生,输出提示信息
8.          print('Error: divisor can NOT be Zero!')
9.      except ValueError:                                         #捕捉输入数据类型异常
10.     # 当输入数据类型异常发生,输出提示信息
11.         print('Error:Ingeter type is required!')
12.     else:#没有异常发生,输出计算结果
13.         print('Result is {0:.2f}'.format(result))
14.         break
```

运行结果,如图 3-6 所示。

```
Jupyter QtConsole
File  Edit  View  Kernel  Window  Help

In [1]: while True:
   ...:     try:
   ...:         dividend = int(input('Enter an integer dividend:'))  #从键盘输入整型被除数
   ...:         divisor = int(input('Enter an integer divisor:'))    #从键盘输入整型除数
   ...:         result = dividend/divisor
   ...:     except ZeroDivisionError:                                #捕捉除数为零异常
   ...:     # 当除数为零异常发生,输出提示信息
   ...:         print('Error: divisor can NOT be Zero!')
   ...:     except ValueError:                                       #捕捉输入数据类型异常
   ...:     # 当输入数据类型异常发生,输出提示信息
   ...:         print('Error:Ingeter type is required!')
   ...:     else:   #没有异常发生,输出计算结果
   ...:         print('Result is {0:.2f}'.format(result))
   ...:         break
   ...:

Enter an integer dividend:12

Enter an integer divisor:3.5
Error:Ingeter type is required!

Enter an integer dividend:12

Enter an integer divisor:0
Error: divisor can NOT be Zero!

Enter an integer dividend:12

Enter an integer divisor:4
Result is 3.00
```

图 3-6　try…except…else 范例运行结果

【范例 3-14】打开文件"integers.txt"，从键盘读入一个整数，并捕捉类型错误的异常；当没有异常发生时，将输入的整数写入文件；当有异常发生时，输出提示信息；不管是否有异常发生，退出 try 语句后，都要释放文件，如代码清单 3-23 所示。

代码清单 3-23　try…except…else…finally 范例

```
1.  try：
2.      f = open('integers.txt','w+')
3.      num = int(input("Enter an integer: "))
4.  except ValueError：
5.      #当输入数据类型异常发生时,输出提示信息
6.      print('Error：Integer type is required!')
7.  else：#没有异常发生,将 num 写入文件
8.      f.write(str(num))
9.      print('Write num into file.')
10. finally：#不管是否发生异常,关闭文件,释放资源
11.     f.close()
12.     print('Finally, close the file.')
```

运行结果，如图 3-7 所示。

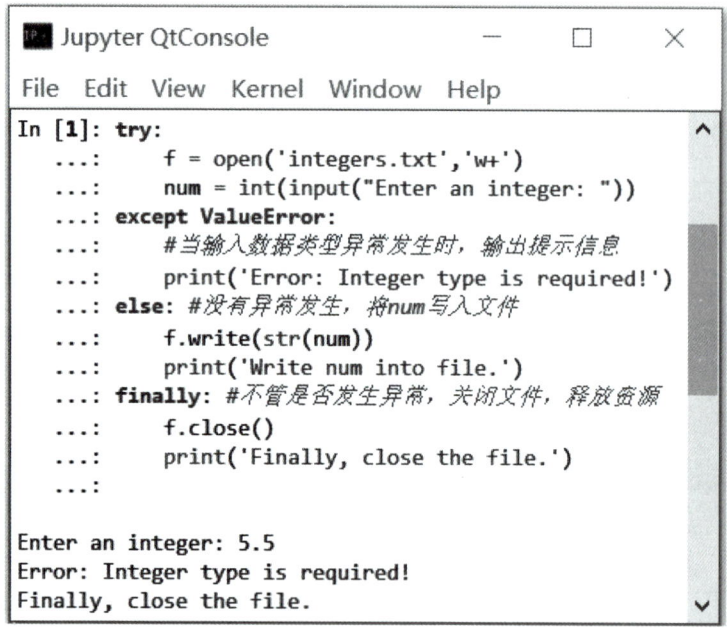

图 3-7　try…except…else…finally 范例运行结果

3.4.4　异常抛出语句：raise 语句

在编写 Python 函数或方法给自己或别人使用的时候，由于不想在当前函数或方法中处

理这个异常，则可以用 raise 语句把异常抛出。raise 语句的语法格式如下：

1. raise［Exception［(reason)］］

其中，［Exception［(reason)］］为可选参数，用于指定抛出的异常名称以及原因。若省略，则会把当前的错误原样抛出，如图 3-8 所示。

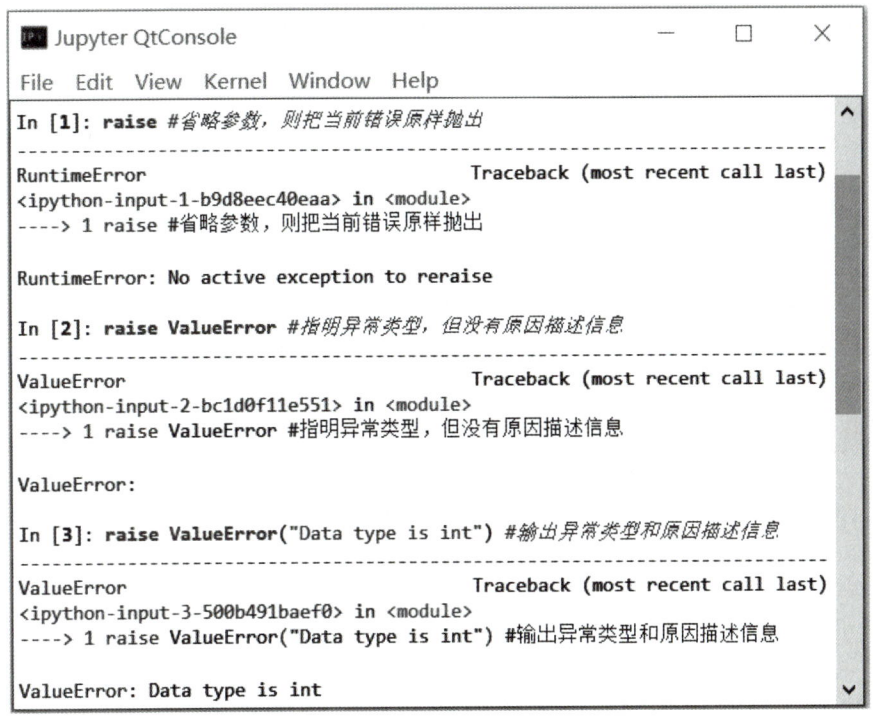

图 3-8 raise 语句

3.5 在 Leetcode 上提升自己的算法水平

算法是在有限步骤内解决问题的程序，任何能解决某个具体问题的代码片段都可视为算法。算法主要由两个部分组成：
- 算法处理的数据对象。
- 算法的流程控制结构。

算法性能优劣的评估指标是：时间复杂度和空间复杂度，简单来说，运行速度越快，占用内存越小的算法，性能越好。

3.5.1 Leetcode

Leetcode（https://leetcode.com/）是大型在线式算法题库网站，可以在上面通过不断做算法题，评估自己设计的算法性能，学习别人的算法设计思路，从而提高自己的算法水平。

Leetcode 有个中文网站(https：//leetcode-cn.com/)，方便国内程序员在上面学习和交流，如图 3-9 所示。

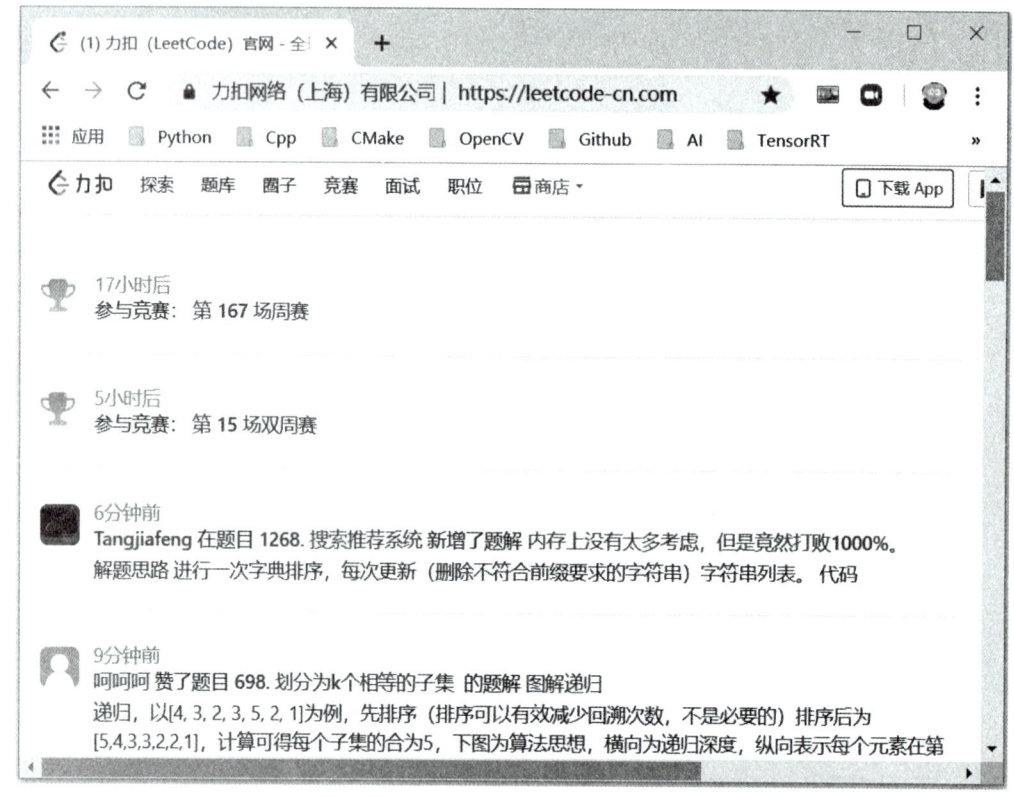

图 3-9　Leetcode 中文官网

本书建议，学完第 2 章和第 3 章后，就可以在 Leetcode 中文官网，从易到难开始做算法题，在 Leetcode 上坚持做算法题的好处有：
- 在做题过程中，加深对计算机科学中经典数据结构的理解。
- 大量优质题目锻炼解决问题的思维能力。
- 题目有丰富的讨论，可以参考别人的思路，获得提升。
- 不用处理输入输出，精力全放在解决具体问题(算法设计)上。
- 了解自己设计的算法在所有提交算法中的排名。
- 题目全部来自业内大公司的真实笔试和面试，有助于通过大公司笔试和面试。

简而言之，在提高自己算法设计能力的同时，也提高了找到好工作的机会。

3.5.2　在 Leetcode 上做题

在 Leetcode 中文官网做题的步骤很简单，进入官网后，先注册账号，然后进入题库开始做题，如图 3-10 所示。

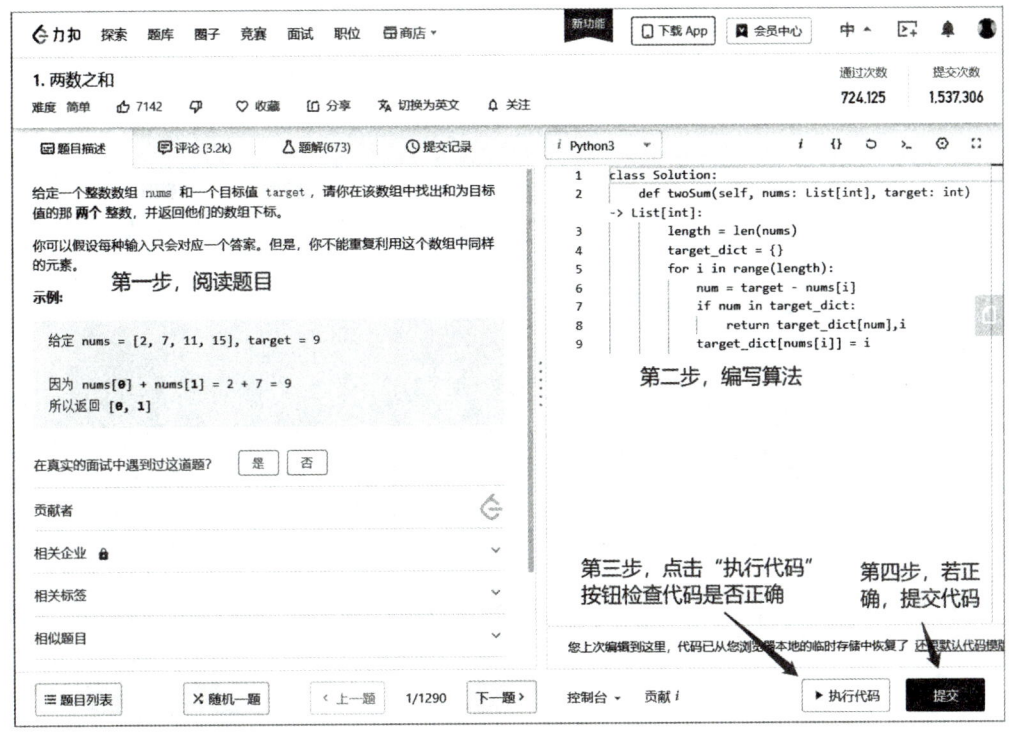

图 3-10 在 Leetcode 中文官网做题

点击"提交"按钮后，可以看到自己算法的结果、执行用时、内存消耗，如图 3-11 所示。

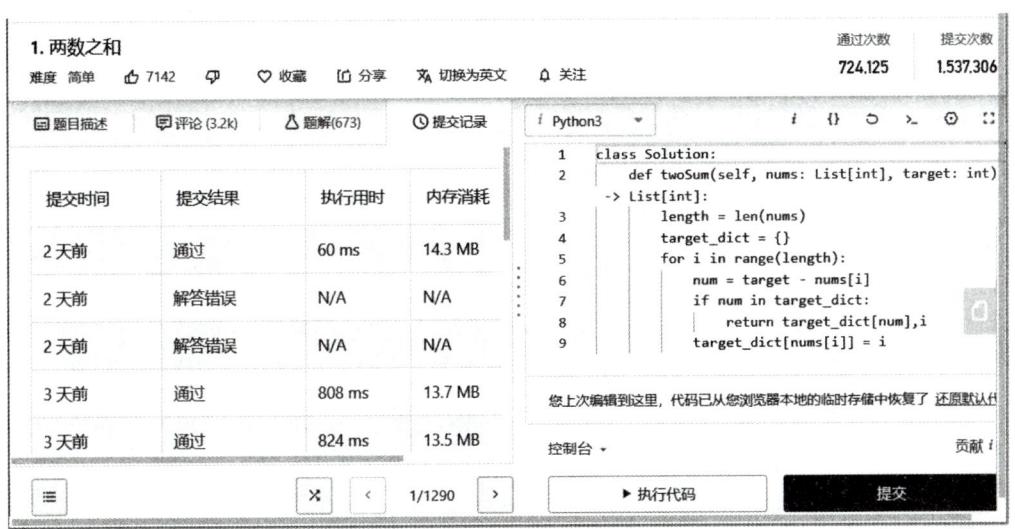

图 3-11 实时获得提交结果

在"题解"中，可以看到其他人的解题思路；在"评论"中，可以参与对此题的讨论。当自己的算法水平到一定程度后，可以参与 Leetcode 的竞赛，获得自己的世界排名，如图 3-12 所示。

图 3-12　参加竞赛获得自己的世界排名

3.6　本章要点回顾

本章依次介绍了 Python 的流程控制语句：if 条件语句、while 循环语句、for 循环语句、try 异常处理语句。在介绍 for 循环语句时，重点介绍了能替代部分 for 语句实现的推导式，尤其是用途很广的列表推导式。推导式与 for 循环语句相比，更加简洁优雅。

算法是在有限步骤内解决问题的程序，任何能解决某个具体问题的代码片段都可视为算法。算法主要由两个部分组成：

- 算法处理的数据对象。
- 算法的流程控制结构。

学习完第 2 章 Python 数据类型和本章的流程控制结构后，就具备初级的算法设计开发能力了。到 Leetcode 上去通过大量高质量编程题的练习，不仅能锻炼自己解决问题的思维能力、提升自己的算法设计开发能力，还有可能获得去大企业工作的机会。

3.7　本章练习题

题目 3.1　求分段函数 ReLu 的值，$\text{ReLu}(x) = \begin{cases} x, & if\ x \geq 0 \\ 0, & if\ x < 0 \end{cases}$。

题目 3.2　请把百分制换算为等级制：

A 等	$100 \geq x \geq 90$
B 等	$90 > x \geq 80$
C 等	$80 > x \geq 70$
D 等	$70 > x \geq 60$
E 等	$x < 60$

题目 3.3　输入"年份. 月份"，输出该月份的天数。例如，输入 2020.04，输出 30。

题目 3.4　猜数字游戏，请用 random. randint(1，100)生成一个随机整数，然后请用户输入一个整数，若大了，请输出"大了"；若小了，请输出"小了"；若猜中，输出"猜中了"，然后结束程序。

题目 3.5　请用 while 循环解决鸡兔同笼问题，有 35 个头，94 只脚，请问鸡兔各几只？

题目 3.6　找出 100 以内能被 3 或 7 整除，但不能同时被 3 和 7 整除的自然数。

题目 3.7　生成 0~100 之间的偶数。

题目 3.8　输出九九乘法表。

题目 3.9　输出斐波那契数列。

题目 3.10　输出[10000，99999]之间的回文数，例如，12321，23432 等。

题目 3.11　列出 Python 内建的异常种类，并解释异常和错误的区别。

题目 3.12　捕捉并处理除数为零的异常。

题目 3.13　输入半径 r，若 r 小于 0，则主动抛出一个异常信息："半径小于零"；若 r 大于等于 0，则计算圆的面积。

题目 3.14　在 Leetcode 上注册账户，学会 Leetcode 的基本使用方法。

题目 3.15　在 Leetcode 上完成题目"两数之和"。

题目 3.16　《孙子算经》中有："今有物不知其数，三三数之剩二，五五数之剩三，七七数之剩二，问物几何？"求该数是多少？

题目 3.17　请用 for 循环解决鸡兔同笼问题：有 35 个头，94 只脚，请问鸡兔各几只？

题目 3.18　请用"＊"打印出五行五列的等腰直角三角形。

题目 3.19　将一个正整数分解质因数，例如，输入 70，输出[2，5，7]。

题目 3.20　给定一个正整数 rows，生成 rows 行杨辉三角。

第 4 章

函数、模块和包

变量、流程控制语句和函数是程序中最基础的组件(building block),无论多么复杂的程序都可以由这些最基础的组件搭建而成,就像无论多么复杂的积木玩具都是由最基础的积木组件搭建而成一样。前面的章节依次介绍了变量和流程控制语句,变量负责存储数据,流程控制语句负责指定程序的执行顺序。

本章将介绍 Python 代码复用的三种方式:函数、模块和包。函数是一段完成某个具体任务并可以让程序员复用的代码。将多个逻辑上有关联的函数放到一个 .py 文件中,这个 .py 文件就是一个 Python 模块,类也在 Python 模块中定义。将多个 Python 模块放到一个文件夹里面,并配上一个 __ init __ .py 文件,这个文件夹及其里面的所有模块组成了 Python 包,如图 4-1 所示。

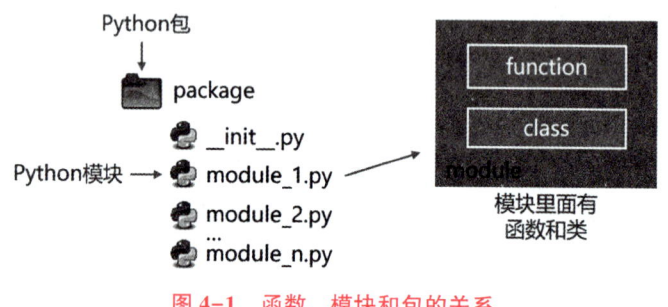

图 4-1 函数、模块和包的关系

4.1 Python 函数

函数是每种编程语言都必不可少的基础组件之一,Python 也一样。函数的好处是,既方便程序用户调用,又方便开发者维护,如图 4-2 所示。

```
1   from datetime import datetime              1   from datetime import datetime
2                                              2
3   event = 'File can not open'                3   def info(event):
4   time = str(datetime.now())                 4       time = str(datetime.now())
5   print(time + ':' + event)                  5       print(time + ':' + event)
6                                              6
7   #若没有函数,需要手动复制-粘贴代码片段       7   #每次要复用代码片段时,只需要调用函数
8   #既不方便用户使用,又不方便开发者维护       8   #既方便用户使用,又方便开发者维护
9   event = 'TCP connection lost'              9   info('File can not open!')
10  time = str(datetime.now())                 10  info('TCP connection lost!')
11  print(time + ':' + event)

         不用函数                                     使用函数
```

图 4-2 不用函数 vs 使用函数

用户需要复用某段代码片段时,只需要调用函数即可,而不需要"复制-粘贴"整个代码片段,这样使得程序的可读性更强,更简洁。

当需要修改某段代码片段中的 bug 时,只需要修改函数体里面的代码即可,而不需要在所有使用该代码片段的地方都做修改,维护升级更简单。

4.1.1 定义函数

在调用函数之前,需要定义函数。定义函数的语法如下所示,中括号[ ]里面的部分可省略:

```
1.  def 函数名([参数列表]):
2.      [函数注释]
3.      [语句块,也称函数体]
4.      [return 语句]
```

定义函数由关键字 def 开始,后面跟函数名,然后是小括号( ),小括号里面是参数列表,参数之间用逗号","分割,参数可以省略,小括号不能省略,小括号后面跟一个冒号":"。

函数名下面是函数注释(docstring),提供函数的使用说明,虽然没有函数注释不会引发语法错误,但是认真撰写函数注释是一个非常专业的习惯,因为若没有撰写函数注释,help( )函数只能返回该函数的函数原型,用户无法通过 help( )函数了解该函数。

函数注释后面跟的语句块,也称函数体,是实现函数功能的代码。若暂时没有想好功能如何实现,可以先放一个 pass 语句占位。

最后是 return 语句,用于返回结果;return 语句可以省略。

【范例 4-1】定义一个名为 add_two_numbers 的函数,有两个参数:a 和 b,计算并返回 a 和 b 的和。add_two_numbers 函数的定义,如图 4-3 所示。

```
 1  def add_two_numbers(a, b):
 2      """[summary]
 3      add two numbers and return the sum
 4
 5      Args:
 6          a ([int or float]): [addand]
 7          b ([int or float]): [addand]
 8      """
 9      sum = a + b  # addition
10      return sum
11
12  c = add_two_numbers(a = 4, b = 5)
```

图 4-3 定义 add_two_numbers 函数

4.1.2 函数调用

函数定义好后，就可以在其他地方被调用。调用函数是非常方便的复用代码块的方法。调用函数的语法，如下所示：

1. 函数名([参数列表])

调用函数，只需要键入函数名，后面跟一个小括号()，小括号里面是输入参数列表，参数之间用逗号","分割。

【范例 4-2】调用已定义好的 add_two_numbers 的函数，输入参数为 a=4，b=5。如图 4-4 所示。

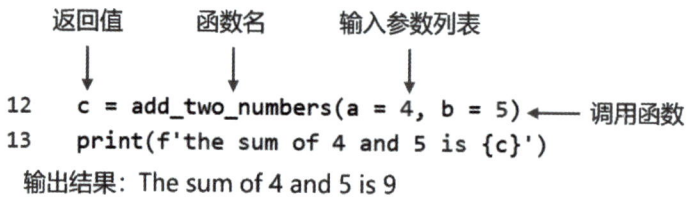

```
12  c = add_two_numbers(a = 4, b = 5)
13  print(f'the sum of 4 and 5 is {c}')
```
输出结果：The sum of 4 and 5 is 9

图 4-4 调用函数

4.1.3 参数传递

函数的参数负责接收调用方希望传递给函数的数据。在定义函数时，函数名括号中的参数为形式参数，简称形参；在调用函数时，函数名括号中的参数为实际参数，简称实参。

在调用函数时，实参的个数和位置必须和形参一一对应，如图 4-5 所示。否则容易引发 TypeError 语法错误。

- 缺少参数：missing xx required positional argument。
- 参数不对应：unsupported operand type(s) for。

实参的个数和形参一致，但实参位置与形参不对应，恰好类型又没有问题，这样虽然不会引发语法错误，程序能够成功运行，但会导致函数返回错误的处理结果。

形式参数

函数定义

```
def person_info(first_name, family_name, age, weight, height):
    bmi = weight / height**2
    info = "{0:s}.{1:s} is {2:d} years old, bmi:{3:.2f}."\
        .format(first_name, family_name, age, bmi)
    return info
函数调用
michael_info = person_info('Michael', 'Jackson', 17, 70.4, 1.75)
print(michael_info)
```

实际参数

实参与形参个数和位置要一一对应

图 4-5　位置参数

在图 4-5 所示的函数调用中，Python 解释器根据实参的位置来判断参数的类型，位置对应错误会导致参数传递错误。在 Python 中，把对位置要求严格的参数叫做位置参数（positional arguments）。

当参数个数比较少（≤3）时，位置参数的优点是输入简单。

当参数个数比较多（>3）时，位置参数要求开发者记住参数的位置，这给开发者带来了很大的记忆负担。

为了减轻开发者记忆参数位置的负担，Python 提供了关键字参数（keyword arguments）的传递方式，即使用“键（形参名）= 值（实参）”的形式来传递参数，Python 解释器根据形参名来判断参数的类型，如图 4-6 所示。

```
def person_info(first_name, family_name, age, weight, height):
    bmi = weight / height**2
    info = "{0:s}.{1:s} is {2:d} years old, bmi:{3:.2f}."\
        .format(first_name, family_name, age, bmi)
    return info

#参数传递方式：位置参数
michael_info = person_info('Michael', 'Jackson', 17, 70.4, 1.75)
print(michael_info)

#参数传递方式：关键字参数
alex_info = person_info(first_name='Alex', family_name='Lee',
                        height = 1.82, weight = 75, age = 25)
print(alex_info)
```

实参与形参个数和位置要一一对应

键(形参名) = 值(实参)

实参与形参位置不需要一一对应

图 4-6　关键字参数

4.1.4 默认参数

在定义函数的时候，可以指定形参的默认值。这些被指定了默认值的形参，被称为默认参数。需要注意的是，默认参数必须放在非默认参数的后面，若默认参数后面还有非默认参数，会引发语法错误：

>>> SyntaxError: non-default argument follows default argument

在调用函数的时候，若没有指定默认参数的值，函数将使用函数定义时的默认值，如图 4-7 所示。

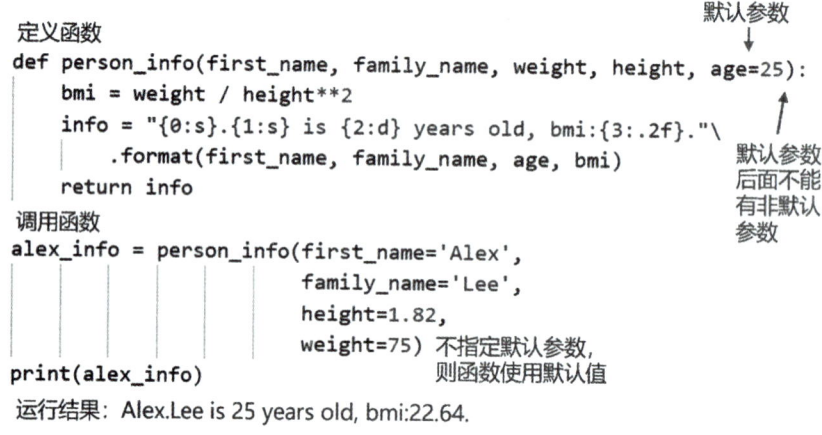

图 4-7 默认参数

通过语法"函数名.__defaults__"可以获得所有默认参数的值，如图 4-8 所示。

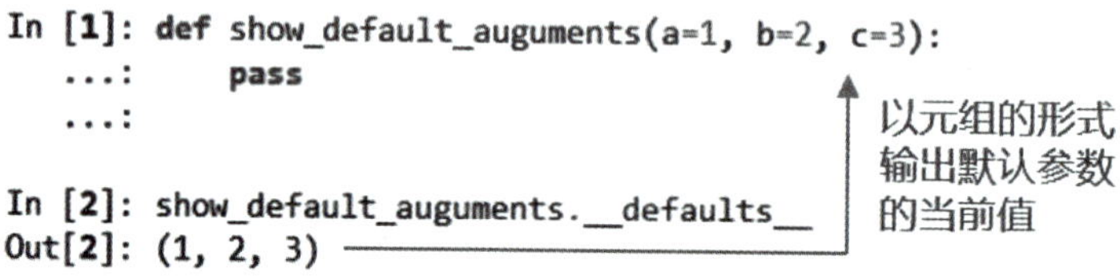

```
In [1]: def show_default_auguments(a=1, b=2, c=3):
   ...:     pass
   ...:
In [2]: show_default_auguments.__defaults__
Out[2]: (1, 2, 3)
```
以元组的形式输出默认参数的当前值

图 4-8 获得函数的默认参数

在 Python 中，一切皆对象。在给形参指定默认值的时候，赋给形参的值都是对象。Python 对象分为可变对象和不可变对象，若赋给形参的对象是可变对象，等同于引用传递（pass-by-reference）；若赋给形参的对象是不可变对象，等同于值传递（pass-by-value），如图 4-9 所示。

第4章 函数、模块和包

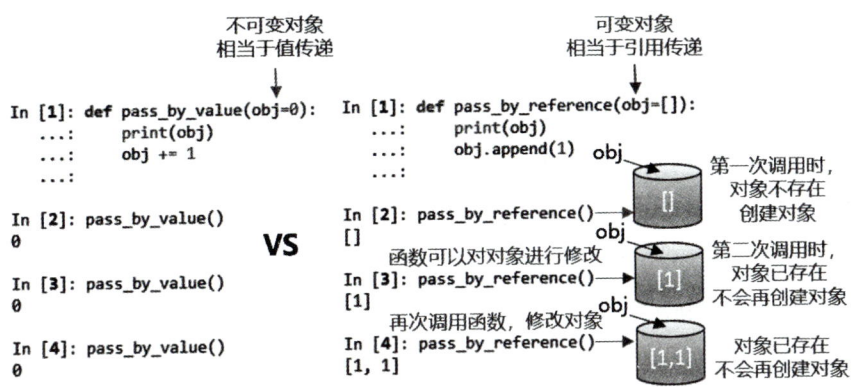

图 4-9　传递可变对象 vs 传递不可变对象

从图 4-9 中可以看出，当用可变对象给默认参数赋值的时候，要特别小心，因为函数可以对可变参数进行修改。若必须要用可变对象给默认参数赋值，那么在函数体内要加上一条语句，检测默认参数是不是期望的默认值，如图 4-10 所示。

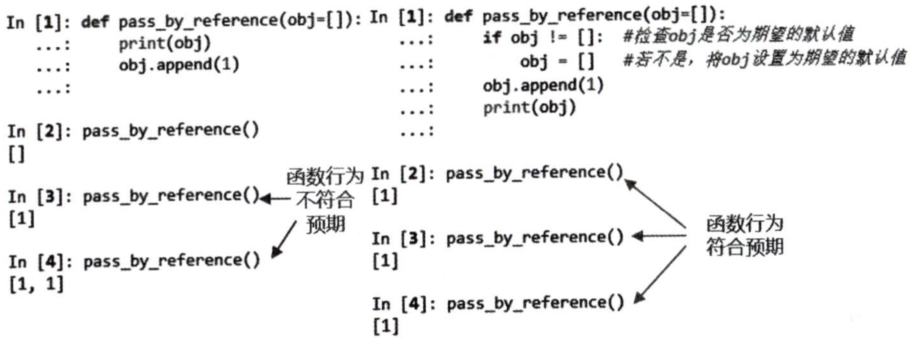

图 4-10　检查默认参数

为了避免传递可变对象引发"意想不到"的结果，推荐用不可变对象代替可变对象实现参数传递，例如，用元组类型代替列表类型实现参数传递。

4.1.5　不定长参数

在定义函数的时候，参数列表需要考虑两种情况：
- 输入参数已知，预先已经确定函数调用者会传递哪些参数给函数，只需要把所有确定的参数依次列出即可，这种确定的形参又称为标准参数。
- 输入参数未知，预先并不知道函数调用者会传多少个参数给函数，需要用不定长参数存储函数调用者传递给函数的参数。

不定长参数，又称可变参数，用于接收调用者传递给函数的任意个数参数。

不定长参数的语法有两种：
- 单星号＊，用元组类型储存调用者传递给函数的任意参数，＊是必须的，后面可

113

以跟任意名字，约定俗成的名字是＊args，如图4-11所示。
- 双星号＊＊，用字典类型储存调用者传递给函数的任意参数，＊＊是必须的，后面可以跟任意名字，约定俗成的名字是＊＊kwargs，如图4-11所示。

```
In [1]: def print_args(*args):          In [3]: def print_kwargs(**kwargs):
   ...:     print(type(args),args)         ...:     print(type(kwargs),kwargs)
   ...:                                    ...:

In [2]: print_args(1,2,3)              In [4]: print_kwargs(a=1, b=2, c=3)
<class 'tuple'> (1, 2, 3)              <class 'dict'> {'a': 1, 'b': 2, 'c': 3}
       用元组传递任意参数                          用字典传递任意参数
```

图4-11 不定长参数

在函数体中，可以用for循环从不定长参数中获得每一个参数，如图4-12所示。

```
In [1]: def print_args(*args):     In [3]: def print_kwargs(**kwargs):
   ...:     for arg in args:          ...:     for key, value in kwargs.items():
   ...:         print(arg)            ...:         print(key, value)
   ...:         print(type(arg))      ...:     print(type(kwargs))
   ...:                               ...:

In [2]: print_args(1,2,3)          In [4]: print_kwargs(a=1, b=2, c=3)
1                                  a 1
2                                  b 2
3                                  c 3
<class 'int'>                      <class 'dict'>
```

图4-12 遍历不定长参数

若希望在函数定义时，同时使用标准参数和不定长参数，标准参数必须放在不定长参数前面，如下所示：

1. func(fargs，＊args，＊＊kwargs)

若顺序不对，会引发语法错误（SyntaxError：invalid syntax）。

在函数定义时，同时使用标准参数和不定长参数的范例，如图4-13所示。

```
Jupyter QtConsole                                       —   □   ×
File Edit View Kernel Window Help
In [1]: def print_args_kwargs(a,*args,**kwargs):
   ...:     print(a,args,kwargs)
   ...:

In [2]: print_args_kwargs('hello', 1,2,3, x=1, y=2, z=3)
hello (1, 2, 3) {'x': 1, 'y': 2, 'z': 3}
```

图4-13 同时使用标准参数与不定长参数的范例

4.1.6 函数返回语句

在Python中，用return语句结束函数执行，并返回指定的值。return语句可以放在函数体内任意位置，返回值可以是零个或多个任意类型对象。若没有return语句，或者

return 语句后没有返回值，那么函数执行完毕后，返回 None 对象，如图 4-14 所示。

```
In [1]: def return_multi_values():
   ...:     return 'hello', 1, 3.14  #返回多个值
   ...:

In [2]: result = return_multi_values()

In [3]: print(type(result), result)
<class 'tuple'> ('hello', 1, 3.14)

In [4]: def return_none():
   ...:     return          #返回None对象
   ...:

In [5]: result = return_none()

In [6]: print(type(result), result)
<class 'NoneType'> None

In [7]: def no_return_statement():
   ...:     pass          没有return语句
   ...:                   仍然返回None对象

In [8]: result = no_return_statement()

In [9]: print(type(result), result)
<class 'NoneType'> None
```

图 4-14　return 语句范例

4.1.7　文档字符串

在 Python 中，文档字符串是指一行或多行字符串文字，它作为模块、函数、类或方法定义中的第一条语句出现，用于提供模块、函数、类或方法的说明。

文档字符串应符合《PEP 257 -- Docstring Conventions》(https：//www.python.org/dev/peps/pep-0257/)中的约定。

用 help( ) 函数查阅模块、函数、类或方法的使用说明时，其返回的说明文字，就是文档字符串，如图 4-15 所示。

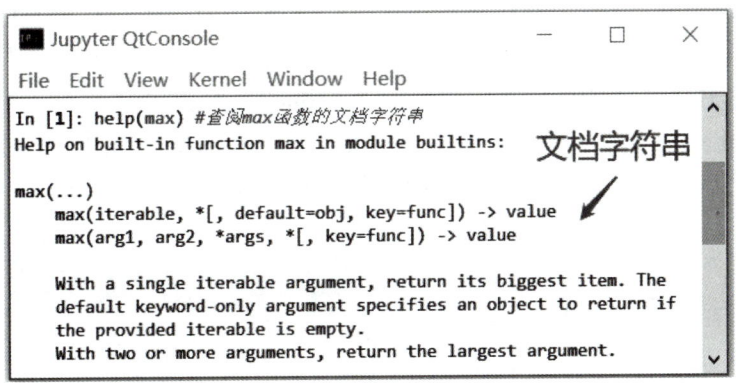

图 4-15　用 help( ) 函数显示文档字符串

文档字符串储存在函数的"__doc__"属性中，如图 4-16 所示。

```
In [1]: def show_docstring():
   ...:     """ show_docstring
   ...:     这是文档字符串
   ...:     """
   ...:     pass
   ...:

In [2]: print(show_docstring.__doc__)
 show_docstring
     这是文档字符串
```

文档字符串储存在 __doc__ 属性中

图 4-16 __doc__ 属性

文档字符串主流编写风格有标准 Python 风格、numpy 风格、google 风格等，如代码清单 4-1 所示。每种风格都不错，读者可以选择一种并坚持，关键是要在开发过程中，保持文档字符串风格的一致性。

代码清单 4-1　Google 风格文档字符串

```
"""
This is an example of Google style.

Args:
    param1: This is the first param.
    param2: This is a second param.

Returns:
    This is a description of what is returned.

Raises:
    KeyError: Raises an exception.
"""
```

在开发过程中，手动键入文档字符串是一个耗时耗力的工作，推荐在 VS Code 中安装 autoDocstring 插件，如图 4-17 所示。

首先在 VS Code 的设置中，搜索"Auto Docstring"，然后在"Docstring Format"中选择"google"，如图 4-18 所示。最后，重启 VS Code，在 Python 文件中，使用快捷键"Ctrl+Shift+2"，就可以自动插入文档字符串，如图 4-19 所示。

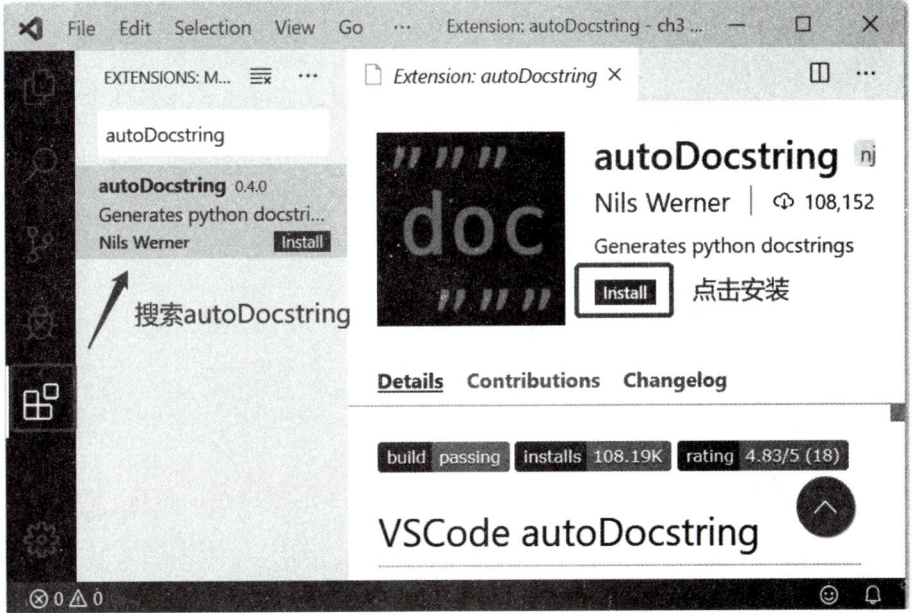

图 4-17 安装 autoDocstring 插件

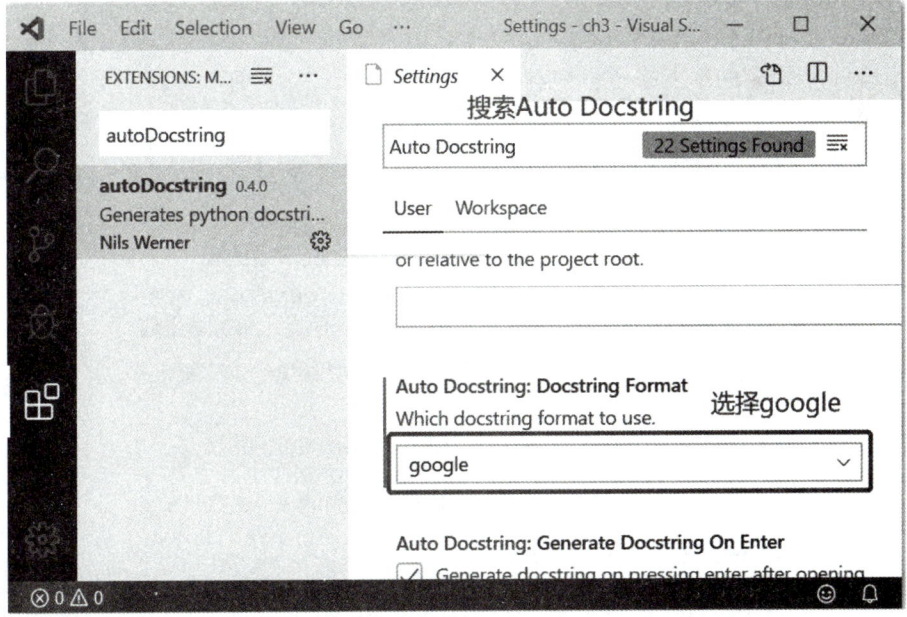

图 4-18 选择"google"

```
1   def auto_docstring(a, b, c='hello'):
2       """[summary]
3   
4       Args:
5           a ([type]): [description]
6           b ([type]): [description]
7           c (str, optional): [description]. Defaults to 'hello'.
8   
9       Returns:
10          [type]: [description]
11      """
12      return d
```

图 4-19　在 VS Code 中自动插入文档字符串

4.1.8　嵌套函数

在 Python 中，一切皆对象，函数也不例外。函数跟整数、字符串、列表等一样，都是 Python 中的对象，可以动态地创建和销毁。

在一个函数体内定义的函数，被称为嵌套函数（nested function），又称为内部函数（inner function）；嵌套函数所在的上一层函数，被称为外层函数（outer function）。嵌套函数提供一种机制，让函数可以作为对象被传递，如图 4-20 所示，outer( ) 函数的返回值就是 inter( ) 函数对象，outer 函数把 inter( ) 函数传递给了变量 f，这样 f 也可以用于调用函数 inner( ) 了。

对于学过 C 语言的读者来说，把函数传递给变量很让人费解。回顾一下第 2 章开篇介绍的 Python 变量：在 Python 中，一切皆为对象；Python 变量是对象的引用。在 Python 中，函数也是对象，自然可以将其引用传递给变量，然后被变量引用。

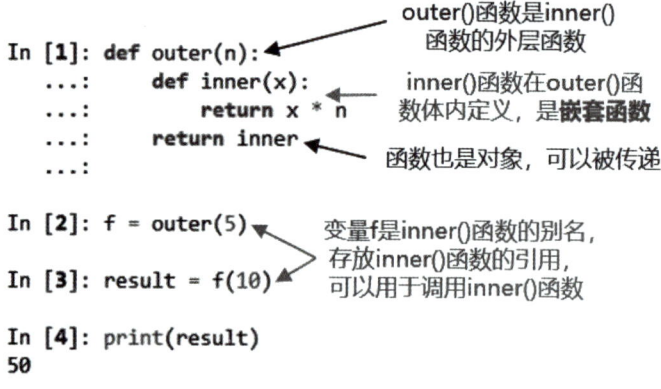

图 4-20　嵌套函数

嵌套函数连同定义嵌套函数的所有外层函数，被称为闭包（closure）区域。嵌套函数可以直接访问闭包区域中的变量，如图 4-21 所示。

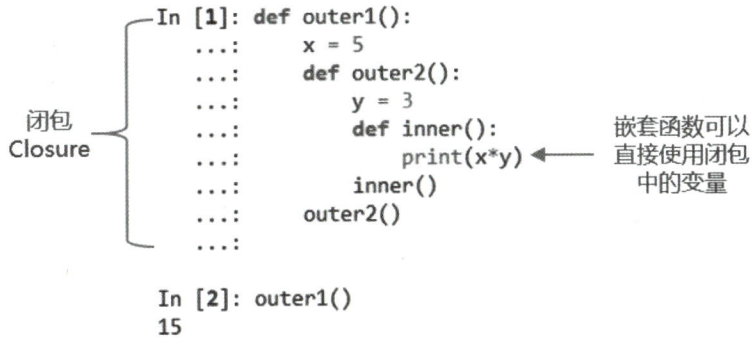

图 4-21 闭包

使用关键字 nonlocal，告诉 Python 解释器这是一个非局部的变量，从而可以在嵌套函数中修改闭包区域中外层函数的变量，如图 4-22 所示。

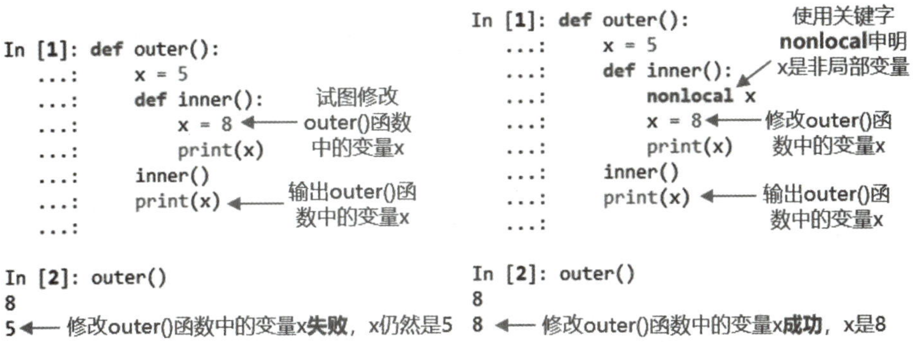

图 4-22 使用关键字 nonlocal 修改变量

4.1.9 匿名函数

顾名思义，匿名函数就是没有名字的函数。匿名函数主要用于不想费神去给众多只有一句表达式的简单函数设计名字的情况。

在 Python 中，匿名函数用 lambda 表示式实现，语法为：

1. lambda [参数列表]:表达式

lambda 表示式的参数列跟函数的参数列表一样，参数可以零个或多个，参数之间用逗号","分割。

匿名函数的定义和使用范例，如图 4-23 所示。

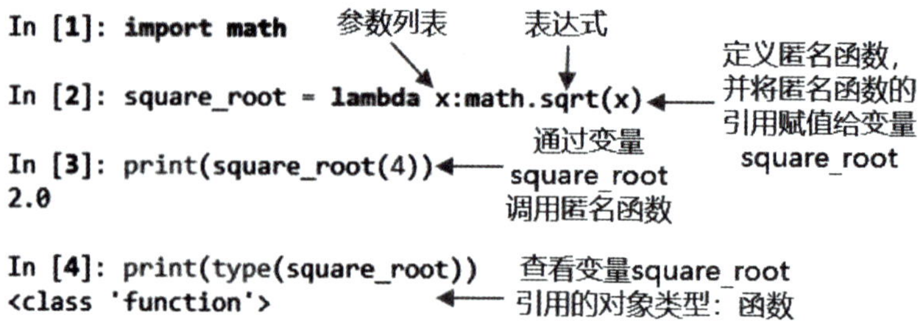

```
In [1]: import math                          参数列表    表达式
In [2]: square_root = lambda x:math.sqrt(x)          定义匿名函数，
                                                     并将匿名函数的
                                                     引用赋值给变量
                                                     square_root
In [3]: print(square_root(4))    通过变量
2.0                              square_root
                                 调用匿名函数
In [4]: print(type(square_root))   查看变量square_root
<class 'function'>                 引用的对象类型：函数
```

图 4-23　匿名函数

4.2　变量作用域

4.2.1　命名空间

要了解变量作用域，首先回顾一下 2.1 节中提到的 Python 变量的概念。在 Python 中，变量相当于一个"标签"，是对内存中对象的引用。当使用等号"="将变量绑定到某个对象的时候，相当于建立了一个从变量名到对象的映射。Python 使用命名空间（namespace）来记录这些映射信息。

当前，命名空间都是由 Python 字典实现，变量名到对象的映射就是字典中的键值对，键是变量名，值是内存中的对象。

在不同时刻创建的命名空间拥有不同的生存期：

- 内置命名空间，包含内置名称的命名空间是在 Python 解释器启动时创建的，永远不会被销毁。
- 全局命名空间，全局变量的命名空间在定义该全局变量的模块被读入时创建，通常情况下，全局变量的命名空间也会持续到 Python 解释器退出。
- 闭包命名空间，若定义了嵌套函数，则调用最外层函数时，创建闭包命名空间。闭包区域中的所有函数执行完毕后，闭包命名空间被销毁。
- 局部命名空间，局部变量的命名空间在定义该局部变量的函数或方法被调用时创建，并在函数或方法返回时被销毁。

变量的作用域是指程序代码能够访问该变量的区域，离开变量的作用域后，变量对应的命名空间被销毁，程序无法再访问该变量了。

4.2.2　变量的位置决定作用域

Python 解释器根据变量定义的位置来判断变量是全局变量还是局部变量，如图 4-24 所示：

- 在模块中定义的，是全局变量。

- 在函数中定义的，是局部变量。
- 在嵌套函数外层闭包空间定义的，是非局部变量。

```
1    x = 10 #全局变量
2
3    def outer():
4        x = 20    #对outer()来说是局部变量
5                  #对inner()来说是非局部变量
6        def inner():
7            x = 30 #对inner()来说是局部变量
8            print("From inner():x={0:d}".format(x))
9        inner()
10       print("From outer():x={0:d}".format(x))
11
12   outer()
13   print("From module:x={0:d}".format(x))
```

程序运行结果：
From inner():x=30
From outer():x=20
From module:x=10

图 4-24　变量位置决定作用域

4.2.3　变量查找顺序

Python 解释器会从局部命名空间开始依次向外查找当前程序操作的变量，如图 4-25 所示。若从局部变量的命名空间开始直到内建变量的命名空间都找不到该变量，则引发变量未定义的错误（NameError：name 'xxx' is not defined）。

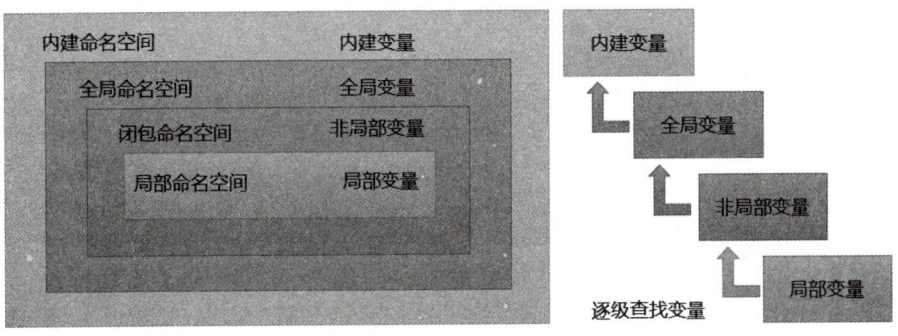

图 4-25　查找变量的顺序

4.2.4　global 关键字

使用 global 关键字修饰变量，告诉 Python 解释器这是一个全局变量，从而可以在函数中修改这个全局变量，如图 4-26 所示。

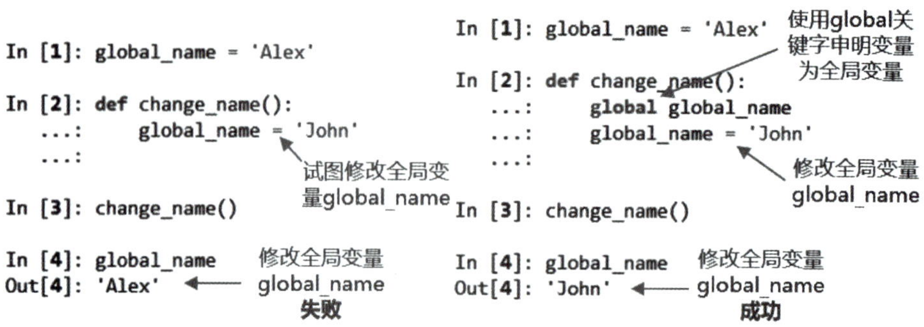

图 4-26 使用 global 关键字修改全局变量

4.2.5 nonlocal 关键字

使用 nonlocal 关键字，告诉 Python 解释器这是一个非局部变量，从而可以在内部函数中访问并修改这个非局部变量，如图 4-27 所示。

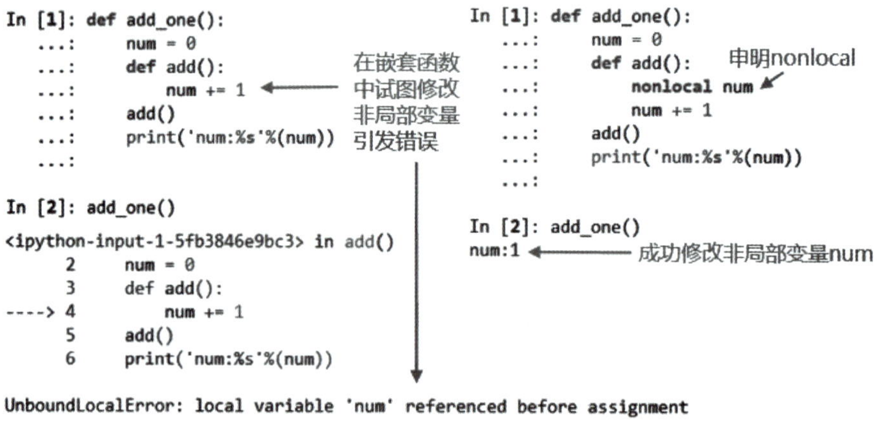

图 4-27 使用 nonlocal 关键字修改非局部变量

4.3 Python 模块

4.3.1 模块

在程序开发的过程中，随着代码越写越多，可读性和可维护都会变差。为了提高代码的可读性和可维护性，必须把代码模块化，用函数或类把一段功能代码组织到一起。

若把所有的函数和类都放在一个 Python 文件里面，那维护起来也很费劲。为了便于分类分层管理，可以把所有的函数和类按照逻辑关系，分别放入多个 Python 文件中，这个 Python 文件就是模块，如图 4-28 所示。

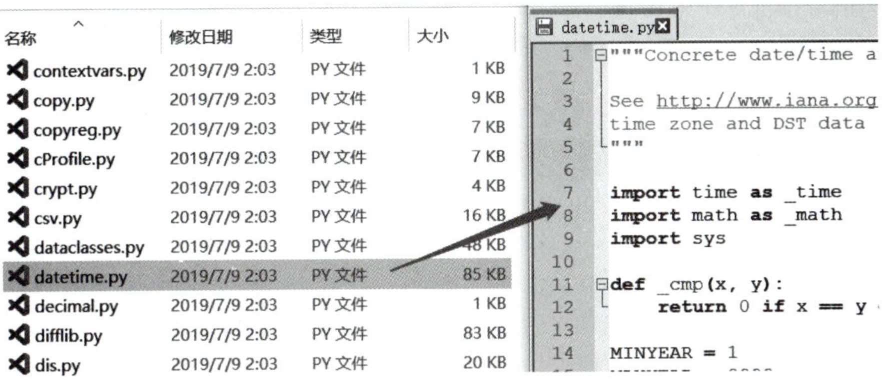

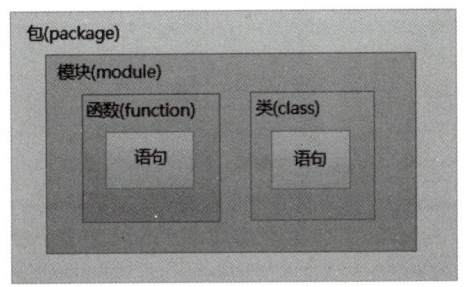

图 4-28　模块就是一个 Python 文件

从组件的角度来看，语句是函数和类的组件，函数和类是模块的组件，模块是包的组件，如图 4-29 所示，通过分层有序的组织和管理，可以大大提高程序的可读性和可维护性。本节主要介绍 Python 模块及其使用方法，下节将介绍 Python 包及其使用方法。

图 4-29　函数、类、模块和包

函数、类、模块和包，都是 Python 程序设计中的模块化技术，可以大大提高程序的可维护性。当一个函数或类编写完毕，就可以被其他地方使用；当一个模块编写完毕，就可以被其他地方导入使用。编写程序的时候，经常会导入其他模块，包括 Python 内建模块和第三方模块。

Python 内建模块是指 Python 内建的标准库中包含的模块，例如，datetime、os 等。用模块的属性 "__file__" 可以查看储存模块的位置，如图 4-30 所示。

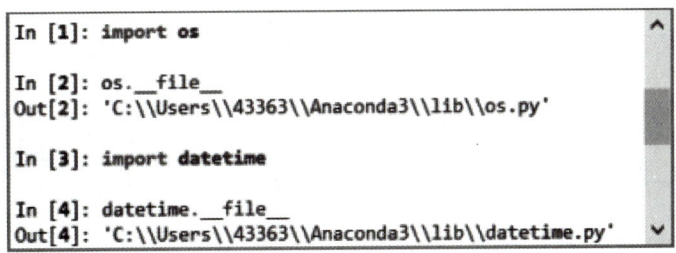

图 4-30　查看模块路径

非 Python 标准库中的模块，称为第三方模块；用户自定义的模块被称为自定义模块。

4.3.2 创建模块

从程序开发的角度看，创建 Python 模块就是编写一个 .py 文件，模块名就是 .py 文件名。Python 模块中主要包含：
- 函数：实现函数的定义。
- 类：实现类的定义。
- 语句：在导入模块时，模块中的语句会被执行，通常模块中的语句用于初始化模块。若该模块不需要初始化，则语句可以省略。

下面给出一个创建名为 calculator 的模块的范例，里面包含语句、函数和类，如图 4-31 所示。

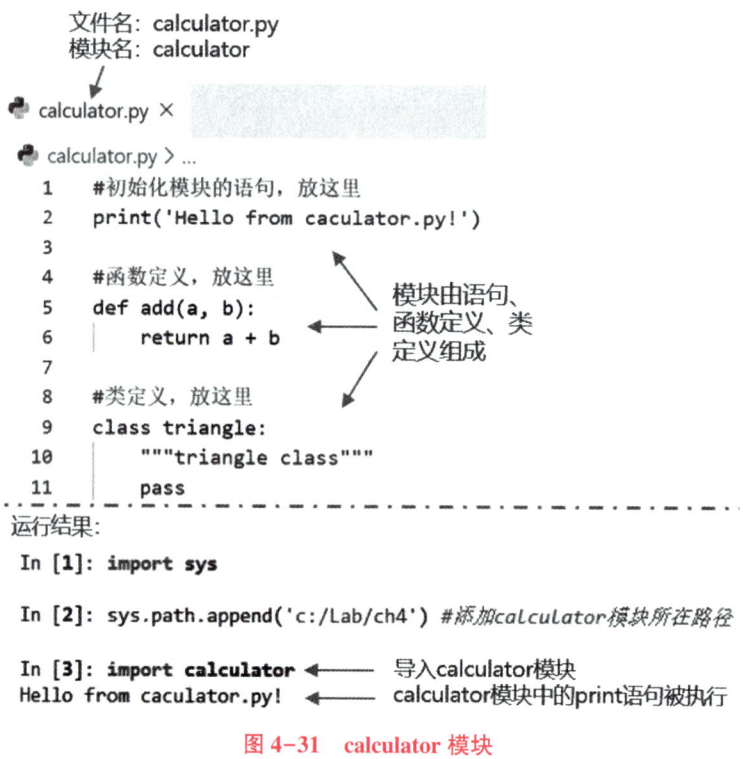

图 4-31　calculator 模块

模块编写好后，可以用 import 语句导入，本书将在下节中详细介绍。

4.3.3 导入模块

在使用模块之前，首先要用 import 语句导入模块。import 语句的语法格式为：

1. import 模块名1 [as 别名1],模块名2 [as 别名2]…

模块名就是模块文件的名字，但不包含文件扩展名，例如，文件名为 calculator.py，模块名为 calculator。

别名是一个助记符，帮助开发者在程序中更加方便地键入模块名，例如，import numpy as np，“np”就是别名。

若不需要别名，“[as 别名]”部分可以省略，例如，import os。

模块名和模块名之间用逗号“,”分隔。

在用 import 语句导入模块时，Python 解释器会为模块创建一个新的命名空间，该模块的变量名、函数名、类名都包含在这个新创建的命名空间中，若要引用这些变量、函数和类，需要在变量名、函数名和类名前加入“模块名 .”，来告诉 Python 解释器引用的变量、函数或类属于哪个模块。

例如，若要调用 calculator 模块中的 add( ) 函数，则须用语句“calculator. add( )”，如图 4-32 所示。

import_calculator.py ×

import_calculator.py > ...

```python
import calculator  #导入calculator模块

a, b = 1, 2
#调用calculator模块中的add函数
sum = calculator.add(a, b)

print("sum is {0:d}".format(sum))
```

运行结果：
Hello from caculator.py!
sum is 3

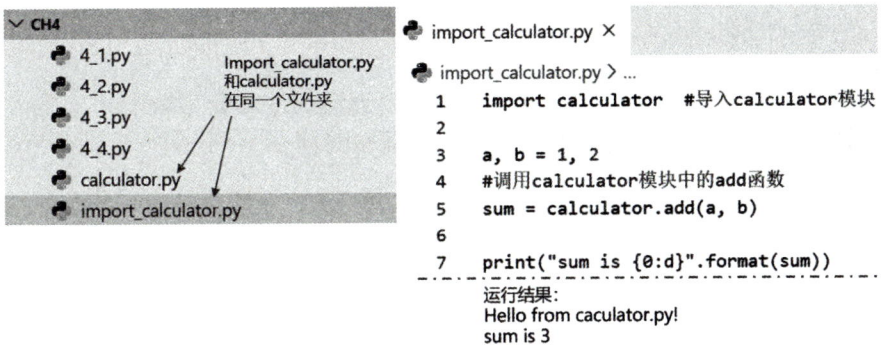

图 4-32　调用 calculator 模块的 add( ) 函数

在不会引起命名混乱和误解的前提下，可以用“from…import”语句直接导入模块的成员到当前命名空间。这样，在调用模块的成员时，就可以不用写模块名，如图 4-33 所示。

```python
#从calculator模块中导入add函数
from calculator import add

a, b = 1, 2
#调用calculator模块中的add函数
sum = add(a, b)

print("sum is {0:d}".format(sum))
```

用from...import语句导入模块成员

在调用模块成员时不需要加模块名前缀

运行结果：
Hello from caculator.py!
sum is 3

图 4-33　从 calculator 模块导入 add 函数

“from…import”语句的语法为：

```
1. from 模块名 import 成员列表
```

成员之间用逗号","分隔，若使用通配符"＊"，则表示导入模块中所有成员，如图4-34所示。

```
1    #从calculator模块中导入add函数
2    from calculator import add
3
4    #从calculator模块中导入所有成员
5    from calculator import *
```

图4-34 "from…import…"语句范例

需要注意的是，使用"from…import"语句导入模块成员时，必须保证所导入的成员名在当前的命名空间中是唯一的，否则后导入的成员会覆盖先导入的成员，造成混淆。

4.3.4 模块搜索目录

当执行import语句时，Python解释器会按照下面的顺序来搜索模块：
（1）当前目录，即正在运行的Python文件所在的目录。
（2）环境变量PYTHONPATH指定的目录。
（3）Python解释器的默认安装目录和标准库目录。

模块搜索目录储存在一个列表对象sys.path中，sys.path[0]中存储的是当前路径，然后是环境变量PYTHONPATH中存储的目录，接着是Python默认安装目录和标准库目录，如图4-35所示。

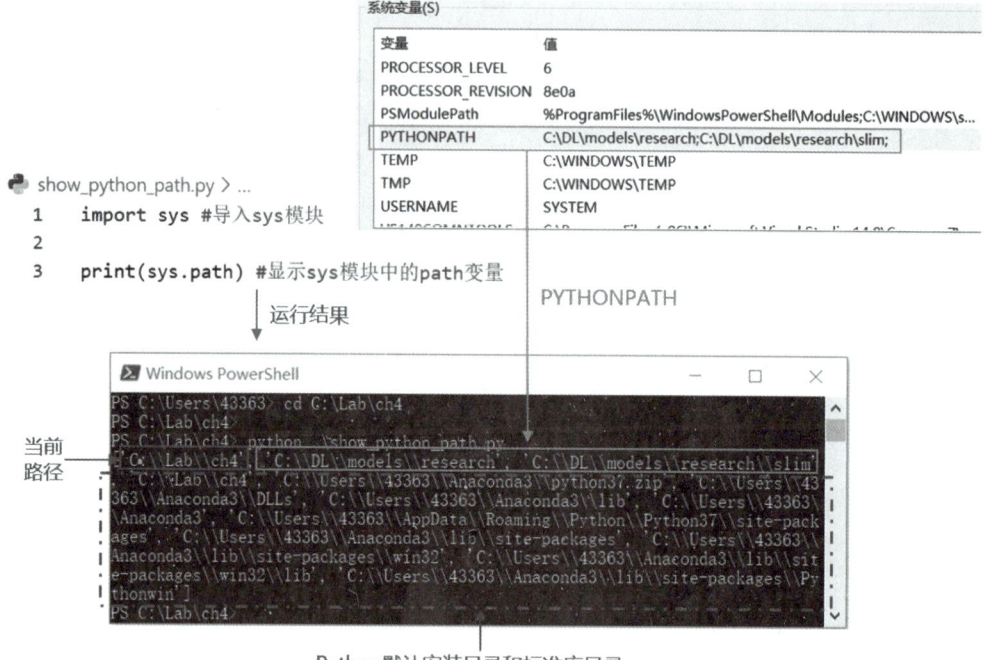

图4-35 sys.path

有两种方式可以添加模块搜索目录，第一种是将模块搜索目录添加到环境变量 PYTHONPATH 中，永久生效，如图 4-36 所示。若环境变量 PYTHONPATH 不存在，则需要手动新建。

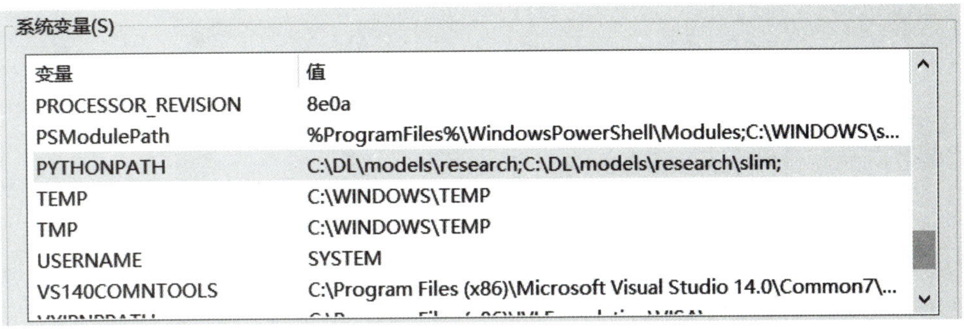

图 4-36　修改环境变量 PYTHONPATH

第二种是使用"sys. path. append( )"语句，把模块搜索目录添加在 sys. path 变量中，临时生效，如图 4-37 所示。Python 程序退出后，临时添加的搜索目录失效。

图 4-37　添加临时搜索目录

4.3.5 __name__ 变量

Python 文件(模块)有一个 __name__ 变量，可以用 dir( ) 函数查阅，如图 4-38 所示。

图 4-38　模块的 __name__ 变量

由 Python 解释器直接执行的 Python 文件，其 __name__ 的值为 "__main__"，该 Python 文件又被称为顶层模块(Top-level module)。

被 import 语句导入的模块，其 __name__ 的值为模块名，例如，sys 模块被 import 语句导入，sys. __name__ 的值是 "sys"，如图 4-39 所示。

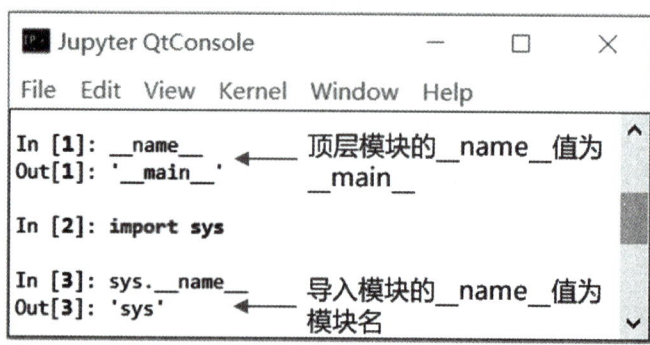

图 4-39　__name__ 变量的值

由 Python 解释器直接执行的顶层模块，又称主模块(main module)，在 Python 程序中，可以用语句：

1. if __ name __ = ' __ main __':

来判定执行代码是否在主模块中。Python 没有 C/C++语言一样的 main( )函数作为程序的入口函数的机制，但可以用上述语句来模拟 main( )函数的功能，如代码清单 4-2 所示。

代码清单 4-2　模拟 main( )函数

1. #定义一个 main( )函数
2. def main( ):
3. 　　print(' Hello from main( )')
4. 　　pass
5.
6. #如果是顶层模块,则执行 main( )函数
7. if __ name __ == ' __ main __':
8. 　　main( )

4.4　Python 包

4.4.1　包

从文件系统的角度看，Python 模块是一个 Python 文件，文件名就是模块名。

将多个功能上有关联的模块放到一个文件夹里面，并配上一个 __ init __ .py 文件(让 Python 解释器区别普通文件夹和 Python 包)，这个文件夹和它里面的 __ init __ .py 文件以及其他所有 Python 模块共同组成了 Python 包，文件夹的名字就是 Python 包的名字。

为了方便记忆，可以简单地认为 Python 包就是一个包含了 Python 文件的文件夹。

将 Python 函数、模块和包这三种模块化技术应用到 Python 项目中，可以对 Python 项目的资源进行分层分级分类管理，大大提高 Python 项目的可读性和可维护性。一个典型的 Python 项目的模块化结构，或者说文件夹结构包括多个部分，如图 4-40 所示：

- 一个顶层模块，即入口程序，类似 C/C++语言中的 main( )函数。
- 一个项目说明文件，README. md。
- 若干个 Python 包。
- Python 包中有若干个 Python 模块。
- Python 模块中有若干个 Python 变量、函数定义和类定义。

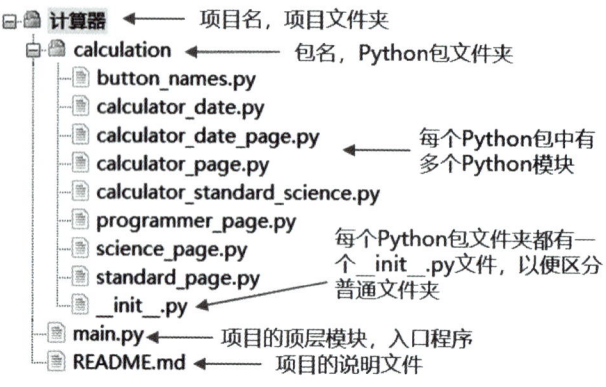

图 4-40　Python 项目文件夹结构

4.4.2　创建包

创建 Python 包就是创建一个文件夹，然后在文件夹中创建一个名为"__ init __ . py"的 Python 文件。__ init __ . py 文件可以为空，也可以加入包的初始化代码。__ init __ . py 中的代码在 Python 包导入的过程会被 Python 解释器自动执行。

假设有一个名为"计算器"的项目，在项目文件夹下，新建一个名为"calculation"的 Python 包的步骤是：

第一步，新建一个名为"calculation"的文件夹。

第二步，在"calculation"文件夹下新建一个名为"__ init __ . py"的文件。

这样就完成了一个 Python 包的创建工作，如图 4-41 所示，后续可以在 calculation 包中创建或添加其他模块。

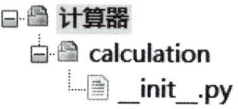

图 4-41　新建 calculation 包

4.4.3　导入包

导入包的本质是导入包中模块的变量、函数和类，所以导入包的方法跟导入模块的方法类似，都是用 import 语句，语法为：

1. from <包名> import <模块名>[, <模块名> …]
2. from <包名> import <模块名> as <别名>
3. from <包名> import *

通配符"*"表示导入包中的所有模块。

假设有一个名为"计算器"的项目，在项目文件夹下有一个 calculation 包，calculation 包中有一个 math 模块，math 模块中有一个 add_three_numbers( ) 函数，返回三个变量的和，如图 4-42 所示。

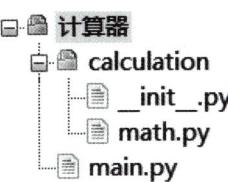

图 4-42　calculation 包的文件夹结构

在 main.py 文件中，导入 calculation 包并调用 math 模块中的 add_three_numbers( ) 函数的范例程序，如代码清单 4-3 所示。

代码清单 4-3　导入包的范例

```
1. #从 calculation 包中导入 math 模块
2. from calculation import math
3. #调用 math 模块中的 add_three_numbers( ) 函数
4. sum = math.add_three_numbers(1, 2, 3)
5. #输出 add_three_numbers( ) 函数的执行结果
6. print("sum is {0:.2f}".format(sum))
7. >>>sum is 6.00
```

4.4.4　安装包

在开发 Python 程序的时候，除了导入并使用 Python 内建的标准模块外，还可以安装并使用第三方包。在 PyPI（https://pypi.org/）上可以查找、安装并发布 Python 包。

安装 Python 包，用 pip 命令实现，格式为：

```
1. pip <命令> [包名]
```

常用命令有：

- install，安装指定的 Python 包。
- uninstall，卸载指定的 Python 包。
- list，显示已安装的 Python 包。

例如，希望安装 numpy 包，用下列命令即可完成：

```
pip install numpy
```

4.5　Python 内建标准模块

Python 的内建标准模块，又称标准库，非常庞大，所提供的组件涉及范围十分广泛。

无须 pip 命令安装，直接用 import 语句导入使用。

Python 标准库列表，可以从官网 https://docs.python.org/zh-cn/3.7/library/index.html 中查到，常用的标准模块如表 4-1 所示。

表 4-1 常用标准模块

模块名	用　　途
re	正则表达式操作
datetime	提供日期和时间类型及其相关操作
calendar	提供日历类型及其相关操作
timeit	测量小代码片段的执行时间
time	提供时间计算操作
math	数学函数库
random	伪随机数库
os	访问操作系统服务的标准库
sys	Python 系统相关的参数和函数
logging	日志记录工具，方便记录时间、错误、警告和调试信息的功能
shutil	高级文件操作，例如，复制、移动和重命名等
socket	网络套接字编程
json	JSON 编码和解码函数
urllib	读取网上数据的标准库
tkinter	图形用户界面库
threading	基于线程的并行函数库
multiprocessing	基于进程的并行函数库

接下来本书将分别介绍 re、datetime、calendar、timeit、time、math、random、logging 标准模块的用法。os、shutil 将在"文件与目录操作"一章中介绍；socket、urllib 将在"网络编程"一章中介绍；threading、multiprocessing 将在"并发编程"一章中介绍；tkinter 将在"Python 图形化用户界面(GUI)编程"一章中介绍。

4.6　正则表达式模块

在处理字符串的时候，经常会遇到查找符合某些规则的字符串需求。用于描述字符串规则的工具就是正则表达式，它可以看作是嵌入在 Python 中的一种微小的、高度专业化的编程语言。Python re 模块提供了与 Perl 语言类似的正则表达式匹配操作。

re 模块常用的函数，如表 4-2 所示，本书将依次详细介绍。

表 4-2　re 模块常用函数

函数名	用　途
match(pattern, string, flags=0)	在字符串 string 的开始位置按照 pattern 规则匹配字符串，若找到则返回匹配的字符串；若没有找到，则返回 None
search(pattern, string, flags=0)	扫描整个字符串 string，并返回字符串中第一处匹配 pattern 规则的对象；若匹配不成功，则返回 None
findall(pattern, string, flags=0)	扫描整个字符串 string，并返回一个列表，包含字符串中所有匹配 pattern 规则的对象；若匹配不成功，则返回空列表
sub(pattern, repl, string, count=0, flags=0)	将字符串 string 中所有匹配 pattern 规则的对象替换为 repl
split(pattern, string, maxsplit=0, flags=0)	使用正则表达式 pattern 对字符串 string 进行分割，该函数返回分割得到的多个子串组成的列表
compile(pattern, flags=0)	将正则表达式的规则 pattern 编译为一个正则表达式对象

4.6.1　match( )函数

match( )函数的函数原型如下所示：

1. match(pattern, string, flags=0)

参数说明：

- pattern，正则表达式字符串。
- string，被扫描的字符串。
- flags，正则表达式的匹配标志位，如是否区分大小写、多行匹配等。

match( )函数尝试在 string 字符串的开始位置来匹配正则表达式。若匹配成功，则返回一个 Match 对象，用 span( )和 group( )方法可以获得匹配位置和匹配值；若匹配不成功，则返回 None。如图 4-43 所示。

```
In [1]: import re #导入re模块

In [2]: pattern = 'www' #希望匹配的内容

In [3]: result = re.match(pattern, 'www.gdrosmart.com') #从头开始匹配'www'

In [4]: result #查看匹配结果
Out[4]: <re.Match object; span=(0, 3), match='www'>

In [5]: result.span() #获得匹配位置
Out[5]: (0, 3)

In [6]: result.group() #获得匹配值
Out[6]: 'www'

In [7]: print(re.match(pattern, 'http://www.gdrosmart.com/'))
None    ←——— 匹配失败，返回None
```

图 4-43　match( )函数范例

4.6.2 search( )函数

search( )函数的函数原型如下所示:

1. search(pattern, string, flags=0)

参数说明:
- pattern,正则表达式字符串。
- string,被扫描的字符串。
- flags,正则表达式的匹配标志位。

search( )函数扫描整个 string 字符串,找到第一个匹配对象后返回。若匹配成功,则返回一个 Match 对象,用 span( )和 group( )方法可以获得匹配位置和匹配值;若匹配不成功,则返回 None。如图 4-44 所示。

```
In [1]: import re  #导入re模块

In [2]: pattern = 'www'  #希望匹配的内容

In [3]: result = re.search(pattern, 'http://www.gdrosmart.com/')  #搜索第一处匹配

In [4]: result  #查看匹配结果
Out[4]: <re.Match object; span=(7, 10), match='www'>

In [5]: result.span()  #获得匹配位置
Out[5]: (7, 10)

In [6]: result.group()  #获得匹配值
Out[6]: 'www'

In [7]: print(re.search(pattern, 'http://111.gdrosmart.com/'))
None    ←—— 匹配失败,返回None
```

图 4-44 search( )函数范例

通常情况下,能用 search( )函数,就不用 match( )函数,除非一定要在字符串开始处就匹配到正则表达式。

4.6.3 findall( )函数

findall( )函数的函数原型如下所示:

1. findall(pattern, string, flags=0)

参数说明:
- pattern,正则表达式字符串。
- string,被扫描的字符串。
- flags,正则表达式的匹配标志位。

findall()函数扫描整个 string 字符串,返回包含所有匹配对象的列表,如果匹配不成功,则返回空列表[ ],如图 4-45 所示。

```
In [1]: import re  #导入re模块

In [2]: pattern = 'www'  #希望匹配的内容

In [3]: result = re.findall(pattern, 'http://www.gdrosmart.www/')  #搜索所有匹配

In [4]: result  #查看匹配结果
Out[4]: ['www', 'www']

In [5]: print(re.findall(pattern, 'http://111.gdrosmart.com/'))
[]      ←—— 匹配失败,返回空列表[]
```

图 4-45　findall( )函数范例

4.6.4　sub( )函数

sub( )函数的函数原型如下所示:

1. sub(pattern, repl, string, count=0, flags=0)

参数说明:
- pattern,正则表达式字符串。
- repl,替换的字符串。
- string,被扫描的原始字符串。
- count,替换匹配对象的个数,默认值为 0,表示替换所有的匹配对象。
- flags,正则表达式的匹配标志位。

sub( )函数扫描整个 string 字符串,然后用 repl 替换 count 个匹配对象,最后返回替换好的字符串;若匹配不成功,则返回原始字符串。如图 4-46 所示。

```
In [1]: import re  #导入re模块

In [2]: pattern = 'www'

In [3]: source_string = 'http://www.gdrosmart.com/'

In [4]: repl = '111'

In [5]: re.sub(pattern, repl, source_string)  #替换字符串
Out[5]: 'http://111.gdrosmart.com/'  ←—— 匹配成功,替换匹配对象

In [6]: pattern = '222'

In [7]: re.sub(pattern, repl, source_string)  #替换字符串
Out[7]: 'http://www.gdrosmart.com/'  ←—— 匹配失败,返回原始字符串
```

图 4-46　sub( )函数范例

4.6.5　split( )函数

split( )函数的函数原型如下所示：

1. split(pattem, string, maxsplit=0, flags=0)

参数说明：

- pattern，正则表达式字符串。
- string，被扫描的原始字符串。
- maxsplit，最大分割次数，默认值为 0，表示所有的匹配位置都进行分割。
- flags，正则表达式的匹配标志位。

split( )函数扫描整个 string 字符串，依据正则表达式找到匹配位置，然后进行 maxsplit 次分割，最后返回分割对象列表；若匹配不成功，则返回原始字符串。如图 4-47 所示。

```
In [1]: import re  #导入re模块

In [2]: pattern = '\.'  #匹配'.'

In [3]: source_string = 'http://www.gdrosmart.com/'

In [4]: re.split(pattern, source_string)
Out[4]: ['http://www', 'gdrosmart', 'com/']    ◄—— 匹配成功，返回分割对象列表

In [5]: pattern = '1'  #匹配'1'

In [6]: re.split(pattern, source_string)
Out[6]: ['http://www.gdrosmart.com/']    ◄—— 匹配不成功，返回原始字符串
```

图 4-47　split( )函数范例

4.6.6　compile( )函数

compile( )函数的函数原型如下所示：

1. compile(pattern, flags=0)

参数说明：

- pattern，正则表达式字符串。
- flags，正则表达式的匹配标志位。

compile( )函数编译正则表达式字符串，返回一个 Pattern 类型对象。Pattern 对象包含 match、search、findall、sub、split 等方法，如图 4-48 所示。

在 Python 中，一切皆对象。相比前面几小节介绍的直接函数调用方法，compile( )函数给程序员提供了一个"对象+方法"的使用方式，不管哪种使用方式，实现的功能都是一样的。

```
In [1]: import re #导入re模块

In [2]: pattern = re.compile('www') #编译正则表达式字符串

In [3]: type(pattern) #查看compile返回的对象类型
Out[3]: re.Pattern  ←── compile返回Pattern类型对象

In [4]: print(dir(re.Pattern)) #查看Pattern类型支持的方法
['__class__', '__copy__', '__deepcopy__', '__delattr__', '__dir__',
 '__doc__', '__eq__', '__format__', '__ge__', '__getattribute__',
 '__gt__', '__hash__', '__init__', '__init_subclass__', '__le__',
 '__lt__', '__ne__', '__new__', '__reduce__', '__reduce_ex__',
 '__repr__', '__setattr__', '__sizeof__', '__str__',
 '__subclasshook__', 'findall', 'finditer', 'flags', 'fullmatch',
 'groupindex', 'groups', 'match', 'pattern', 'scanner', 'search',
 'split', 'sub', 'subn']

In [5]: pattern.search('http://www.gdrosmart.com/') #调用search方法
Out[5]: <re.Match object; span=(7, 10), match='www'>
```

图 4-48 compile( ) 函数范例

4.7 时间日期模块

在记录程序的事件、错误、警告等信息时，都需要加上一个时间戳（timestamp），方便查阅者知道这些信息发生的时间。Python 的时间日期（datetime）模块，方便程序员获得时间戳，以及进行时间日期的计算。

datetime 模块包含五个用于操纵日期和时间的类：
- date 类，日期类。
- time 类，时间类。
- datetime 类，时间和日期类。
- timedelta 类，表示两个 datetime 对象差值的类。
- tzinfo 类，表示时区相关信息的类。

4.7.1 获取时间戳

用 datetime 对象的 now( ) 方法，可以方便获得当前的时间戳，如图 4-49 所示。

```
In [1]: from datetime import datetime #导入datetime模块中的datetime类

In [2]: timestamp = datetime.now() #获取当前的时间戳

In [3]: type(timestamp) #查看返回对象的类型
Out[3]: datetime.datetime

In [4]: print(timestamp) #查看返回对象的值
2019-12-28 12:16:37.739755
```

图 4-49 获取当前的时间戳

4.7.2 实现时间日期增减

用 timedelta 对象，可以方便使用"+""-"实现时间日期的计算，如图 4-50 所示。

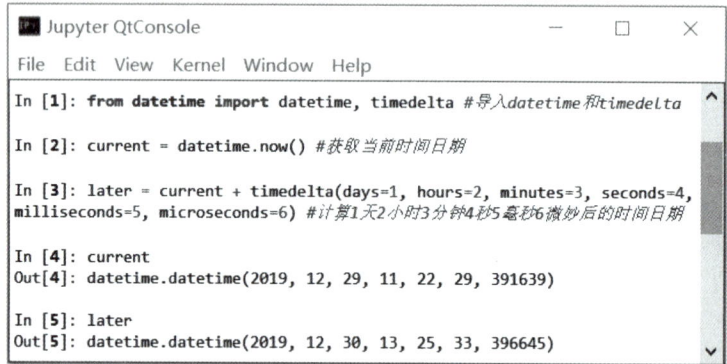

图 4-50 实现时间日期增减

4.7.3 实现时区转换

由于世界各国家与地区经度不同，当地时间有所不同，为了克服时间上的混乱，国际子午线会议规定以英国格林尼治天文台为中心，分东 12 区和西 12 区，相邻时区的时间相差 1 小时。

当前，世界标准时间是以原子钟报时的协调世界时间，即 UTC，中国使用的是北京时间，属于东 8 区，即 UTC+8.00；美国纽约属于西 5 区，即 UTC-5.00。

用 datetime 模块中的 timezone 类，可以很方便地实现时区的转换，如图 4-51 所示。

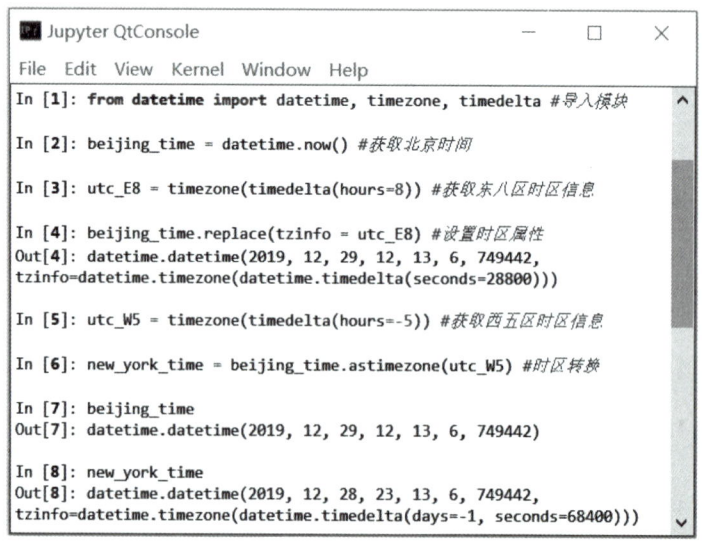

图 4-51 时区转换

4.8 日历模块

Python 的日历(calendar)模块,主要实现与日历相关的功能,例如:获取日历、查询指定的日期是星期几、查询是否是闰年等。

4.8.1 返回年历

calendar()函数返回指定年的年历,函数原型如下所示:

1. calendar((theyear, w=2, l=1, c=6, m=3))

参数说明:
- theyear,指定年份。
- w,日期列宽度。
- l,每行星期数。
- c,月份列的间隔宽度。
- m,月份列数。

用 calendar()函数打印出 2020 的年历,如图 4-52 所示。

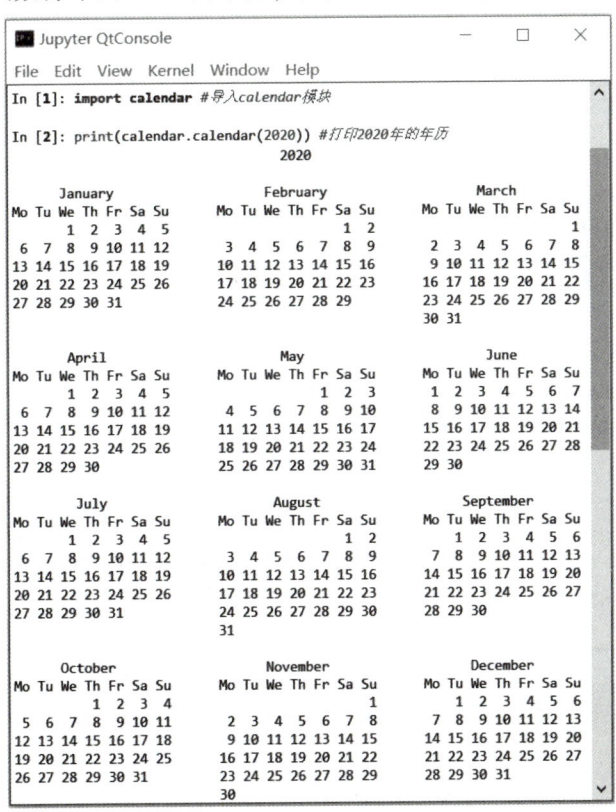

图 4-52　2020 年的年历

4.8.2 检测是否是闰年

calendar 模块提供一个 isleep() 函数来实现检测给定年份是否是闰年，还提供了一个 leapdays(year1, year2) 函数来实现返回在 [year1, year2] 之间的闰年数量，如图 4-53 所示。

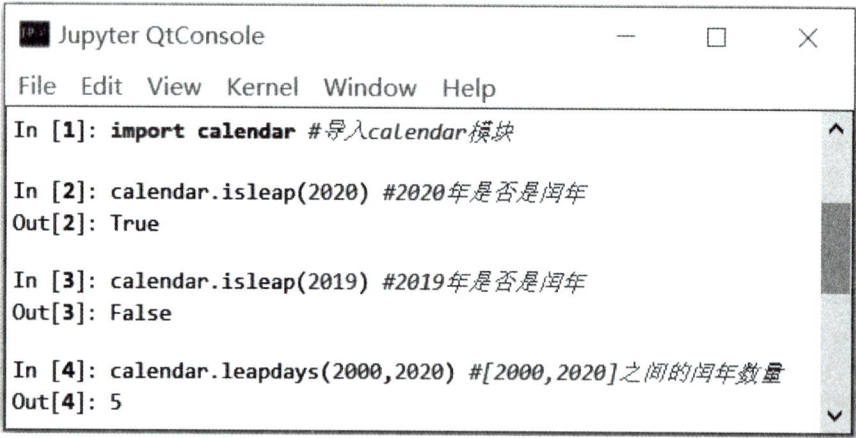

图 4-53 检查是否是闰年及闰年数量

4.8.3 返回指定日期是星期几

calendar 模块中的 weekday(year, month, day) 函数，返回指定日期是星期几，0 代表星期一，6 代表星期日，依此类推。

calendar 模块中的 monthrange(year, month) 函数，返回指定年月的第一天是星期几，本月一共有几天，如图 4-54 所示。

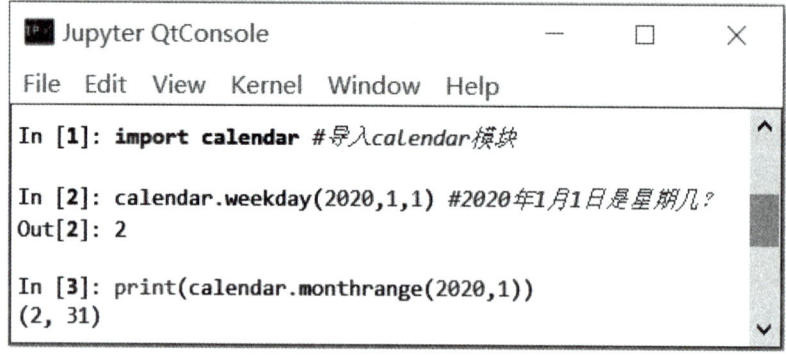

图 4-54 查阅星期几

4.9 时间模块

在数据处理当中，经常需要获取时间戳或者把线程挂起，这时候就要用到时间（time）模块中的函数和类。

在 Python 中有三种表示时间的方式：
- 时间戳，是指某个时间与 1970 年 1 月 1 日 00：00：00 的差值，单位为秒，是一个浮点型数值。
- 格式化时间，由字母和数字表示的时间，例如，Wed Jan 1 10：01：02 2020。
- 时间元组，即（struct_time），共有九个成员，分别为 tm_year（年）、tm_mon（月）、tm_mday（日）、tm_hour（时）、tm_min（分）、tm_sec（秒）、tm_wday（星期几）、tm_yday（一年中第几天）和 tm_isdst（是否是夏令时）。

三种时间表示方式的转换，如图 4-55 所示。

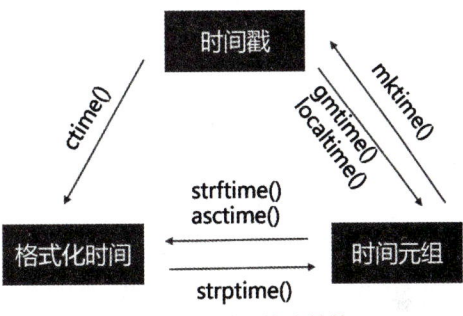

图 4-55 时间格式转换

4.9.1 时间戳转换为格式化时间和时间元组

使用 time 模块中的 time（）函数，可以获得当前时间的时间戳；然后将时间戳传入 ctime（）、gmtime（）和 localtime（）函数，可以获得格式化时间、gmt 时区时间元组和本地时区时间元组，如图 4-56 所示。

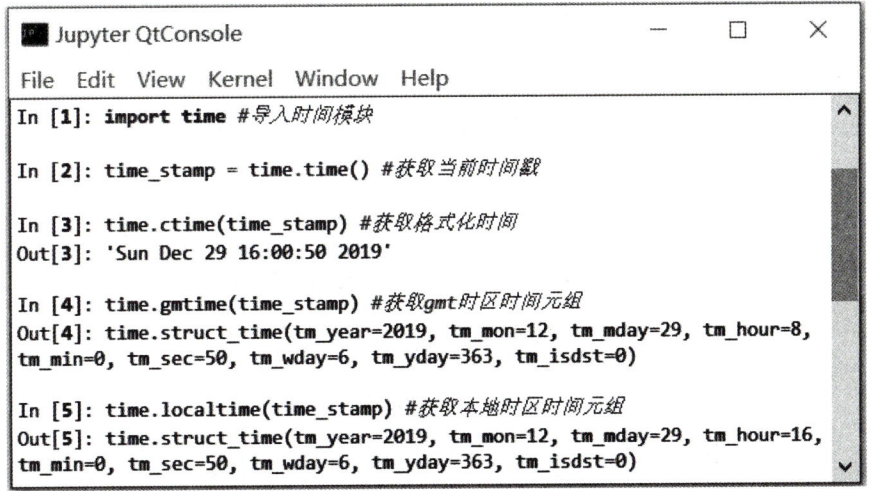

图 4-56 时间戳及其转换

4.9.2 时间元组转换为格式化时间和时间戳

给定一个时间元组 time_tuple = (2020, 1, 1, 1, 1, 1, 2, 1, 0)，用 mktime( ) 可以转换为时间戳，用 strftime( ) 和 asctime( ) 可以转换为格式化时间，如图 4-57 所示。

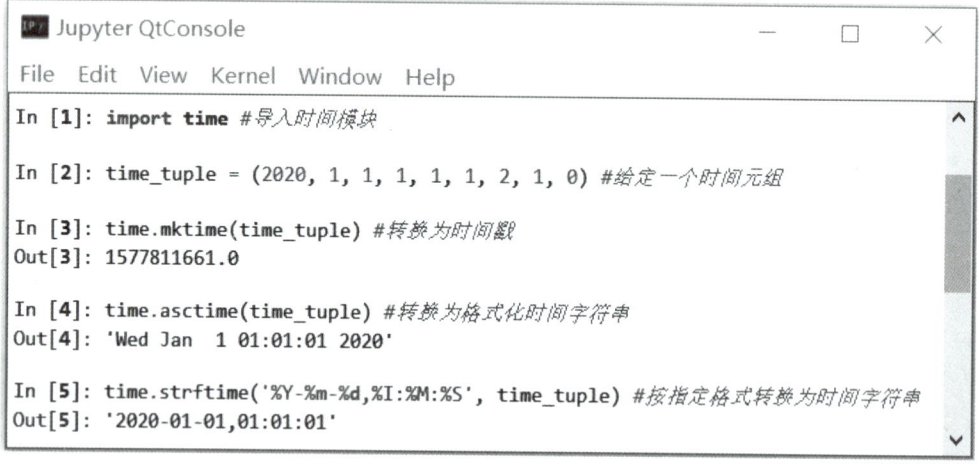

图 4-57　时间元组及其转换

4.9.3 格式化时间字符串

通过 strptime( ) 函数可以将时间字符串转换为时间元组 strcut_time 形式，格式参数要与时间字符串一一对应，如图 4-58 所示。

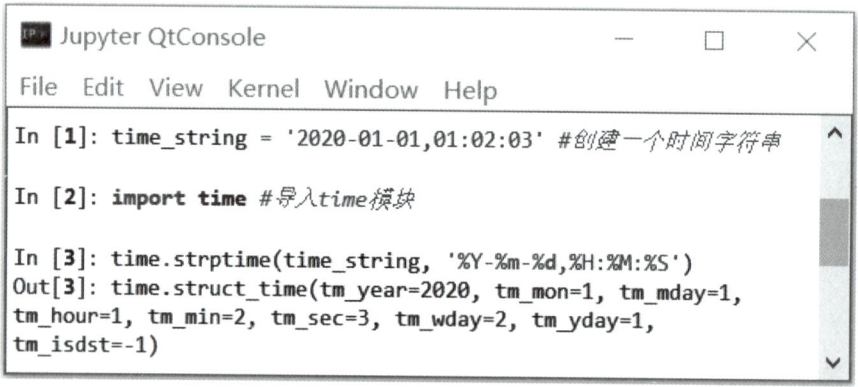

图 4-58　格式化时间字符串

4.9.4 把线程挂起

time 模块提供一个 sleep(sec) 函数，可以把线程挂起 sec 秒钟，如图 4-59 所示。

```
test_sleep.py > ...
1  import time
2  start_time = time.time()  #记录开始时间
3  time.sleep(3.38)   #挂起3.38秒
4  end_time = time.time()    #记录结束时间
5  print('sleep:{0:.3f}s'.format(end_time-start_time))
```
运行结果：sleep:3.381s

图 4-59　把线程挂起

4.10　随机数模块

Python 提供一个随机数（random）模块，用于生成随机数。模块中的常用函数有：
- random( )，生成一个[0，1]的随机数。
- uniform(a，b)，生成一个在指定范围[a，b]的随机数。
- randint(a，b)，生成一个在指定范围[a，b]的随机整数。
- choice(seq)，从序列 seq 中随机选择一个元素。
- shuffle(x)，将列表 x 随机洗牌。
- sample(population，k)，从序列 population 中随机选出 k 个元素。

上述常用函数运行范例，如图 4-60 所示。

```
In [1]: import random  #导入random模块

In [2]: random.random()  #生成一个[0,1]的随机数
Out[2]: 0.5543507496935884

In [3]: random.uniform(10,20)  #生成一个[10,20]的随机数
Out[3]: 10.300527360586107

In [4]: random.randint(10,20)  #生成一个[10,20]的随机整数
Out[4]: 20

In [5]: random.choice(['apple','pear','orange'])  #从序列中随机选一个元素
Out[5]: 'pear'

In [6]: L = [1,2,3,4,5,6]

In [7]: random.shuffle(L)  #将列表L随机洗牌

In [8]: L
Out[8]: [3, 5, 1, 6, 4, 2]

In [9]: random.sample([1,2,3,4,5,6],3)  #随机选3个元素
Out[9]: [2, 5, 6]
```

图 4-60　随机数模块范例

4.11　数学模块

Python 提供一个数学（math）模块，实现浮点数的数学运算；提供一个复数数学（cmath）模块，实现复数的数学运算。math 和 cmath 模块包含的数学运算函数，可以用 dir

( )函数查阅，如图 4-61 所示。

```
In [1]: import math, cmath

In [2]: print(dir(math)) #查阅math模块中的数学函数
['__doc__', '__loader__', '__name__', '__package__', '__spec__', 'acos', 'acosh',
'asin', 'asinh', 'atan', 'atan2', 'atanh', 'ceil', 'copysign', 'cos', 'cosh',
'degrees', 'e', 'erf', 'erfc', 'exp', 'expm1', 'fabs', 'factorial', 'floor',
'fmod', 'frexp', 'fsum', 'gamma', 'gcd', 'hypot', 'inf', 'isclose', 'isfinite',
'isinf', 'isnan', 'ldexp', 'lgamma', 'log', 'log10', 'log1p', 'log2', 'modf',
'nan', 'pi', 'pow', 'radians', 'remainder', 'sin', 'sinh', 'sqrt', 'tan', 'tanh',
'tau', 'trunc']

In [3]: print(dir(cmath)) #查阅cmath模块中的数学函数
['__doc__', '__loader__', '__name__', '__package__', '__spec__', 'acos', 'acosh',
'asin', 'asinh', 'atan', 'atanh', 'cos', 'cosh', 'e', 'exp', 'inf', 'infj',
'isclose', 'isfinite', 'isinf', 'isnan', 'log', 'log10', 'nan', 'nanj', 'phase',
'pi', 'polar', 'rect', 'sin', 'sinh', 'sqrt', 'tan', 'tanh', 'tau']
```

图 4-61　math 和 cmath 模块包含的数学函数

math 和 cmath 模块包含的数学运算函数，例如，sin、log 等，跟数学概念上的 sin、log 一模一样，所以本书不再一一冗述。在使用 math 和 cmath 模块时，通常遵循三个步骤：

- 第一步，用 dir( ) 函数查阅 math 和 cmath 模块是否包含自己想使用的数学函数。
- 第二步，用 help( ) 函数查阅该数学函数的调用方法。
- 第三步，调用该函数。

本书以计算 30°角的正弦值为例，演示 math 模块的使用方法，如图 4-62 所示。

```
In [1]: import math #导入math模块

In [2]: print(dir(math)) #查阅math模块是否有正弦函数
['__doc__', '__loader__', '__name__', '__package__', '__spec__', 'acos', 'acosh',
'asin', 'asinh', 'atan', 'atan2', 'atanh', 'ceil', 'copysign', 'cos', 'cosh',
'degrees', 'e', 'erf', 'erfc', 'exp', 'expm1', 'fabs', 'factorial', 'floor',
'fmod', 'frexp', 'fsum', 'gamma', 'gcd', 'hypot', 'inf', 'isclose', 'isfinite',
'isinf', 'isnan', 'ldexp', 'lgamma', 'log', 'log10', 'log1p', 'log2', 'modf',
'nan', 'pi', 'pow', 'radians', 'remainder', 'sin', 'sinh', 'sqrt', 'tan', 'tanh',
'tau', 'trunc']

In [3]: help(math.sin) #查阅sin函数的调用方法
Help on built-in function sin in module math:

sin(x, /)
    Return the sine of x (measured in radians).


In [4]: help(math.radians) #查阅角度和弧度的转换
Help on built-in function radians in module math:

radians(x, /)
    Convert angle x from degrees to radians.


In [5]: rad = math.radians(30) #将30°角度转为弧度值

In [6]: math.sin(rad) #计算30°角度的正弦值
Out[6]: 0.49999999999999994
```

图 4-62　计算 30°角的正弦值

4.12　本章要点回顾

在开发大型程序的过程中，程序的模块化非常重要。模块化能大大提高程序的可读性、可维护性、可复用性。本章依次介绍了 Python 中的模块化技术：函数、模块和包，并介绍了常用的标准模块：re、datetime、calendar、time、random、math 和 cmath。学习完 Python 变量、Python 流程控制语句和本章的模块化技术，就具备开发完整 Python 程序项目的能力了。

4.13　本章练习题

题目4.1　什么是实际参数、形式参数、位置参数、关键字参数、默认参数、标准参数和不定长参数？

题目4.2　不撰写文档字符串会导致什么后果？

题目4.3　设计一个计算圆面积的函数、输入半径 r，返回圆的面积，用 Google 风格撰写好函数的文档字符串。

题目4.4　编写一个求和函数，输入任意个数值，返回所有输入参数的和。

题目4.5　什么是全局变量、局部变量和非局部变量？

题目4.6　Python 有几种类型的命名空间，各是什么，有什么区别？

题目4.7　Python 解释器在命令空间中查找变量的顺序是什么？

题目4.8　用 random.randint(1,10)，随机生成一个有 100 个元素的列表；定义一个函数，按列表元素出现次数的高低，从高到底排序。

题目4.9　用递归函数的方式实现斐波那契数列。

题目4.10　什么是 PYTHONPATH，如何创建和修改？

题目4.11　Python 解释器按照什么样的顺序来搜索模块？

题目4.12　创建一个 Python 模块，模块名：circle，模块包含两个函数，一个是计算圆面积的函数，一个是计算圆周长的函数。

题目4.13　写出导入模块 circle 的语句、导入 circle 模块中 area() 函数的语句和导入 circle 模块中所有成员的语句。

题目4.14　模块的 __name__ 属性是什么，有什么作用？

题目4.15　Python 包和模块有什么区别？

题目4.16　Python 包中的 __init__.py 是什么，有什么用？

题目4.17　导入包的语句有哪些？

题目4.18　请用命令安装 Python 包：numpy、matplotplib、pandas、requests。

题目4.19　请用 time 模块测量一个 Python 语句：p = [i for i in range(10000,100000) if str(i) == str(i)[-1::-1]] 的执行时间。

题目4.20　小学生算术练习器：随机生成 100 以内的自然数，并随机选择加、减、乘、除四种运算中的一种，并判断计算结果是否正确。

题目 4.21　请计算 π 的 6 次方、自然常数 e 的平方根。

题目 4.22　用 calendar 模块实现闰年检测。

题目 4.23　匹配以"www"起始且以".com"结尾的 Web 域名，例如，"www. baidu. com"。

第 5 章

文件与目录操作

第 2 章讲述的 Python 变量，无论是数值类型、字符串类型，还是列表，或者是字典，有一个共同的特点：存放在内存中，程序退出后，数据就会丢失。为了程序退出后，甚至电脑关闭后，数据都不会丢失，达到数据长期保存的目的，需要将程序中的数据用文件的形式保存在硬盘上。

本章将详细介绍在 Python 中如何实现文件与目录的操作。

5.1 基本文件操作

在 Python 中，一切皆对象，文件也不例外。在操作文件时，首先要用 Python 内置的 open( ) 函数打开文件并创建文件对象，然后通过文件对象提供的方法进行读、写、关闭等基本(basic)文件操作，下面将依次介绍文件对象的创建以及文件的读、写、关闭操作。

5.1.1 打开文件

在 Python 中，创建文件对象用内置的 open( ) 函数实现。open( ) 函数会打开一个文件，并返回文件对象；如果打开文件失败，会抛出 OSError。

open( ) 函数的函数原型如下所示：

> open(file, mode = 'r', buffering = -1, encoding = None, errors = None, newline = None, closefd = True, opener = None)

参数说明：

- file，文件路径，必选参数。
- mode，指定打开文件的模式，默认值为'r'，可选参数，详细说明如表 5-1 所示。
- buffering，指定缓冲策略，通常保持默认设置就行，可选参数。
- encoding，指定编码方式，默认值为 None，表示使用当前操作系统的默认编码方式，本书使用的 Windows10 中文版操作系统，其默认编码是 GBK。由于很多文本编辑器的默认编码方式跟操作系统的不一样，如图 5-1 所示，所以在打开文件的时候需要通过

encoding 参数告诉 open( )函数编码方式是什么。假设编码方式是 utf-8，则设置 encoding =
'utf-8'。请记住：Python 使用的默认编码由操作系统决定。

表 5-1　mode 参数说明

参数	含　义
'r'	以只读模式打开文本文件(默认参数)，若文件不存在，则报错
'w'	以只写模式打开文本文件，若文件存在，文件会先被清空，并从头开始编辑；若文件不存在，则新建一个文件
'x'	以新建模式打开文件，若该文件存在则报错
'a'	以追加模式打开文件，若文件存在，文件指针指向文件末尾，不会清空先前内容；若文件不存在，则新建一个文件
'b'	以二进制文件模式打开文件
't'	以文本文件模式打开文件(默认参数)
'+'	打开一个文件进行更新(可读可写)

● error，指定报错级别，默认值为 None，表示使用严格(strict)模式，通常保持默认设置就行，可选参数。

● newline，指定换行符，默认值为 None，表示使用通用换行模式(universal newlines mode)，即在读取时，'\n'、'\r'，or '\r\n' 都会被当做 '\n' 返回；在写入时，任何 '\n' 字符都会被当做系统默认的换行符，通常保持默认设置就行，可选参数。

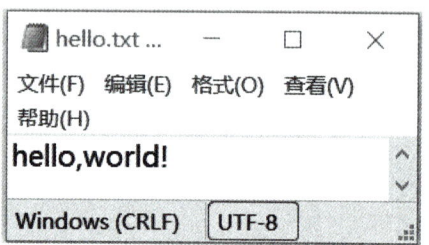

图 5-1　查看文本编辑器的编码方式

● closefd，指定是否关闭文件描述符(file descriptor)，默认值为 True，表示传入 open( )函数的是一个文件名而不是一个文件描述符。文件对象关闭后，对应的文件描述符也关闭，通常保持默认设置就行，可选参数。

● opener，传入用户自定义的打开文件的方法，默认值为 None，表示使用 Python 默认打开文件的方法，通常保持默认设置就行，可选参数。

需要注意的是：Python 严格区分打开文件模式是文本文件(text)模式，还是二进制文件(binary)模式，如图 5-2 所示。

● 二进制文件模式，mode 参数中附加 b，例如，rb、wb；当文件成功打开后，open( )函数返回的是没有任何编码的字节(bytes)文件对象。图像、声音等文件通常用二进制文件模式打开。

● 文本文件模式，mode 参数中附加 t，或者没有附加 b 或 t，例如，rt、r(r 和 rt 的意思是一样的)、w、wt；当文件成功打开后，open( )函数返回的是按照操作系统默认的编码方式或者由参数 encoding 指定的编码方式解码的字符串(string)文件对象。文本文件通常用文本文件模式打开。

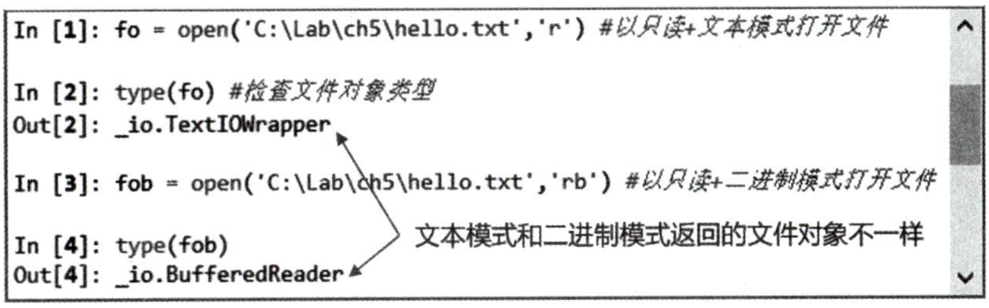

图 5-2　文本和二进制模式返回的文件对象

mode 参数可以按"[打开模式]+[文件模式]+[是否更新]"进行组合，例如：
- rb，以只读模式打开二进制文件，如图 5-2 所示。
- wb，以只写模式打开二进制文件。
- at，以追加模式打开文本文件。

用 open( ) 函数打开文件并返回文件对象的范例，如图 5-3 所示。

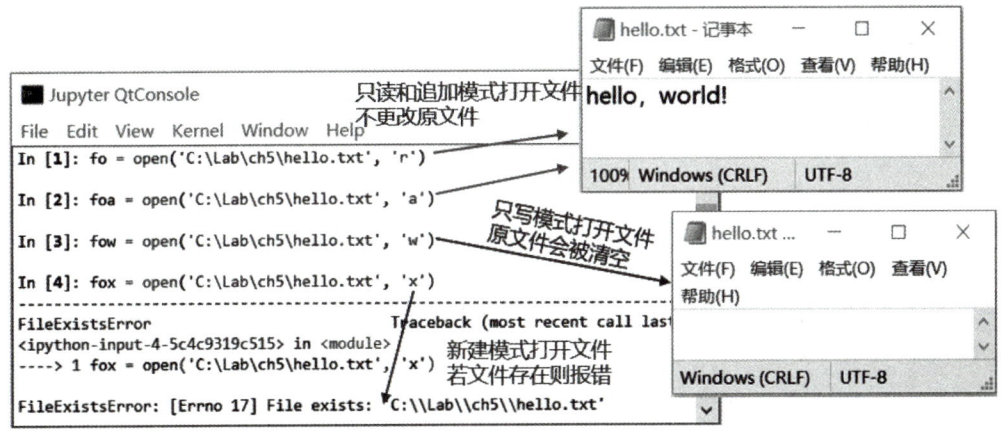

图 5-3　打开文件范例

5.1.2　文件对象的属性

从 open( ) 函数获得文件对象后，可以通过文件对象的属性获得文件相关信息，如表 5-2 所示。

表 5-2　文件对象的属性

属性名称	含　义
closed	文件已关闭，返回 True；否则，返回 False
mode	返回打开文件的模式
name	返回带绝对路径的文件名
encoding	返回编码方式

查看文件对象的属性范例，如图 5-4 所示。

```
Jupyter QtConsole 4.5.5
Python 3.7.4 (default, Aug  9 2019, 18:34:13) [MSC v.1915 64 bit (AMD64)]
Type 'copyright', 'credits' or 'license' for more information
IPython 7.8.0 -- An enhanced Interactive Python. Type '?' for help.

In [1]: f = open(r'C:\Users\43363\Documents\book_codes\ch5\hello.txt', 'rt+', encoding='utf-8')

In [2]: f.name
Out[2]: 'C:\\Users\\43363\\Documents\\book_codes\\ch5\\hello.txt'

In [3]: f.mode
Out[3]: 'rt+'

In [4]: f.encoding
Out[4]: 'utf-8'

In [5]: f.closed
Out[5]: False

In [6]: f.close() #关闭文件

In [7]: f.closed
Out[7]: True
```

图 5-4　文件对象的属性

5.1.3　关闭文件

与打开文件对应的操作是关闭文件。关闭文件是指把缓冲区内部还没有写入文件的数据写入文件，然后关闭文件。文件关闭后，不能再进行读写操作了。

关闭文件用文件对象的 close( ) 方法实现，如图 5-5 所示。

```
In [1]: fo = open('c:\Lab\ch5\hello.txt','r',encoding='utf-8')
                                          文件编码方式是：utf-8
In [2]: fo.closed
Out[2]: False        ← 检查文件打开状态

In [3]: fo.read()
Out[3]: 'hello,world!'  ← 文件在打开状态，是可进行读写操作的

In [4]: fo.close()   ← 调用close()方法，关闭文件

In [5]: fo.closed
Out[5]: True         ← 检查文件打开状态

In [6]: fo.read()    文件在关闭状态，进行读写操作会引发错误
-------------------------------------------------------------
ValueError                                Traceback (most recent call last)
<ipython-input-6-46ec01e64536> in <module>
----> 1 fo.read()

ValueError: I/O operation on closed file.
```

图 5-5　关闭文件

需要注意的是：文件的打开与关闭操作一定要成对使用，以免对文件造成不必要的破坏。

5.1.4 读取文件

在 Python 的文件对象中，与文件读取相关的方法，如表 5-3 所示。

表 5-3　与文件读取相关的方法

方法名称	功　能
read(size = -1)	读取 size 个字符，遇到文件结束符 EOF 后结束读取操作；默认值为 -1，表示读取全部字符，直到 EOF
readline(size = -1)	读取 size 个字符，遇到换行符'\n'或 EOF 后结束读取操作；默认值为 -1，表示读取换行符前的全部字符；遇到 EOF 后，返回空字符串
readlines(hint = -1)	读取不超过 hint 个字符的行，以列表形式返回；默认值为 -1，表示读取 EOF 前的全部行，并以列表形式返回
tell( )	返回文件当前位置
seek(offset , whence = 0)	设置文件当前位置；whence = 0，从头开始；whence = 1，从当前位置开始；whence = 2，从尾开始；offset 为正，则向前移动；为负，则向后移动

假设有一个多行文件，编码方式为：utf-8，如图 5-6 所示。

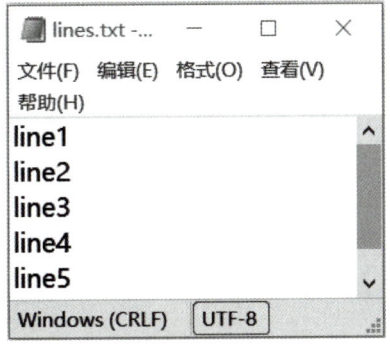

图 5-6　多行文件

文件读取范例：打开"lines.txt"文件后，依次实现读取全部字符，读取 3 个字符，读取一行，读取 3 行，读取所有行，如图 5-7 所示。

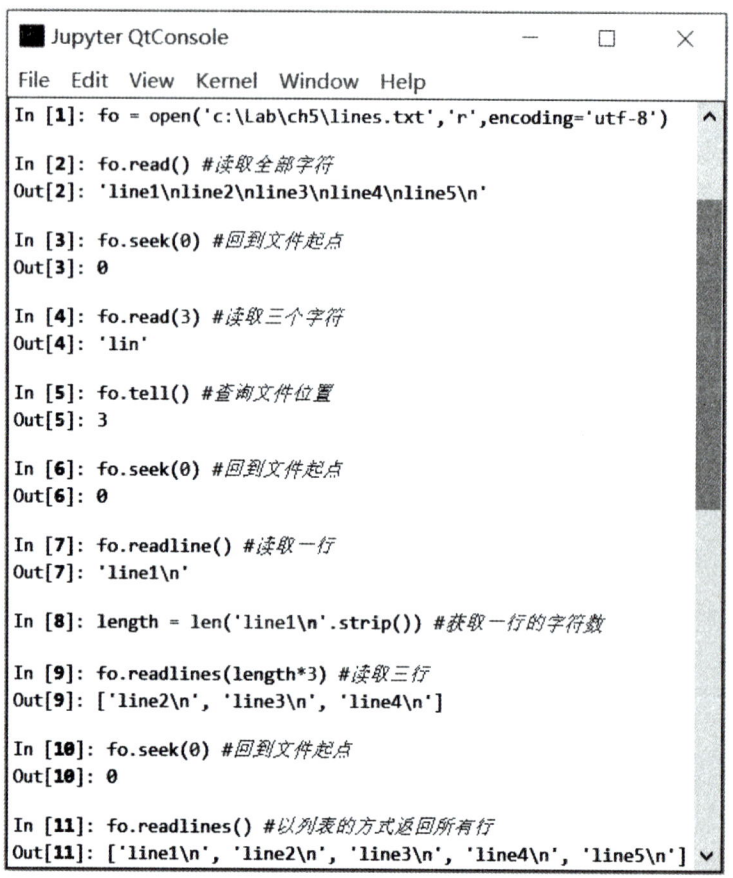

图 5-7 读取文件

5.1.5 写入文件

在 Python 的文件对象中，与文件写入相关的方法，如表 5-4 所示。

表 5-4 与文件写入相关的方法

方法名称	功　能
write(text)	将字符串 text 写入文件，并返回写入的字符数
writelines(lines)	将一个由行字符串组成的列表 lines 写入文件，若需要换行，则要手动为每个行字符串加上换行符
flush()	立即刷新文件缓冲区，把缓冲区内的数据写入文件

文件写入范例：新建一个文件"write_example.txt"，然后依次写入'123456'，'hello, world！\n'，['line1\n'，'line2\n'，'line3\n']，如图 5-8 所示。

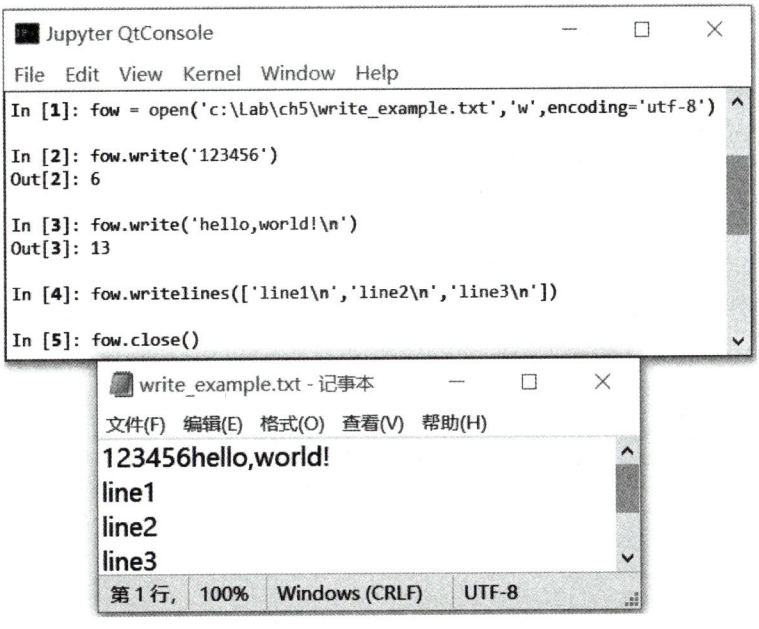

图 5-8 写入文件

5.1.6 文件操作最佳实践：with 语句

如 5.1.3 节所述，文件的打开与关闭操作一定要成对使用，以免对文件造成不必要的破坏，Python 提供了 with 语句来自动实现文件的关闭操作，让程序员在 with 语句中聚焦于文件操作本身，不用担心遗忘关闭文件的操作。

with 语句的基本语法格式为：

1. with 表达式[as 对象名]:
2.   with 语句体

用 with 语句实现打开"lines.txt"文件并读取全部行，如图 5-9 所示。

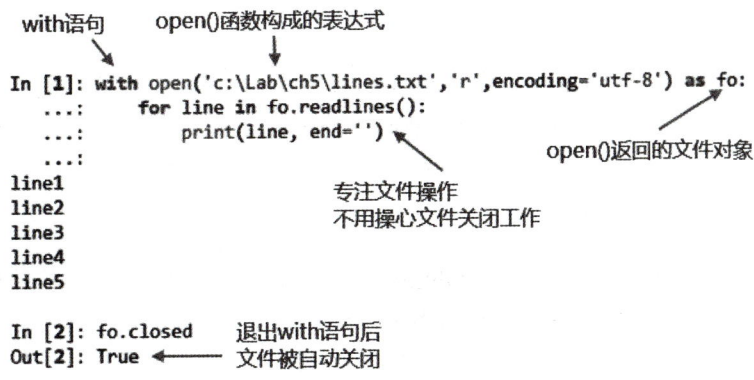

图 5-9 with 语句运行范例

与"open( )；close( )"成对调用相比，用 with 语句实现文件读写操作，更加简洁优雅，更加符合 Python 的程序设计风格，让程序员可以聚焦于文件操作本身，而不用时刻担心 close( )有没有跟 open( )成对使用。

5.2 高级文件操作

针对文件内容的读写操作，面向的对象是字节或字符串。本节即将介绍的文件操作，例如，复制文件、删除文件、修改文件访问权限等，面向的对象是文件本身，由于文件的抽象层级比字节或字符串的抽象层级更高，所以本书把针对文件本身的操作称为高级文件操作，针对文件内容的操作称为基础文件操作。

高级文件操作由 Python 内置的 shutil 模块和 os 模块中的函数实现，shutil 全称 shell utility，顾名思义 shutil 模块里面是与 shell（一种实现用户与操作系统之间交互的程序）工具相关的函数；os 全称是 operating system，顾名思义 os 模块里面是与操作系统相关的函数。

5.2.1 shutil 模块中的常用文件操作

shutil 模块中的常用文件操作主要有：复制文件、移动文件、压缩文件等；与复制文件相关的函数，如表 5-5 所示。

表 5-5　shutil 模块中的与复制文件相关的函数

函数名称	功　　能
copyfile(src, dst)	将源文件 src 的内容复制到目标文件 dst；目标文件若不存在，先会自动创建目标文件
copymode(src, dst)	将源文件 src 的模式而不是内容复制到目标文件 dst；目标文件若不存在，将引发 FileNotFoundError 错误
copystat(src, dst)	将源文件 src 的统计信息，例如，最后修改时间、最后访问时间、访问权限等复制到目标文件 dst；跟 copymode 一样，文件内容不会复制；目标文件若不存在，将引发 FileNotFoundError 错误
copy(src, dst)	将源文件 src 的内容和模式复制到目标文件 dst，相当于 copyfile( ) + copymode( )
copy2(src, dst)	除了实现 copy( )函数的全部功能外，还把统计信息复制到目标文件 dst，相当于 copy( ) + copystat( )

假设有一个属性为"只读"的文件 hello.txt，分别用 copyfile( )、copy( )和 copy2( )复制，运行结果如图 5-10 所示。

图 5-10 复制文件

移动文件：与移动文件相关的函数，如表 5-6 所示。

表 5-6 shutil 模块中的与移动文件相关的函数

函数名称	功　能
move(src, dst)	与 Unix 的 "mv" 命令功能类似，把源文件或源文件夹移动到目标文件或文件夹 dst；若源文件和目标文件为同一文件，则引发 SameFileError 错误

move( ) 函数的使用范例，如图 5-11 所示。

```
In [1]: import shutil, os  #导入shutil,os模块

In [2]: os.listdir('c:\Lab\ch5')  #查看ch5文件夹下的文件
Out[2]: ['hello.txt', 'hello_copy.txt', 'hello_copy2.txt', 'hello_copyfile.txt']

In [3]: os.listdir('c:\Lab\move_dst')  #查看move_dst文件夹下的文件
Out[3]: []
                           用move()函数移动hello_copy.txt文件
In [4]: shutil.move('c:\Lab\ch5\hello_copy.txt','c:\Lab\move_dst\hello_copy.txt')
Out[4]: 'c:\\Lab\\move_dst\\hello_copy.txt'

In [5]: os.listdir('c:\Lab\move_dst')  #查看move_dst文件夹下的文件
Out[5]: ['hello_copy.txt']  ← hello_copy.txt文件被移动到move_dst文件夹

In [6]: os.listdir('c:\Lab\ch5')  #查看ch5文件夹下的文件
Out[6]: ['hello.txt', 'hello_copy2.txt', 'hello_copyfile.txt']
```

图 5-11 move( ) 函数使用范例

压缩文件：在 shutil 模块中，实现文件压缩的函数是 make_archive()，其函数原型为：

1. make_archive(base_name, format, root_dir=None, base_dir=None, verbose=0, dry_run=0, owner=None, group=None, logger=None)

参数说明：

- base_name，压缩打包后的文件名，必选参数。
- format，压缩格式，可以是"zip"，"tar"，"gztar"，"bztar"，"xztar"，必选参数。
- base_dir，被压缩的文件或目录。
- 其余参数通常保持默认值。

make_archive()函数的使用范例，如图 5-12 所示。

```
In [1]: import shutil, os  #导入shutil,os模块

In [2]: os.listdir('c:/Lab/archive')  #查看archive文件夹
Out[2]: ['file1.txt', 'file2.txt', 'file3.txt']

In [3]: os.listdir('c:/Lab/ch5')  #查看ch5文件夹
Out[3]: ['hello.txt', 'hello_copy2.txt', 'hello_copyfile.txt']

In [4]: shutil.make_archive('c:/Lab/ch5/files','zip',base_dir='C:/Lab/archive')
Out[4]: 'c:/Lab/ch5/files.zip'

In [5]: os.listdir('c:/Lab/ch5')  #查看ch5文件夹
Out[5]: ['files.zip', 'hello.txt', 'hello_copy2.txt', 'hello_copyfile.txt']
```

图 5-12　make_archive()函数使用范例

解压缩文件：在 shutil 模块中，实现文件解压缩的函数是 unpack_archive()，其函数原型为：

1. unpack_archive(filename, extract_dir=None, format=None)

参数说明：

- filename，待解压的文件，必选参数。
- extract_dir，存放解压文件的文件夹，默认参数 None 意味着解压文件存放在当前文件夹中，可选参数。
- format，压缩格式，可以是"zip"，"tar"，"gztar"，"bztar"，"xztar"，默认参数 None 意味着 unpack_archive()函数用待解压文件的扩展名作为压缩格式，可选参数。

假设在 ch5 文件夹中有一个名为 files.zip 的压缩文件，里面有 file1.txt、file2.txt、file3.txt，用 unpack_archive()函数解压 files.zip，如图 5-13 所示。

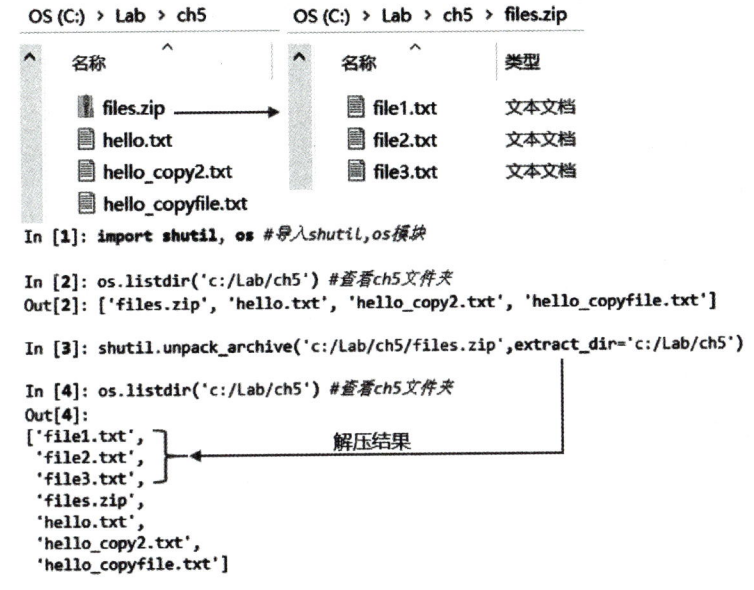

图 5-13 unpack_archive( )函数使用范例

5.2.2 os 模块中的常用文件操作

os 模块中的常用文件操作主要有删除文件、文件重命名、修改文件访问权限等，如表 5-7 所示。

表 5-7 os 模块中的高级文件操作

函数名称	功　能
access(path, mode)	返回指定文件/目录的访问权限，mode 参数可以是：os.F_OK，存在；os.R_OK，可读；os.W_OK，可写；os.X_OK，可执行。若符合文件的访问权限与 mode 一致，则返回 True；否则，返回 False
chmod(path, mode)	修改文件/目录的访问权限；尽管 Windows 支持 chmod( )，但只有 stat.S_IREAD（只读）和 stat.S_IWRITE（可写）有效
remove(path)	删除 path 指定的文件，若文件不存在则引发 NotImplementedError 错误，所以在删除文件前，请用 access( )检查文件的存在性
stat(path)	返回文件的统计信息
rename(src, dst)	将文件或目录 src 重命名为 dst

使用表 5-7 中函数完成文件高级操作的范例，如图 5-14 所示。

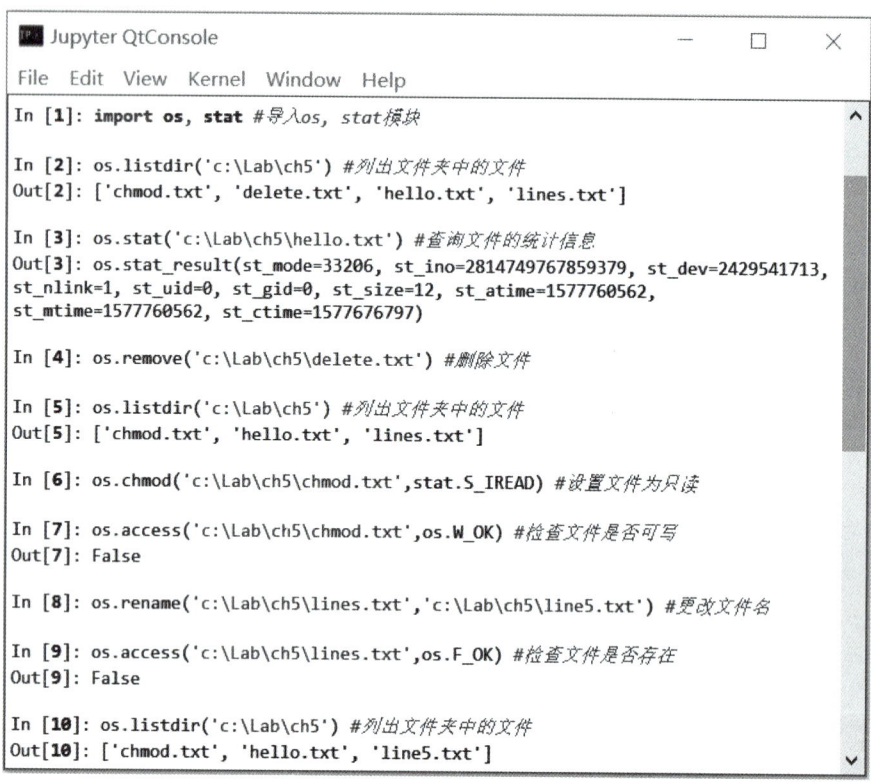

图 5-14 os 模块中的文件高级操作

5.3　目录操作

保存文件的文件夹，也称为目录，通过目录可以有层次有逻辑地存放文件。在 Python，对于目录的查询、删除、遍历等操作由 os 和 os.path 模块中的函数实现；对于目录树的复制和删除，由 shutil 模块中的函数实现。

5.3.1　shutil 模块中操作目录的函数

shutil 模块中对目录的操作主要有复制目录树和删除目录树，如表 5-8 所示。

表 5-8　shutil 模块中的目录操作

函数	功　　能
copytree(src, dst)	将源目录树 src 拷贝到目标目录 dst 中。在拷贝过程中，创建所有不存在的目录，若目录树已存在，则引发 FileExistsError 错误
rmtree(path)	将指定目录树删除，遇到只读属性的文件或文件夹，则引发 PermissionError 错误

复制目录树和删除目录树的范例程序,如图 5-15 所示。

```
In [1]: import shutil, os  #导入shutil,os模块

In [2]: shutil.copytree(r'c:\Lab\ch5', r'C:\1')  #拷贝ch5文件夹到1文件夹
Out[2]: 'C:\\1'                      复制成功

In [3]: shutil.rmtree(r'C:\1')  #删除1文件夹及其文件
```

图 5-15　复制和删除目录树

5.3.2　os 模块中操作目录的函数

os 模块中与目录操作相关的函数有查询当前工作路径、创建目录、删除目录等,如表 5-9 所示。

表 5-9　os 模块中的目录操作

函数/属性	功　能
os.name	返回当前操作系统类型,'nt' 指 Windows,'posix' 指 Unix、Linux、Mac OS
os.sep	返回当前操作系统所使用的路径分隔符
getcwd()	返回当前工作目录(current working directory)
access(path, mode)	返回指定文件/目录的访问权限,path 可以是文件,也可以是目录。mode 参数可以是:os.F_OK,存在;os.R_OK,可读;os.W_OK,可写;os.X_OK,可执行;若符合文件的访问权限与 mode 一致,则返回 True;否则,返回 False
chmod(path, mode)	修改文件/目录的访问权限,path 可以是文件,也可以是目录;尽管 Windows 支持 chmod(),但只有 stat.S_IREAD(只读)和 stat.S_IWRITE(可写)有效
listdir(path=None)	返回指定目录 path 下的所有文件和文件夹的名字列表,默认值为 None,意思是当前目录
chdir(path)	把指定目录 path 设置为当前目录
mkdir(path)	创建 path 目录;若指定目录已存在,引发 FileExistsError 错误
rmdir(path)	删除 path 目录;若指定目录不存在,引发 FileNotFoundError 错误
makedirs(name, mode=511, exist_ok=False)	创建 name 指定的多级目录;与 mkdir() 的区别是:mkdir() 只创建最后一级目录,若中间级目录不存在,则会报错;makedirs() 不仅创建最后一级目录,中间不存在的目录也会一并创建
removedirs(name)	把 name 指定的多级目录中的所有空目录全部删掉;与 rmdir() 的区别是:rmdir() 只删除最后一级目录;removedirs() 删除 name 指定的多级目录中所有空目录
walk(top, topdown=True, onerror=None, followlinks=False)	遍历目录树,并返回由路径名、文件夹名和文件名组成的 3 元素元组

os 模块中的目录操作的范例，如图 5-16 所示。

```
In [1]: import os  #导入os模块

In [2]: os.name  #返回当前操作系统类型
Out[2]: 'nt'

In [3]: os.sep  #返回当前操作系统所使用的路径分隔符
Out[3]: '\\'

In [4]: os.getcwd()  #返回当前工作目录
Out[4]: 'C:\\Users\\43363'

In [5]: os.listdir('c:/Lab/ch5')  #列出ch5文件夹中的文件和文件夹
Out[5]: ['hello.txt', 'hello_copy2.txt', 'hello_copyfile.txt']

In [6]: os.chdir('c:/Lab/ch5')  #设置ch5为当前目录

In [7]: os.getcwd()  #返回当前工作目录
Out[7]: 'c:\\Lab\\ch5'   ← 成功将ch5设为当前工作目录

In [8]: os.mkdir('dir')  #当前目录下创建dir文件夹
                创建成功
In [9]: os.listdir('c:/Lab/ch5')  #列出ch5文件夹中的文件和文件夹
Out[9]: ['dir', 'hello.txt', 'hello_copy2.txt', 'hello_copyfile.txt']

In [10]: os.rmdir('dir')  #删除当前目录的dir文件夹
                删除成功
In [11]: os.listdir('c:/Lab/ch5')  #列出ch5文件夹中的文件和文件夹
Out[11]: ['hello.txt', 'hello_copy2.txt', 'hello_copyfile.txt']
```

图 5-16　目录操作范例

makedirs( ) 和 removedirs( ) 函数的使用范例，如图 5-17 所示。

```
In [1]: import os  #导入os模块

In [2]: path = 'c:/1/2/3'  #指定路径，文件夹1,2,3都不存在

In [3]: os.mkdir(path)   中间目录不存在，创建失败
---------------------------------------------------------------
FileNotFoundError                         Traceback (most recent call last)
<ipython-input-3-818edfc38221> in <module>
----> 1 os.mkdir(path)

FileNotFoundError: [WinError 3] 系统找不到指定的路径。: 'c:/1/2/3'
                                    创建c:/1/2/3成功
In [4]: os.makedirs(path) ─────────────────────────────→

In [5]: os.removedirs(path)  #删除指定目录以及所有空的子目录
```

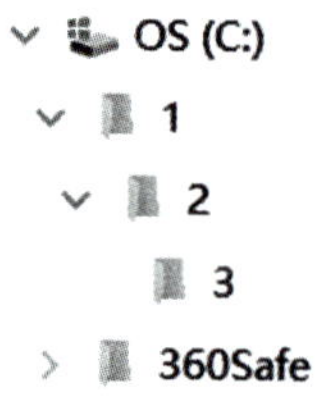

图 5-17　makedirs( ) 和 removedirs( ) 函数使用范例

walk( ) 函数的使用范例，如图 5-18 所示。

```
In [1]: import os  #导入os模块

In [2]: from os.path import join, getsize  #导入join,getsize函数

In [3]: for root, dirs, files in os.walk('c:\Lab'):  #遍历Lab文件夹
   ...:     print(root, "consumes:", end="")
   ...:     print(sum([getsize(join(root, name)) for name in files]), end="")
   ...:     print("bytes in", len(files), "non-directory files")
   ...:
c:\Lab consumes:35bytes in 1 non-directory files
c:\Lab\archive consumes:0bytes in 3 non-directory files
c:\Lab\ch1 consumes:138bytes in 1 non-directory files
c:\Lab\ch3 consumes:3326bytes in 13 non-directory files
c:\Lab\ch4 consumes:2190bytes in 8 non-directory files
c:\Lab\ch4\__pycache__ consumes:432bytes in 1 non-directory files
c:\Lab\ch5 consumes:36bytes in 3 non-directory files
c:\Lab\move_dst consumes:12bytes in 1 non-directory files
```
（遍历Lab文件夹打印目录树）

图 5-18　walk( ) 函数遍历指定目录

5.3.3　os.path 模块中操作路径的函数

路径是一个定位文件或文件夹的字符串，目录之间使用路径分隔符进行分隔，不同的操作系统使用的路径分隔符不一样，可以用 os.sep 查询。

在 Windows 中，路径分隔符为反斜杠 '\'，刚好跟字符串中的转义字符 '\' 一模一样。为了以示区别，在 Windows 中正确表达路径字符串有三种形式：

- 双反斜杠 '\\'，例如，'c:\\Lab\\ch5\\test'。
- 在字符串前面加入小写的 r，例如，r'c:\Lab\ch5\test'。
- 用单正斜杠 '/'，例如，'c:/Lab/ch5/test'。

路径分为绝对路径和相对路径。绝对路径是指从根目录开始的完整路径，例如，"C:\Lab\ch5\hello.txt"。相对路径：以当前工作目录为起点的路径，当前工作目录可以用 os.getcwd( ) 查到。Python 解释器通过把当前工作目录和相对路径拼接起来，获得完整路径，例如，若当前工作目录是 "C:\Lab\ch5"，输入相对路径 "hello.txt"，则可以得到 hello.txt 文件的完整路径是 "C:\Lab\ch5\hello.txt"。

与路径操作相关的函数在 os.path 模块中，主要有获取文件或文件夹的绝对路径、把目录和文件名连接起来等，如表 5-10 所示。

表 5-10　os.path 模块中的路径操作

函数	功　能
abspath(path)	返回 path 指定的文件或文件夹的绝对路径
basename(path)	返回 path 路径中的最后一级文件名或文件夹名
dirname(path)	从 path 路径中提取目录名
exists(path)	检测目录 path 是否存在：存在，返回 True；不存在，返回 False
getsize(filename)	返回指定文件 filename 的大小

续表

函数	功　能
isabs(s)	检测 s 是否为存在的绝对路径：是，返回 True；不是，返回 False
isdir(path)	检测 path 是否为存在的目录：是，返回 True；不是，返回 False
isfile(path)	检测 path 是否为存在的文件：是，返回 True；不是，返回 False
join(path, name)	用 path 指定的路径，和 name 指定的文件或文件夹，合成新的路径
split(path)	分离 path 指定的路径，返回 (head, tail) 元组
splitdrive(path)	从 path 指定的路径分离出驱动器名和剩余路径
splitext(path)	从 path 指定的文件中分离出文件名和扩展名

os.path 模块中的路径操作的范例，如图 5-19 所示。

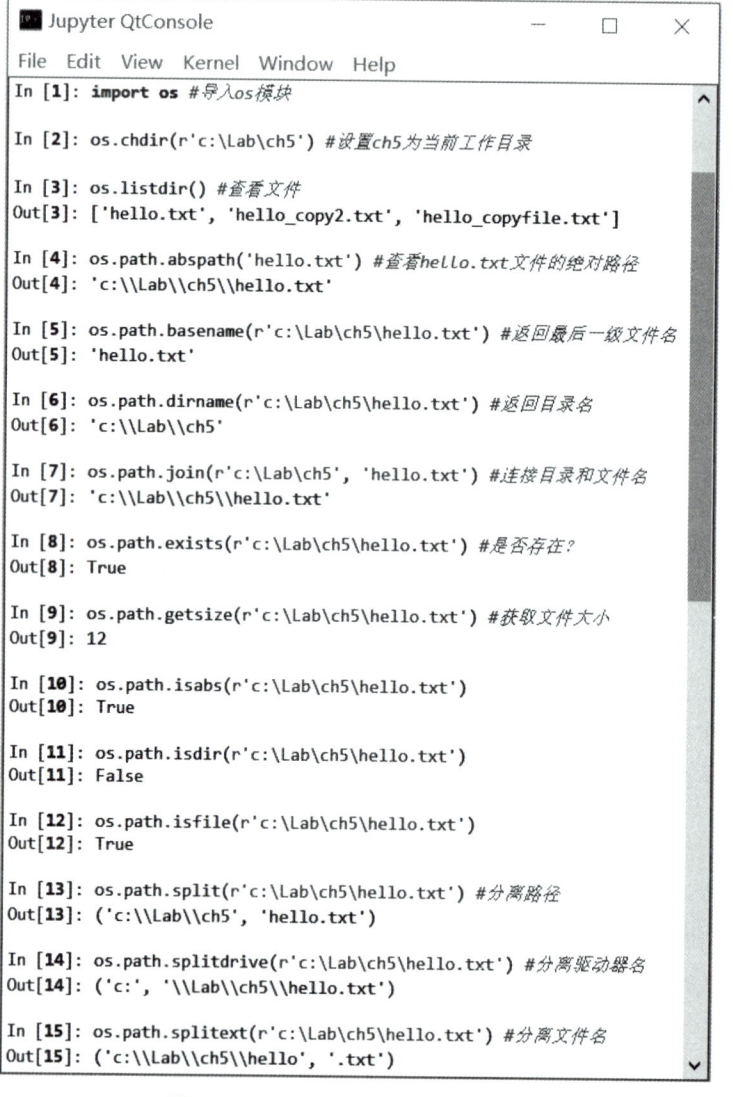

图 5-19　os.path 模块中的路径操作

5.4 本章要点回顾

熟练掌握文件和目录操作是开发 Python 程序的必备技能之一，本章详细介绍了 Python 中的文件操作，包括文件的打开、读写、移动、复制等；还介绍了 Python 的目录操作，包括目录的创建、复制、移动、删除等；以及路径操作，包括合成路径和拆分路径等。

5.5 本章练习题

题目 5.1　请新建一个文本文件 hello_world.txt，写入五行"hello，world！：i"，i 从 0 到 4。

题目 5.2　请打开文本文件 hello_world.txt，追加五行"hello，world！：i"，i 从 5 到 9。

题目 5.3　以只读模式打开文本文件 hello_world.txt，读入所有行并输出。

题目 5.4　删除 hello_world.txt 文件中 i 为奇数的行。

题目 5.5　获取当前的工作路径、Python 模块的搜索路径、hello_world.txt 文件的绝对路径、从绝对路径中拆分出最后一级文件名、从绝对路径中提取出目录名、从绝对路径中拆分出目录和文件名、将拆分出的目录和文件名合成一个路径。

题目 5.6　在当前文件夹下将 hello_world.txt 文件复制为 hello_world_bak.txt。

题目 5.7　将 hello_world_bak.txt 文件重命名为 hello_world_copied.txt。

题目 5.8　将 hello_world_copied.txt 文件删除。

题目 5.9　输出当前操作系统的类型和路径分割符。

题目 5.10　创建文件夹 hello，输出当前目录中的所有文件和文件夹的名字；删除文件夹 hello，输出当前目录中的所有文件和文件夹的名字。

第 6 章

类和对象

面向对象程序设计（object-oriented programming，OOP）是一种具有对象概念的功能强大的编程范式，完美地实现了软件工程的三个主要目标：

- 重用性。
- 灵活性。
- 扩展性。

面向对象程序设计以对象为核心，该方法认为程序由一系列对象组成。类是对现实世界的抽象，包括表示静态属性的数据和对数据的操作，对象是类的实例化。对象间通过消息传递相互通信，来模拟现实世界中不同实体间的相互作用。

在 Python 中，一切皆对象，变量、字符串、函数、方法、模块等都是对象，如图 6-1 所示。这意味着在 Python 中所有的东西都有自己的属性和方法，都可以将自己的引用赋值给变量并传递。这种大统一的视角和使用方式极大提高了 Python 的易用性。

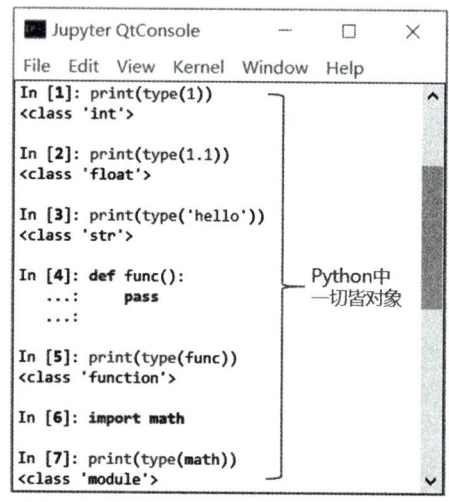

图 6-1 一切皆对象

本章将介绍 Python 程序设计中面向对象的基本知识，涵盖什么是类、如何定义类、如何实例化对象、如何访问对象的属性和方法等。

6.1 类和对象的基本概念和操作

6.1.1 什么是类？

从概念的角度来看，类就像一个"模具"或设计蓝图，里面包含对象的详细定义，例如，做糕点的模具，建造大楼用的设计蓝图等；对象是根据"类"这个模具或设计蓝图制造出来的真实物体，例如，糕点、大楼等，如图 6-2 所示。

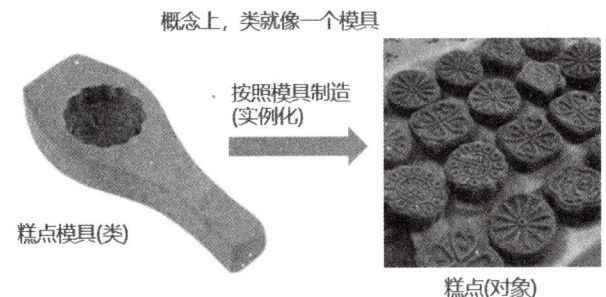

图 6-2　类就像一个模具

从代码的角度来看，类是一段可以复用的代码，里面封装了类的属性和方法的详细定义，如图 6-3 所示。

在 Python 中，类的实例化是 Python 解释器依据类的定义在内存中"制造"对象的过程。Python 解释器把对象制造出来后，会把该对象的引用存储在变量中；程序员通过这个变量，便可以访问该对象了。

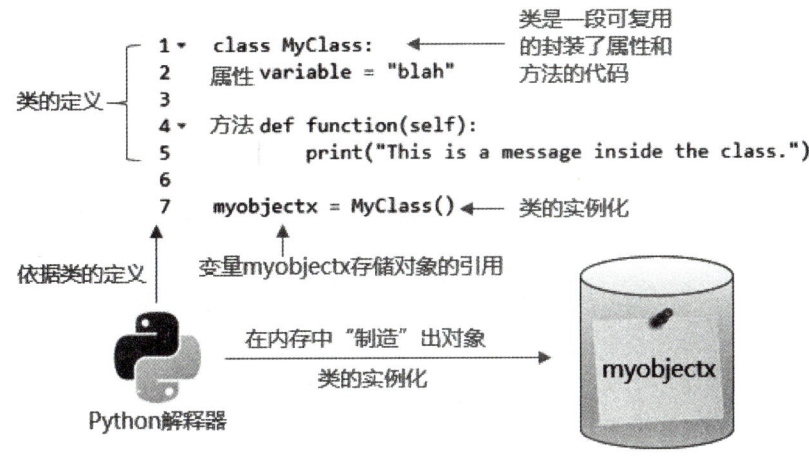

图 6-3　类的定义和实例化

6.1.2　定义类

在 Python 中，类的定义通过关键字"class"来实现，一个类包括类名、类的文档字符串、方法定义和属性定义等，如图 6-4 所示。在定义类的过程中，通过把数据（属性）和数据的操作（方法）一起放在类的里面而不是外面定义，实现了数据封装。同时，让类的使用者不能直接访问类中被认为需要对用户隐藏的数据，实现了信息隐藏。

在类的定义中，必不可少的是类名，没有类名，会引发语法错误，类名后面紧跟基类列表。在 Python 3 中，所有类默认从 object 基类继承，即便基类列表为空。

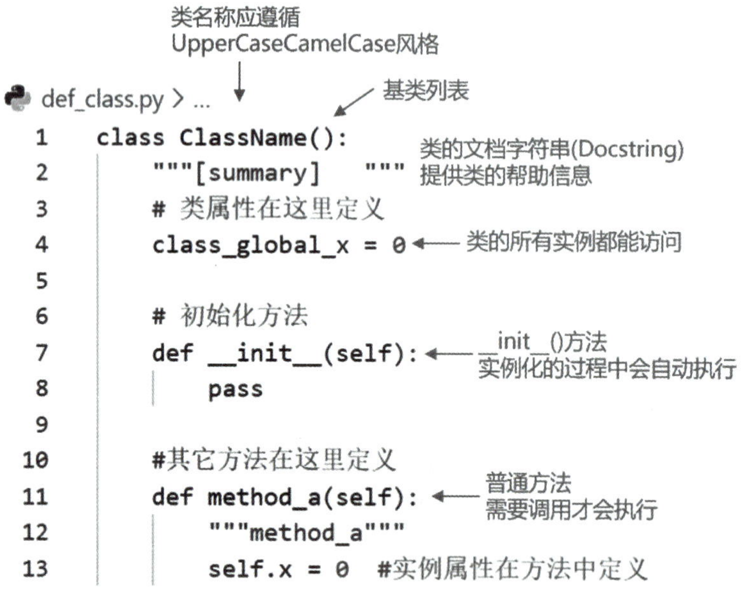

```
 def_class.py > ...
1  class ClassName():
2      """[summary]"""
3      # 类属性在这里定义
4      class_global_x = 0
5
6      # 初始化方法
7      def __init__(self):
8          pass
9
10     #其它方法在这里定义
11     def method_a(self):
12         """method_a"""
13         self.x = 0    #实例属性在方法中定义
```

类名称应遵循 UpperCaseCamelCase风格

基类列表

类的文档字符串(Docstring) 提供类的帮助信息

类的所有实例都能访问

__init__()方法 实例化的过程中会自动执行

普通方法 需要调用才会执行

图 6-4 定义一个类

类的文档字符串提供类的帮助信息，可以让使用者通过 help( ) 函数查阅。虽然缺失文档字符串不会引发语法错误，但会造成使用者找不到帮助信息，推荐在定义类的时候撰写风格良好的文档字符串。

__init( )__方法可以省略，省略意味着继承父类的__init__( )方法；若需要在实例化对象的时候对对象的属性进行初始化，则可以把所有的初始化工作放在__init( )__方法中。__init( )__方法会在对象的实例化过程中自动执行。

在 Python 中，类的方法与普通函数有一个明显的区别——类的方法必须有一个额外的在输入参数列表中排在第一位的参数 self，这个特别的参数用于引用对象本身。在调用方法的时候，调用者不需要显式为这个参数赋值，Python 解释器会自动为 self 参数赋值。

"self"不是 Python 中的关键字，在定义方法的时候，可以把参数列表中排在第一位的参数命名为其他名字，例如，this、it 等，都不会引发语法问题。在 Python 社区中，大家约定俗成用"self"这个名字，所以希望读者遵循这个命名规则，也用"self"作为方法的第一个参数的名字。

【范例 6-1】定义一个圆类，属性有：半径 r，初始值为 1.0；方法有：设置半径值，获取半径值，计算周长，计算面积。如代码清单 6-1 所示。

代码清单 6-1　定义圆类

```
1. from math import pi        #导入 π 常量
2.
3. class Circle( ):
4.     """ 定义圆类 """
```

```
5.    def __init__(self, r=1.0):           #初始化属性 r
6.        self.r = r
7.
8.    def get_radius(self):                 #获取半径的值
9.        return self.r
10.
11.   def set_radius(self, r):              #设置半径的值
12.       self.r = r
13.
14.   def calc_circumference(self):         #计算圆周长
15.       return 2 * pi * self.r
16.
17.   def calc_area(self):                  #计算圆面积
18.       return pi * self.r ** 2
```

6.1.3 实例化对象

类定义完毕后，需要把类实例化(object initialisation)才能使用。类相当于模具或设计蓝图，对象相当于按照模具或设计蓝图制造出来的真实物体，对象在类的实例化中被创建。

对象实例化的语法是：

```
对象变量名 = 类名(参数列表)
```

假设已经定义好一个圆类，实例化一个小圆对象"small_circle"，如图 6-5 所示。

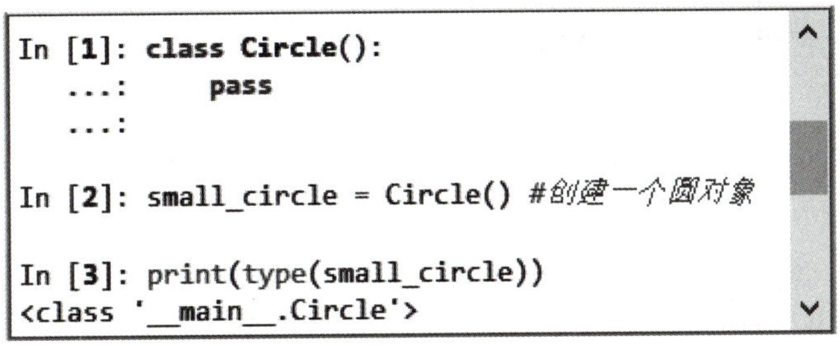

```
In [1]: class Circle():
   ...:     pass
   ...:

In [2]: small_circle = Circle()  #创建一个圆对象

In [3]: print(type(small_circle))
<class '__main__.Circle'>
```

图 6-5　实例化 small_circle 对象

用 type( ) 函数查看"small_circle"的类型，从图 6-5 中可以看到，是 __main__ 模块中定义的 Circle 类。

6.1.4 初始化对象

在 Python 中，类有很多内建属性和方法，用 dir( ) 函数可以查看，如图 6-6 所示。

```
In [1]: class Circle():
   ...:     pass
   ...:

In [2]: print(dir(Circle)) #查看属性和方法
['__class__', '__delattr__', '__dict__', '__dir__', '__doc__', '__eq__',
'__format__', '__ge__', '__getattribute__', '__gt__', '__hash__', '__init__',
'__init_subclass__', '__le__', '__lt__', '__module__', '__ne__', '__new__',
'__reduce__', '__reduce_ex__', '__repr__', '__setattr__', '__sizeof__',
'__str__', '__subclasshook__', '__weakref__']
```

图 6-6 类的内建属性和方法

根据 Python 命名约定，名字前后有双下划线的，是内建变量、方法或函数，由对应的 Python 系统组件访问或调用，区别于用户定义的普通变量、方法或函数。

在实例化对象的过程中，Python 解释器首先调用 __ new __()方法来创建对象，然后调用 __ init __()方法来初始化对象。在 Python 中，对象实例化 = 创建对象 + 初始化对象。

默认情况下，__ new __()方法会按照类的定义完成对象创建工作，不需要程序员重写 __ new __()方法。

当对象的属性需要初始化时，需要程序员重写 __ init __()方法，因为默认的 __ init __()方法什么都不会做。

用户通过对象实例化语句传给对象的初始化参数会直接传给 __ init __()方法，然后 __ init __()方法根据用户传入的参数初始化对象的属性，如图 6-7 所示。

```
In [1]: class Circle():  #定义Circle类
   ...:     def __init__(self, r, name):   ← 初始化
   ...:         self.r = r                    对象的属性
   ...:         self.name = name
   ...:         print('hello, from {0:s}.__init__'.format(self.name))
   ...:   用户输入的参数
          传递给__init__()方法
In [2]: small_circle = Circle(1.0, 'small_circle')  #实例化small_circle
hello, from small_circle.__init__    ← __init__()方法
                                       在对象实例化过程中自动被执行
In [3]: small_circle.r  #查看属性r
Out[3]: 1.0
```

图 6-7 初始化 small_circle 对象

在定义 __ init __()方法时，参数列表中的第一个参数是系统使用的参数，按照惯例，取名为"self"，"self"后面的参数列表需要用户输入，参数与参数之间用逗号","分隔。

完成 __ init __()方法重写（override）后，对象的初始化工作会由用户重新定义的 __ init __()方法代替默认的 __ init __()方法来完成。

从语法的角度讲，__ init __()方法的定义可以放在类的任意位置，但在 Python 社区中，大家都习惯把 __ init __()方法放在第一个方法的位置，希望读者也遵循这个习惯。

6.1.5 创建并访问类的成员

类的成员包括：属性和方法。属性是在类中定义的变量，方法是在类中定义的函数。在 Python 中，方法与普通函数的区别是方法在类中定义，且参数列表的第一个参数一定是

"self"，普通函数在类外定义，第一个参数不是"self"。

根据访问权限的不同，类的成员可以分为公有类型、私有类型和受保护类型。在 Python 中，没有严格的语法机制来支持访问权限，但有约定俗成的命名规则：

- 名字首尾加双下划线，例如，__ name __，表示这是系统内建类型，一般情况下，不需要用户重写或访问。用户强行访问不会引发错误。
- 名字开头加双下划线，例如，__ name，表示这是私有类型(private)。私有类型成员只能在类的定义中被访问，不能被类和子类的实例访问，用户强行访问会引发 AttributeError 错误。为了防止用户访问，Python 解释器会在双下划线名称前面自动加上"_类名"做前缀，例如，_Circle __ private，用 dir( ) 函数可以查知。
- 名字开头加单下划线，例如，_name，表示这是受保护类型(protected)。保护类型成员可以在类的定义中被访问，还可以被子类访问，但不能被类的实例访问。它告诉程序员，不要访问我，除非你是子类。用户强行访问会引发错误。
- 名字首尾不加下划线，例如，name，表示这是公有类型(public)。公有类型成员可以被类的实例和子类的实例访问。

创建和访问公有类型、私有类型和受保护类型的属性的范例，如图 6-8 所示。

创建和访问公有类型、私有类型和受保护类型的方法的范例，如图 6-9 所示。

```
In [1]: class Circle():
   ...:     def __init__(self, public, protected, private):
   ...:         self.public = public
   ...:         self._protected = protected
   ...:         self.__private = private        ← 私有属性只能在类定义中访问
   ...:         print('private is: {0:s}'.format(self.__private))
   ...:

In [2]: ppp_circle = Circle('Public', 'Protected', 'Private')
private is: Private

In [3]: ppp_circle.public          ← 通过对象访问公有属性
Out[3]: 'Public'

In [4]: ppp_circle._protected      ← 通过对象访问受保护属性
Out[4]: 'Protected'

In [5]: ppp_circle.__private       ← 通过对象访问私有属性，引发错误
---------------------------------------------------------------------
AttributeError                            Traceback (most recent call last)
<ipython-input-5-5ac601cc4f80> in <module>
----> 1 ppp_circle.__private

AttributeError: 'Circle' object has no attribute '__private'
                        私有属性__private被改为_Circle__private
In [6]: print(dir(ppp_circle))
['_Circle__private', '__class__', '__delattr__', '__dict__', '__dir__',
 '__doc__', '__eq__', '__format__', '__ge__', '__getattribute__', '__gt__',
 '__hash__', '__init__', '__init_subclass__', '__le__', '__lt__', '__module__',
 '__ne__', '__new__', '__reduce__', '__reduce_ex__', '__repr__', '__setattr__',
 '__sizeof__', '__str__', '__subclasshook__', '__weakref__', '_protected',
 'public']  ← 公有属性public                                  ↑
                                                      受保护属性_protected
In [7]: ppp_circle.__module__      ← 通过对象访问内建属性
Out[7]: '__main__'
```

图 6-8　创建并访问类的属性

```
In [1]: class Print():
   ...:     def __init__(self):
   ...:         self.__print()          ← 私有方法只能在类定义中访问
   ...:     def print(self):            ← 定义公有方法
   ...:         print("public method!")
   ...:     def _print(self):           ← 定义受保护方法
   ...:         print("protected method!")
   ...:     def __print(self):          ← 定义私有方法
   ...:         print("privated method!")
   ...:

In [2]: ppp_print = Print()
privated method!

In [3]: ppp_print.print()   ← 通过对象访问公有方法
public method!

In [4]: ppp_print._print()  ← 通过对象访问受保护方法
protected method!

In [5]: ppp_print.__print() ← 通过对象访问私有方法,引发错误
---------------------------------------------------------------------------
AttributeError                            Traceback (most recent call last)
<ipython-input-5-b634e9ecc5e0> in <module>
----> 1 ppp_print.__print()

AttributeError: 'Print' object has no attribute '__print'
```

图 6-9　创建并访问类的方法

6.1.6　类属性和实例属性

在类定义中的属性根据定义所在的位置,可以分为类属性(class attribute)和实例属性(instance attribute):

- 类属性,在方法外定义,由该类的所有实例只读共享,意思是用"对象名.属性名"只能读取不能改写类属性,类属性只能通过"类名.属性名"来修改。
- 实例属性,在方法内定义,由该类的每个实例独享,每个实例都有自己单独的拷贝。用"对象名.属性名"可以修改实例属性。

类属性和实例属性的定义与使用范例,如图 6-10 所示。

将类属性的定义放在紧挨 class 关键字或者类文档字符串的下一行,如图 6-10 所示,这是 Python 社区约定俗成的好风格。

```
In [1]: class Circle():
   ...:     name = "I'm a circle."  #定义类属性
   ...:     def __init__(self, r):
   ...:         self.r = r  #定义实例属性
   ...:

In [2]: small_circle = Circle(1.0)  #实例化small_circle

In [3]: medium_circle = Circle(5.0) #实例化medium_circle

In [4]: small_circle.name   #访问类属性
Out[4]: "I'm a circle."

In [5]: medium_circle.name  #访问类属性
Out[5]: "I'm a circle."

In [6]: small_circle.r   #访问实例属性
Out[6]: 1.0                         实例属性为
                                    每个实例所独有
In [7]: medium_circle.r  #访问实例属性
Out[7]: 5.0
                                    类属性通过类名.属性名来修改
In [8]: Circle.name = "changed by Circle"  #修改类属性

In [9]: small_circle.name  #访问类属性
Out[9]: 'changed by Circle'
                                    类属性修改后
                                    对类的所有实例生效
In [10]: medium_circle.name  #访问类属性
Out[10]: 'changed by Circle'
```

图 6-10　类属性与实例属性

类属性和实例属性存放在不同的字典中。类和实例都有一个内建属性 __ dict __，以字典的方式存放着类和实例的"属性名：属性值"对。实例属性存放在实例的内建属性 __ dict __ 中，类属性存放在类的内建属性 __ dict __ 中，如图 6-11 所示。

```
In [1]: class Circle():  #定义Circle类
   ...:     name = "I'm a Circle"  #定义类属性
   ...:     def __init__(self, r):
   ...:         self.r = r  #定义实例属性
   ...:

In [2]: small_circle = Circle(1.0)  #实例化small_circle对象

In [3]: small_circle.__dict__  #查看small_circle对象的属性
Out[3]: {'r': 1.0}           ← 实例属性在这里

In [4]: Circle.__dict__  #查看Circle类的 __dict__ 属性
Out[4]:
mappingproxy({'__module__': '__main__',
              'name': "I'm a Circle",  ← 类属性在这里
              '__init__': <function __main__.Circle.__init__(self, r)>,
              '__dict__': <attribute '__dict__' of 'Circle' objects>,
              '__weakref__': <attribute '__weakref__' of 'Circle' objects>,
              '__doc__': None})
```

图 6-11　内建属性 __ dict __

当访问 r 属性时，Python 解释器先在 small_circle 对象的内建属性 __ dict __ 中查找 r，找到 r 后，停止进一步查找，直接返回 r 对应的值。由此可见，通过 small_circle 对象对 r 属性的访问实质就是对自身 r 属性的访问，不会影响到其他对象。

当访问 name 属性时，Python 解释器先在 small_circle 对象的内建属性 __ dict __ 中查找 name，由于没有找到，Python 解释器进一步到 small_circle 对象对应的 Circle 类的内建属性 __ dict __ 中查找 name，找到 name 后，返回 name 对应的属性值。由此可见，通过 small_circle 对象对 name 属性的访问实质就是对 Circle 类的 name 属性访问。

6.2　类的高级操作

6.1 节介绍了类的基本操作，包括定义类、实例化对象、定义并访问类的方法和属性等。本节将介绍类的高级操作，包括继承、方法重写和 @ property 装饰器。

6.2.1　继承

高质量代码开发有一个 DRY（don't repeat yourself，不重复代码）原则，这是保持代码简洁、可读性高、复用性好并提高开发效率的一个重要原则。

类的继承（Inheritance），就是体现 DRY 原则的代码复用技术。若没有继承，则需要 100% 重写已有的代码；若有继承，则可以复用大量已有的代码，只需编写小部分功能未实现的代码，使得整个类的定义变得简洁，开发变得高效。

【范例 6-2】已经定义好了一个 Person 类，里面有一个属性 name，在实例化的过程中可

以接受用户输入的初始化参数；假设需要再定义一个 Child 类，Child 类具备与 Person 类同样的属性 name 和方法 say_hi()，如果没有继承这个代码复用的技术，则需要在 Child 类里面把 Person 类中的代码复制一遍，这样就违反了 DRY 原则，如图 6-12 所示。

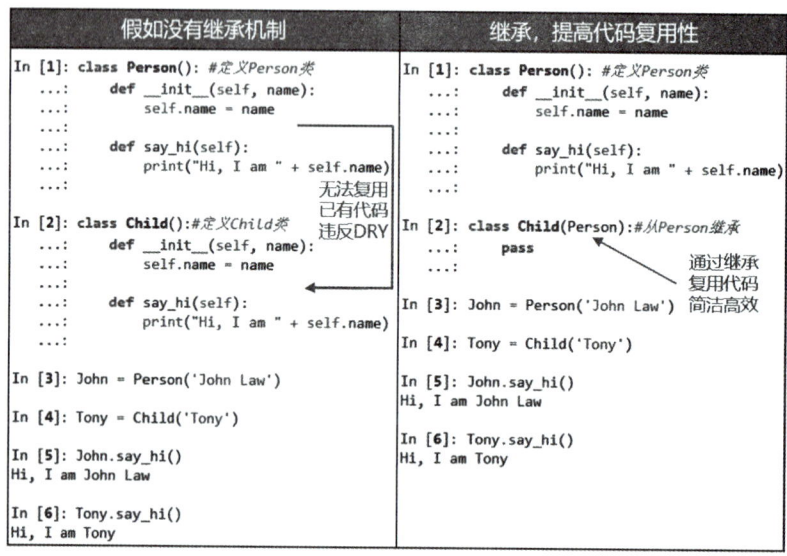

图 6-12　无继承 vs 有继承

继承不仅可以实现代码的重用，还可以通过继承理清类与类之间的关系。若有一个新的类希望继承一个现有的类，这个现有的类称为父类或基类(base class)，这个继承父类的类称为子类(sub class)，一个类可以既是自己父类的子类，又是自己子类的父类，如图 6-13 所示。

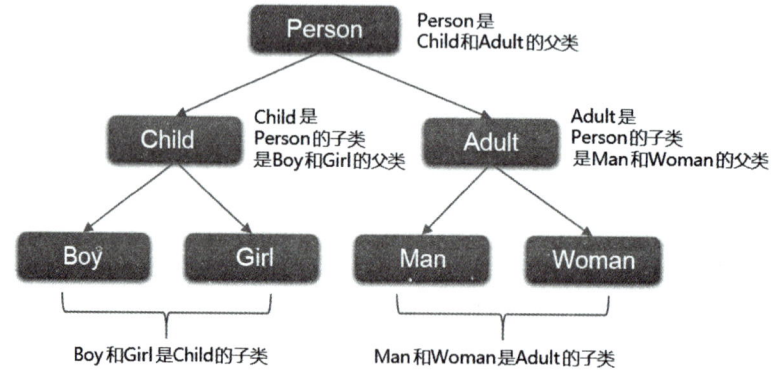

图 6-13　通过继承理清关系

在 Python 中，继承的语法格式如下所示：

1. class 类名(基类列表)：
2. 　'''类的文档字符串'''
3. 　语句

参数说明：
- 类名，类的名字，遵循 UpperCaseCamelCase 风格。
- 基类列表，指定要继承的基类，基类之间用逗号","分隔；若不指定基类，将使用 Python 的根类 object。
- 类的文档字符串，给出类的帮助信息。
- 语句，定义类的方法和属性的语句。如果在定义类时，没有想好具体的功能，可以直接用 pass 语句占位。

【范例 6-3】Person 类有属性 name 和 age，方法 say_hi( )。Child 类继承 Person，并实例化一个 Tony 对象，执行 say_hi( )方法，如图 6-14 所示。

```
In [1]: class Person(): #定义Person类
   ...:     def __init__(self, name, age):
   ...:         self.name = name
   ...:         self.age  = age
   ...:     def say_hi(self):
   ...:         print("Hi,I'm {0:s},{1:d} years old.".format(self.name, self.age))
   ...: 

In [2]: class Child(Person): #继承Person类
   ...:     pass
   ...: 

In [3]: Tony = Child('Tony', 5) #实例化Tony对象

In [4]: Tony.say_hi() #调用say_hi()方法
Hi,I'm Tony,5 years old.
```

图 6-14　继承范例

6.2.2　方法重写

若子类的方法与父类同名，但实现功能不一样，可以在子类中重写（override）该方法。例如，Person 类有属性 name 和 age，方法 say_hi( )。Child 类继承 Person 类，但是 say_hi( )增加一个输出"I like to eat food"的功能，这就需要在定义 Child 类时重写 say_hi( )方法，如图 6-15 所示。

```
In [1]: class Person(): #定义Person类
   ...:     def __init__(self, name, age):
   ...:         self.name = name
   ...:         self.age  = age
   ...:     def say_hi(self):
   ...:         print("Hi,I am {0:s},{1:d}years old.".format(self.name, self.age))
   ...:                                                          ←重写say_hi()方法
In [2]: class Child(Person): #继承Person类，并重写say_hi()方法
   ...:     def say_hi(self, food):
   ...:         print("Hi,I am {0:s},{1:d}years old.".format(self.name, self.age))
   ...:         print("I like to eat " + food)
   ...: 

In [3]: Tony = Child('Tony', 5) #实例化Tony对象

In [4]: Tony.say_hi('apple') #调用say_hi()方法
Hi,I am Tony,5years old.
I like to eat apple     ←使用child子类中的say_hi()方法实现
```

图 6-15　重写范例

在子类中重写父类的方法时,若有代码段跟父类的方法一模一样,例如,在图 6-15 中,子类重写方法 say_hi( )时,有跟父类方法一模一样的代码段:

> 1. print("Hi,I am {0:s},{1:d} years old.".format(self.name, self.age))

这时可以用 super( )函数来调用父类的方法,避免重写同样的代码,如图 6-16 所示。

```
In [1]: class Person():  #定义Person()类
   ...:     def __init__(self, name, age):
   ...:         self.name = name
   ...:         self.age = age
   ...:     def say_hi(self):
   ...:         print("Hi,I am {0:s},{1:d}years old.".format(self.name, self.age))
   ...:

In [2]: class Child(Person):  #继承Person类
   ...:     def say_hi(self, food):
   ...:         super().say_hi()  #调用父类的say_hi()方法,避免重写同样的代码
   ...:         print("I like to eat " + food)
   ...:

In [3]: Tony = Child('Tony', 5)  #实例化Tony对象

In [4]: Tony.say_hi('apple')  #调用say_hi()方法
Hi,I am Tony,5years old.
I like to eat apple
```

图 6-16 用 super( )函数调用父类的方法

当子类重写 __ init __( )方法时,会覆盖父类的 __ init __( )方法;若在子类的 __ init __( )方法中不调用父类的 __ init __( )方法,父类的 __ init __( )方法就不会执行,导致父类的属性得不到初始化,从而引发错误,如图 6-17 所示。

```
In [1]: class Person():  #定义Person类
   ...:     def __init__(self, name, age):
   ...:         self.name = name
   ...:         self.age = age
   ...:     def say_hi(self):
   ...:         print("I'm {0:s},{1:d} years old.".format(self.name, self.age))
   ...:

In [2]: class Child(Person):  #继承Person类
   ...:     def __init__(self, name, age):  #重写__init__()方法
   ...:         pass
   ...:

In [3]: Tony = Child('Tony', 5)  #实例化Tony对象

In [4]: Tony.say_hi()  #调用父类的say_hi()方法
---------------------------------------------------------------------------
AttributeError                            Traceback (most recent call last)
<ipython-input-4-1e1e32f646d0> in <module>
----> 1 Tony.say_hi()  #调用父类的say_hi()方法

<ipython-input-1-1d53fbbefa11> in say_hi(self)
      4         self.age = age
      5     def say_hi(self):
----> 6         print("I'm {0:s},{1:d} years old.".format(self.name, self.age))
      7

AttributeError: 'Child' object has no attribute 'name'
```

覆盖了父类 __init__()方法,但没有完成父类属性的初始化,由此引发错误

图 6-17 父类属性未初始化引发错误

为了解决上述错误，通常在子类 __init__() 方法中首先调用父类 __init__() 方法，然后再实现子类的其他初始化，如图 6-18 所示。

```
方法一：直接调用父类_init()_方法
In [1]: class Person():  #定义Person类
   ...:     def __init__(self, name, age):
   ...:         self.name = name
   ...:         self.age  = age
   ...:     def say_hi(self):
   ...:         print("I'm {0:s},{1:d} years old.".format(self.name, self.age))
   ...:
In [2]: class Child(Person):  #继承Person类
   ...:     def __init__(self, name, age):  #重写__init__()方法
   ...:         Person.__init__(self, name, age) #调用父类__init__()方法
   ...:         # 子类的其他初始化放这里
   ...:
In [3]: Tony = Child('Tony', 5) #实例化Tony对象
In [4]: Tony.say_hi() #调用父类的say_hi()方法
I'm Tony,5 years old.
```

```
方法二：通过super()函数调用父类_init()_方法
In [1]: class Person():  #定义Person类
   ...:     def __init__(self, name, age):
   ...:         self.name = name
   ...:         self.age  = age
   ...:     def say_hi(self):
   ...:         print("I'm {0:s},{1:d} years old.".format(self.name, self.age))
   ...:
In [2]: class Child(Person):  #继承Person类
   ...:     def __init__(self, name, age):  #重写__init__()方法
   ...:         super().__init__(name, age) #用super()调用父类__init__()方法
   ...:         # 子类的其他初始化放这里
   ...:
In [3]: Tony = Child('Tony', 5) #实例化Tony对象
In [4]: Tony.say_hi() #调用父类的say_hi()方法
I'm Tony,5 years old.
```

图 6-18 调用父类 __init__() 方法

6.2.3 测试一个对象是否属于某个类

Python 提供 isinstance() 函数用于测试一个对象是否属于某个类或者子类的实例，isinstance() 函数的函数原型如下所示：

1. isinstance(obj, class_or_tuple, /)

参数说明：
- obj，需要测试的对象。
- class_or_tuple，一个类或多个类组成的元组。多个类组成的元组，相当于"or"关系。例如，isinstance(x, (A, B)) 等于 isinstance(x, A) or isinstance(x, B)。
- 返回值，表示该对象属于指定的类，返回 True。反之，返回 False。

【范例 6-4】isinstance( )函数的使用演示，如图 6-19 所示。

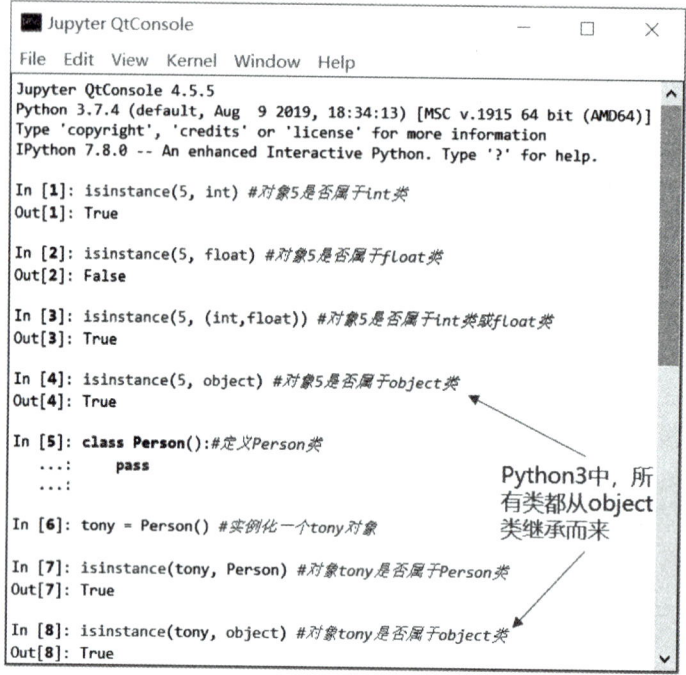

图 6-19　用 isinstance( )函数测试某个对象是否是某个类的实例

6.2.4　@property 装饰器

在定义类的时候，若把属性直接"暴露"给用户，则用户可以任意修改。
- 优点：代码简洁，使用简单。
- 缺点：无法检查和处理输入数据的错误。

例如，实例化 Person 类的时候，传入一个错误的年龄-20，这个错误无法被检查出来并处理，导致输出的年龄明显错误，如图 6-20 所示。

图 6-20　用户直接访问属性

为了解决输入数据错误问题，可以遵循数据封装的思想，把数据和数据相关的操作封装起来，把输入数据的检查和修正操作封装到方法中。用户无法直接访问属性，而必须经过方法。
- 优点：实现了数据封装和信息隐藏，保证了数据安全。
- 缺点：代码不简洁，可读性较差。

例如，在 Person 类定义两个方法，一个是 get_age()，用于获得年龄信息；一个是 set_age()，用于设置年龄信息，当输入值为负数时，将年龄设置为0；当输入值大于200时，将年龄设置为200。实例化三个对象，Tony、Tom、Amy，并返回他们三人的年龄和，如图 6-21 所示。

```
In [1]: class Person(): #定义一个Person()类
   ...:     def __init__(self,name,age):
   ...:         self.name = name
   ...:         self.set_age(age)
   ...:
   ...:     def get_age(self):   #get_age()方法返回年龄信息
   ...:         return self._age
   ...:
   ...:     def set_age(self,age): #set_age()方法设置年龄信息
   ...:         if age < 0:  #若年龄为负，则设置为0
   ...:             self._age = 0
   ...:         elif age > 200: #若年龄大于200，则设置为200
   ...:             self._age = 200
   ...:         else:           #正常值，直接赋值给_age
   ...:             self._age = age
   ...:
   ...:     def say_hi(self):
   ...:         print("I'm {0:s},{1:d} years old.".format(self.name, self._age))
   ...:

In [2]: Tony = Person('Tony', 5) #正常年龄值

In [3]: Tony.say_hi()
I'm Tony,5 years old.

In [4]: Tom = Person('Tom', -5) #异常年龄值，小于零

In [5]: Tom.say_hi()
I'm Tom,0 years old.

In [6]: Amy = Person('Amy', 230) #异常年龄值，大于200

In [7]: Amy.say_hi()
I'm Amy,200 years old.

In [8]: print(Tony.get_age() + Tom.get_age() + Amy.get_age()) #输出年龄之和
205
```
跟 Tony.age + Tom.age + Amy.age 形式相比，代码不简洁，不美观，可读性较差

图 6-21 用户通过方法访问属性

是否有一种机制，兼具代码简洁和数据封装的优点呢？Python 提供了 @property 装饰器，让用户既可以用"对象名.属性名"的形式访问属性，又能实现用方法封装数据操作的实现细节的功能。

@property 告诉 Python 解释器，把方法名看做是属性，语法格式如下：

1. @property
2. def 方法名(self)
3. 　　代码块

用 @property 装饰器实现 Person 类中 age 属性的访问，如图 6-22 所示。

```
In [1]: class Person():#定义一个Person()类
   ...:     def __init__(self,name,age):
   ...:         self.name = name
   ...:         self.age = age          ←——— 用@property
   ...:     @property   ←——————————————————— 告诉Python解释器,把
   ...:     def age(self):    #age属性的get方法      age()方法当做属性对待
   ...:         return self._age
   ...:     @age.setter  ←—————————————————— 用@age.setter
   ...:     def age(self,age):  #age属性的set方法    为age属性添加set方法
   ...:         if age < 0:  #若年龄为负,则设置为0
   ...:             self._age = 0
   ...:         elif age > 200:  #若年龄大于200,则设置为200
   ...:             self._age = 200
   ...:         else:            #正常值,直接赋值给_age
   ...:             self._age = age
   ...:     def say_hi(self):
   ...:         print("I'm {0:s},{1:d} years old.".format(self.name, self.age))
   ...:

In [2]: Tony = Person('Tony', 5)  #正常年龄值

In [3]: Tony.say_hi()
I'm Tony,5 years old.

In [4]: Tom = Person('Tom', -5)  #异常年龄值,小于零

In [5]: Tom.say_hi()             ←——— 解决了输入错误问题
I'm Tom,0 years old.

In [6]: Amy = Person('Amy', 230)  #异常年龄值,大于200

In [7]: Amy.say_hi()
I'm Amy,200 years old.

In [8]: print(Tony.age + Tom.age + Amy.age) #输出年龄之和
205            保持了 对象名.属性名 的访问形式
               代码简洁美观,可读性好
```

图 6-22 用@property 装饰器实现属性访问

@property 装饰器再次展示了 Python 语言的设计哲学:优雅、明确、简单。

6.2.5 __call__() 方法

@property 装饰器不仅实现了把属性和对应的操作封装起来,还保持了简洁美观的"对象名.属性名"访问风格。本节介绍通过实现 __call__() 方法,把类的实例对象变成可调用(callable)对象,让对象调用的代码变得更加简洁优雅。

通过 callable() 函数,可以查知某对象是否是可调用(callable)对象。在默认情况下,__call__() 方法是没有被实现的,这意味着在默认情况下类的实例化对象都是不可调用的,如图 6-23 所示。

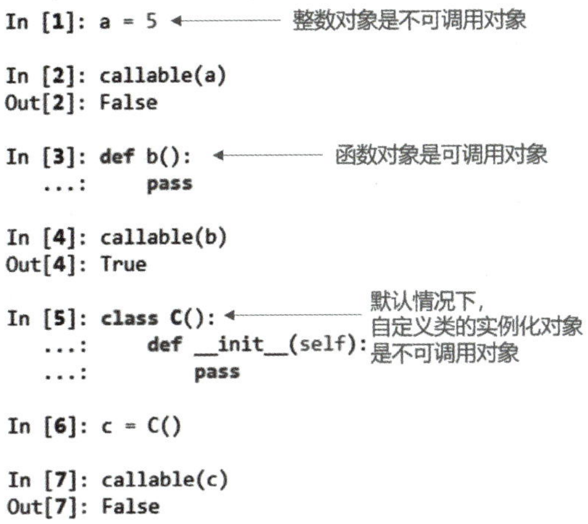

```
In [1]: a = 5          ← 整数对象是不可调用对象

In [2]: callable(a)
Out[2]: False

In [3]: def b():        ← 函数对象是可调用对象
   ...:     pass

In [4]: callable(b)
Out[4]: True

In [5]: class C():      ← 默认情况下，
   ...:     def __init__(self):   自定义类的实例化对象
   ...:         pass              是不可调用对象

In [6]: c = C()

In [7]: callable(c)
Out[7]: False
```

图 6-23　可调用对象 vs 不可调用对象

一旦在类定义中实现了 __ call __ ( ) 方法，那么该类的实例化对象就变成了可调用对象，可以用"对象名( )"而不是用"对象名 . 方法名( )"的形式调用 __ call __ ( ) 方法，更加简洁优雅，如图 6-24 所示。这样，Python 中不同的可调用对象在调用形式上实现了统一。

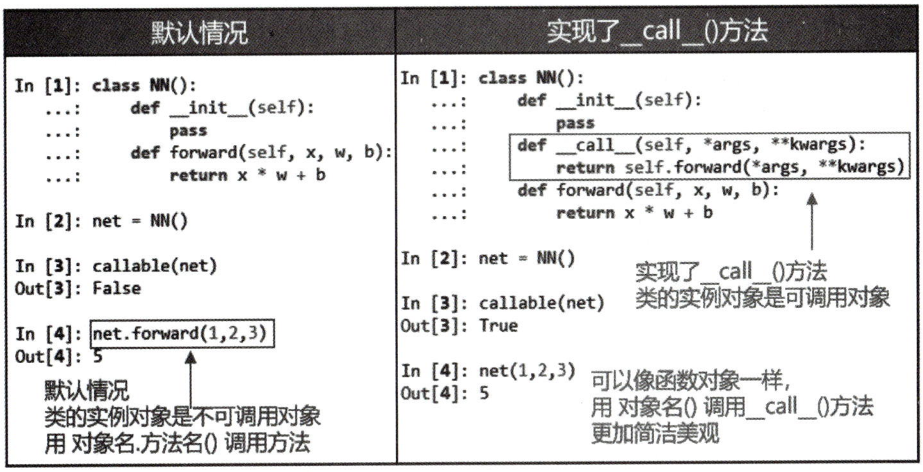

默认情况	实现了 __ call __ ()方法

`In [1]: class NN():`
`   ...:     def __init__(self):`
`   ...:         pass`
`   ...:     def forward(self, x, w, b):`
`   ...:         return x * w + b`
 	
`In [2]: net = NN()`
 	
`In [3]: callable(net)`
`Out[3]: False`
 	
`In [4]: net.forward(1,2,3)`
`Out[4]: 5`
 	
默认情况
类的实例对象是不可调用对象
用 对象名.方法名() 调用方法
	`In [1]: class NN():`
	`   ...:     def __init__(self):`
	`   ...:         pass`
	`   ...:     def __call__(self, *args, **kwargs):`
	`   ...:         return self.forward(*args, **kwargs)`
	`   ...:     def forward(self, x, w, b):`
	`   ...:         return x * w + b`
	
	`In [2]: net = NN()`
	
	实现了 __ call __ ()方法
	类的实例对象是可调用对象
	
	`In [3]: callable(net)`
	`Out[3]: True`
	
	`In [4]: net(1,2,3)`
	`Out[4]: 5`
	
	可以像函数对象一样，
	用 对象名() 调用 __ call __ ()方法
	更加简洁美观

图 6-24　__ call __ ( ) 方法使用范例

6.3　本章要点回顾

本章从零开始，详细介绍了什么是类，如何定义类和使用类，并介绍在定义和使用类的过程中，常用的约定俗成的编程风格。继而介绍了类的高级操作：继承、方法重写、isinstance( ) 函数、@ property 装饰器和 __ call __ ( ) 方法。通过@ property 装饰器，可以简洁优雅地实现数据封装和信息隐藏；通过实现 __ call __ ( ) 方法，可以让类的实例对象变成可调用对象，实现用"对象名()"的形式调用 __call__() 方法，更加简洁美观。

6.4 本章练习题

题目 6.1　请定义一个 Book 类，属性：name、author、isbn、publisher 和 price，方法：info()，输出 name、author、isbn、publisher 和 price。

题目 6.2　请用 Book 类实例化一个 python_book 对象，并调用 info() 方法，输出信息。

题目 6.3　请定义一个 TextBook 类，从 Book 类继承。教材相比普通书籍需要配套课件和练习题，所以请增加属性 courseware 和 exercise，并重载 info() 方法，增加 courseware 和 exercise 信息输出。请实例化一个 python_textbook 对象，并调用 info() 方法，输出信息。

题目 6.4　为 TextBook 类增加一个 set_courseware() 的方法，用于设置课件数量，增加一个 get_courseware() 的方法，用于获得课件数量。请实例化一个 python_textbook 对象，将课件数量设置为 24，然后调用 info() 方法，输出信息。

题目 6.5　用 @property 方法实现设置练习题数量和获得练习题数量。请实例化一个 python_textbook 对象，将课件数量设置为 24，练习题数量设置为 300，然后调用 info() 方法，输出信息。

题目 6.6　请用自己的话解释什么是对象、什么是类？有什么区别和联系？

题目 6.7　请用自己的话解释什么是面向对象，能给程序设计带来什么好处？

题目 6.8　请用自己的话解释什么是继承，能给程序设计带来什么好处？

题目 6.9　如何区分公有属性、私有属性和受保护属性？它们之间有什么不同？

题目 6.10　如何区分类属性和对象属性？它们之间有什么不同？

第 7 章

网络编程

当今世界,已经进入万物互联的物联网时代。掌握网络节点之间的通信技术至关重要。物联网是互联网的延伸和扩展,因此互联网技术是物联网发展的核心技术。作为程序员,需要了解互联网技术中的关键概念、协议,并会使用网络通信相关的 API 函数,实现设备与设备之间的通信。

本章会先介绍互联技术中的关键协议:TCP/IP 协议,然后介绍如何使用 Python socket 模块实现网络节点间通信,最后介绍基于 requests 库开发 HTTP 客户端。

7.1 网络编程基础知识

7.1.1 互联网协议套件

互联网(Internet)是一个已经渗透到人们生活方方面面的全球性计算机网络,在这个网络中,所有不同类型的计算机/设备都必须遵循一套全球通用的协议,这个协议就是互联网协议套件(Internet Protocol Suite),这个套件包含上百种通信协议,其中最基本和最核心的协议是传输控制协议(TCP)和 Internet 协议(IP),因此互联网协议套件又简称为 TCP/IP 协议,如图 7-1 所示。

7.1.2 IP 协议

IP 协议的任务是根据数据包中的 IP 地址将数据包从源主机传递到目标主机。当前,IP 协议的主要版本是 IPv4,用 32bit 表示 IP 地址,地址数量为 2^{32} 个。升级版本是 IPv6,用 128bit 表示 IP 地址,地址数量为 2^{128} 个,相当于为地球上每平方米提供 $7×10^{23}$ 个网络地址。

为了保证数据包能从源主机传递到目标主机,IP 协议将代表源主机和目标主机的 IP 地址,以及辅助 IP 协议传送数据包的信息存放在 IP 首部(header),如图 7-2 所示。

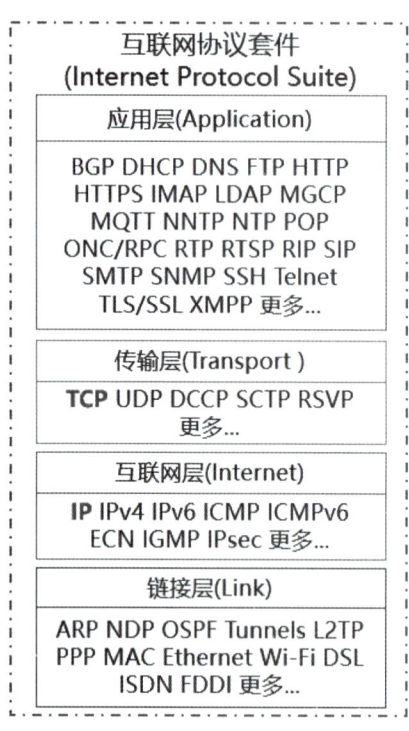

图 7-1 互联网协议套件

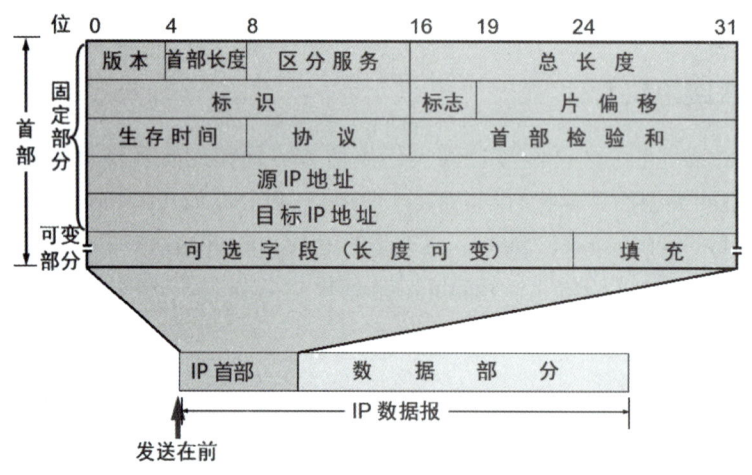

图 7-2 IP 首部格式

IP 协议将整个需要发送的数据分割为一个一个的 IP 包,然后通过网络发送出去,网络中的路由器通过 IP 地址决定将 IP 包送到哪个目标主机,如图 7-3 所示。IP 协议的特点是:数据分块,按包发送,依靠路由器转发,不保证按序到达,不保证都能到达。

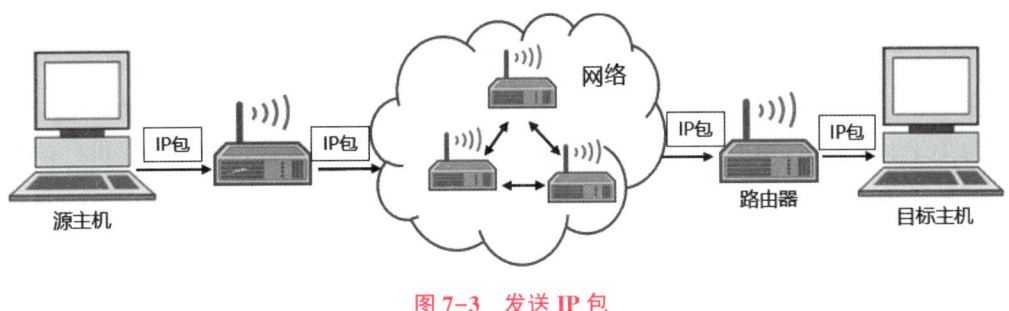

图 7-3　发送 IP 包

7.1.3　TCP 协议

TCP 协议建立在 IP 协议之上，属于传输层，其任务是负责在两台计算机之间建立可靠连接，保证数据包按顺序到达。TCP 协议会对每个 IP 包进行编号，如果包丢掉了，则自动重发。保证数据包可靠传输的信息存放在 TCP 首部（header），这些信息包括：源端口、目标端口、IP 包的编号、握手协议的应答（ACK）、数据包的检验和等，如图 7-4 所示。

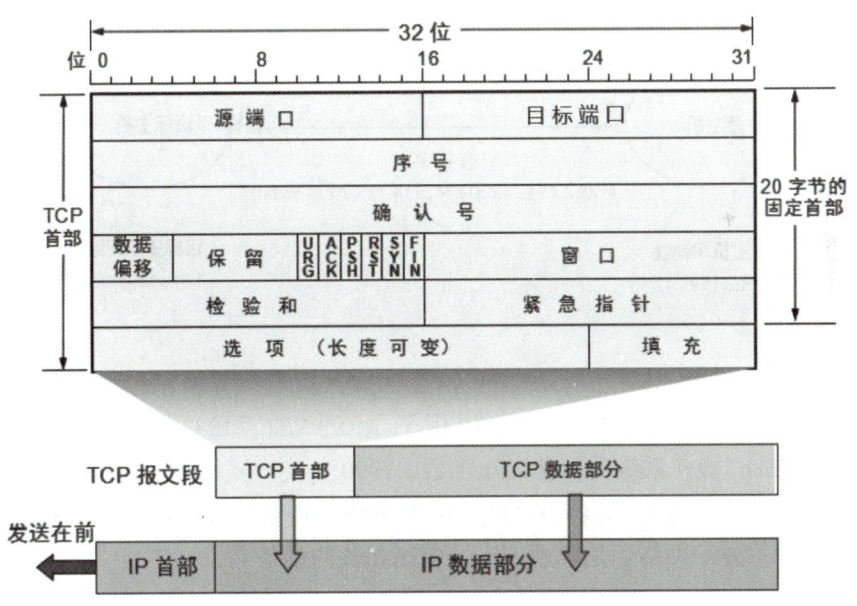

图 7-4　TCP 首部格式

由于 TCP 协议保证了数据传输的可靠性，所以许多应用层的协议都是建立在 TCP 协议之上的。例如，用于超文本传输的 HTTP 协议，用于发送邮件的 SMTP 协议等。由于一个主机上可以同时运行多个应用程序，TCP 协议通过端口号来决定把数据包发送给哪个应用程序。例如，HTTP 应用程序的端口号是 80，FTP 应用程序的端口号是 21。

7.1.4　UDP 协议

跟 TCP 协议类似，UDP 协议提供了端口号用于定位运行在目标主机上的目标应用程序。与 TCP 协议相比，UDP 协议不需要建立连接，直接发送数据包，但不提供数据到达确认、排序及流量控制等服务，属于不可靠数据传输。唯一的优点是，传输速度比 TCP 协议快。对于不要求可靠达到的数据而言，可以使用 UDP 协议，例如，IP 语音电话、DNS 服务等。

7.1.5　套接字、端口号与 IP 地址

传输层实现了端到端的通信，传输层连接的端点叫做套接字（socket）。根据 RFC793 的定义，套接字由主机 IP 地址和端口号拼接而成，形如（IP 地址：端口号），例如，IP 地址为：192.168.1.12，端口号为：80，套接字为：（192.168.1.12：80）。

IP 地址负责定位目标主机，端口号负责定位目标主机上运行的应用程序，源主机上的应用程序通过套接字就能精准地把数据送到目标主机上的目标应用程序，如图 7-5 所示。

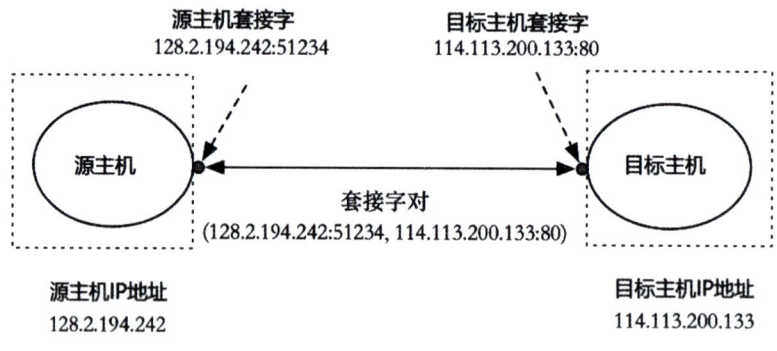

图 7-5　套接字

套接字历史悠久，最初在 1971 年应用于 ARPANET，1983 年成为 BSD（Berkeley Software Distribution）操作系统的标准 API 函数，1990 年代，随着互联网的兴起，套接字编程广泛应用于各种客户端-服务器（C/S）应用程序中。时至今日，物联网兴起，套接字编程仍然作为非常重要的网络通信实现方法，应用在各种设备上。

7.2　socket 模块与套接字编程

7.2.1　socket 模块简介

Python 提供了一个 socket 模块，用于实现套接字编程。Python 的 socket 模块提供一套遵循 BSD 套接字 API 接口规范的套接字类和套接字对象的内置方法，如图 7-6 所示。常

用的方法有：
- TCP 通信：socket( )、bind( )、listen( )、accept( )、connect( )、connect_ex( )、send( )、recv( )、close( )。
- UDP 通信：socket( )、bind( )、recvfrom( )、sendto( )、close( )。

```
In [1]: import socket #导入socket模块

In [2]: tcp_socket = socket.socket(socket.AF_INET, socket.SOCK_STREAM)

In [3]: print(type(tcp_socket)) #查看类型
<class 'socket.socket'>  ←———————————— 套接字类

In [4]: print(dir(socket.socket)) #查看内置方法
['__class__', '__del__', '__delattr__', '__dir__', '__doc__', '__enter__',
'__eq__', '__exit__', '__format__', '__ge__', '__getattribute__', '__getstate__',
'__gt__', '__hash__', '__init__', '__init_subclass__', '__le__', '__lt__',
'__module__', '__ne__', '__new__', '__reduce__', '__reduce_ex__', '__repr__',
'__setattr__', '__sizeof__', '__slots__', '__str__', '__subclasshook__',
'__weakref__', '_accept', '_check_sendfile_params', '_closed',
'_decref_socketios', '_io_refs', '_real_close', '_sendfile_use_send',
'_sendfile_use_sendfile', 'accept', 'bind', 'close', 'connect', 'connect_ex',
'detach', 'dup', 'family', 'fileno', 'get_inheritable', 'getblocking',        套接字方法
'getpeername', 'getsockname', 'getsockopt', 'gettimeout', 'ioctl', 'listen',
'makefile', 'proto', 'recv', 'recv_into', 'recvfrom', 'recvfrom_into', 'send',
'sendall', 'sendfile', 'sendto', 'set_inheritable', 'setblocking', 'setsockopt',
'settimeout', 'share', 'shutdown', 'timeout', 'type']
```

图 7-6　套接字类和套接字方法

常用套接字对象的内置方法，如表 7-1 所示，s 表示套接字对象。

表 7-1　套接字对象的内置方法

套接字对象的内置方法	描　述
socket.socket(family = -1, type = -1, proto = -1, fileno = None)	创建一个套接字对象。 family：地址族，AF_INET 是 IPv4 的 Internet 地址族； type：套接字类型，SOCK_STREAM 是 TCP 的套接字类型，SOCK_DGRAM 是 UDP 的套接字类型； 其余参数通常保持默认
s.bind(…)	将套接字绑定到地址，在 AF_INET 模式下，地址是 (hostaddr, port) 元组，例如，s.bind(('127.0.0.1', 65432))
s.listen([backlog])	开始 TCP 监听。backlog 指定系统在拒绝新连接之前允许的不可接受的连接数。从 Python 3.5 开始，backlog 参数可选的，如果用户不指定，则 backlog 选取系统推荐值
s.accept( )	等待并接受客户端的连接，接受后返回一个新的用于与客户端通信的套接字对象和客户端地址信息 (socket object, address info)，在 AF_INET 模式下，地址信息是客户端 (hostaddr, port) 元组

续表

套接字对象的内置方法	描 述
s.connect(address)	连接指定的地址,在 AF_INET 模式下,地址是(hostaddr,port)元组;若连接失败,则报错
s.connect_ex(address)	与 connect()功能一样,区别是,连接失败,返回错误代码,不会报错
s.send(data)	将 bytes 类型数据发送出去,返回已发送字节数。在网络繁忙的情况下,不保证数据能够全部发完
s.sendall(data)	sendall()会反复调用 send(),直到把数据发完为止
s.sendto(data,address)	与 send()类似,将 bytes 类型数据发送到指定地址,在 AF_INET 模式下,地址是(hostaddr,port)元组
s.recv(buffersize)	接收最多 buffersize 字节数量的数据,返回 bytes 类型数据
s.recvfrom(buffersize)	接收最多 buffersize 字节数量的数据,返回 bytes 类型数据和发送者的地址信息(hostaddr,port)
s.close()	关闭套接字

7.2.2 TCP 通信

基于套接字的 TCP 通信实现流程已经相当成熟,在创建 TCP 连接时,主动发起连接请求的叫客户端,被动响应服务请求的叫服务器。一个典型的 TCP 通信流程以及对应的套接字方法调用顺序,如图 7-7 所示。

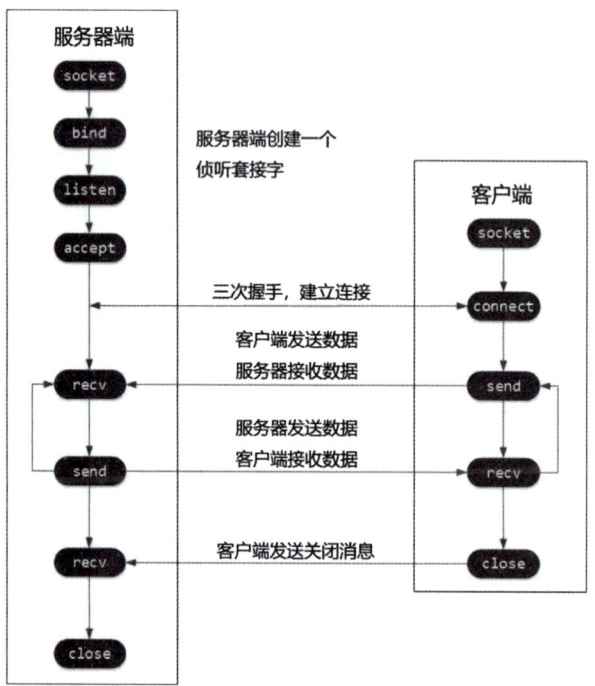

图 7-7　TCP 通信流程及套接字方法调用顺序

根据图 7-7 所示流程，TCP 服务器端范例代码，如代码清单 7-1 所示。

代码清单 7-1　TCP 服务器端范例代码

```
1.  import socket
2.  #获取主机地址
3.  HOST ='127.0.0.1'
4.  #端口号,请大于1023
5.  PORT = 65432
6.  #创建TCP套接字对象
7.  tcp_server = socket.socket(socket.AF_INET, socket.SOCK_STREAM)
8.  #将套接字绑定到地址
9.  tcp_server.bind((HOST, PORT))
10. #开始TCP监听
11. tcp_server.listen()
12. print("Server starts listening…")
13. #接受客户端连接
14. conn, addr = tcp_server.accept()
15. print("Connected by", addr)
16. while True:
17.     data = conn.recv(1024)              #接收数据
18.     if data == b'close':                #若接收到'close'
19.         print('Server is closed!')
20.         break
21.     print(data)                         #显示接收到的数据
22.     conn.sendall(data)                  #回发接收到的数据
23. conn.close()                            #关闭conn套接字
24. tcp_server.close()                      #关闭tcp_server套接字
```

TCP 客户端范例代码，如代码清单 7-2 所示。

代码清单 7-2　TCP 客户端范例代码

```
1.  import socket
2.  #设置服务器地址
3.  HOST ='127.0.0.1'
4.  #服务器端口号
5.  PORT = 65432
6.  #创建TCP套接字对象
7.  tcp_client = socket.socket(socket.AF_INET, socket.SOCK_STREAM)
8.  #连接服务器
9.  tcp_client.connect((HOST, PORT))
10. while True:
```

```
11.    send_data = input("Please input data or 'close' command to send：")
12.    tcp_client.sendall(send_data.encode())           #发送数据
13.    if send_data == 'close' :
14.        print("Client is closed.")
15.        break
16.    info = tcp_client.recv(1024).decode()            #接收服务器数据
17.    print("Recieved from server:" + info)
18. tcp_client.close()                                  #关闭 tcp_client 套接字
```

7.2.3　UDP 通信

跟 TCP 通信一样，基于套接字的 UDP 通信实现流程也相当成熟。UDP 服务器不需要 TCP 服务器那么多设置，因为 UDP 通信不需要建立连接。另外，在使用 socket() 函数创建 UDP 套接字对象时，type 参数要选用 socket.SOCK_DGRAM。

一个典型的 UDP 通信流程以及对应的套接字方法调用顺序，如图 7-8 所示。

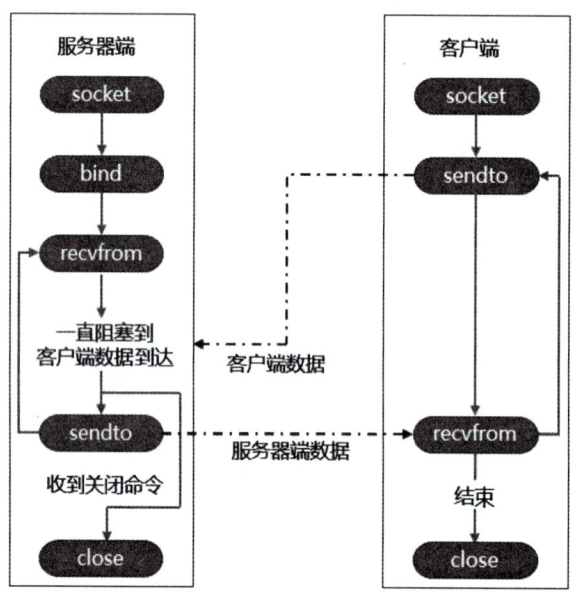

图 7-8　UDP 通信流程及套接字方法调用顺序

根据图 7-8 所示流程，UDP 服务器端范例代码，如代码清单 7-3 所示。

代码清单 7-3　UDP 服务器端范例代码

```
1. import socket
2. #获取主机地址
3. HOST ='127.0.0.1'
4. #端口号,请大于1023
```

```
5.  PORT = 65431
6.  #创建UDP套接字对象
7.  udp_server = socket.socket(socket.AF_INET, socket.SOCK_DGRAM)
8.  #将套接字绑定到地址
9.  udp_server.bind((HOST, PORT))
10. print("UDP Server is working…")
11. while True：
12.     #阻塞,等待接收客户端数据
13.     data, addr = udp_server.recvfrom(1024)
14.     print('Recieved %s from %s:%s.' % (data, addr[0], addr[1]))
15.     if data == b'close':                    #若接收到'close'
16.         print('Server is closed! ')
17.         break
18.     udp_server.sendto(data, addr)            #回发接收到的数据
19. udp_server.close()                           #关闭udp_server套接字
```

UDP 客户端范例代码, 如代码清单7-4 所示。

代码清单7-4　UDP 客户端范例代码

```
1.  import socket
2.  #设置服务器地址
3.  HOST ='127.0.0.1'
4.  #服务器端口号
5.  PORT = 65431
6.  #创建UDP套接字对象
7.  udp_client = socket.socket(socket.AF_INET, socket.SOCK_DGRAM)
8.  while True：
9.      send_data = input("Please input data or 'close' command to send：")
10.     udp_client.sendto(send_data.encode(),(HOST, PORT))    #发送数据
11.     if send_data == 'close':
12.         print("Client is closed.")
13.         break
14.     info = udp_client.recv(1024).decode()                 #接收服务器数据
15.     print("Recieved from server:" + info)
16. udp_client.close()                                        #关闭udp_client套接字
```

7.3　socketserver 模块与并发访问

如7.2节所示, 用 socket 模块可以快速开发出 TCP 和 UDP 服务器, 但 socket 模块不支持并发访问。若要实现并发访问的服务器, 还需要使用 threading 模块处理多个客户端的

连接，使用 selector 模块实现 socket 非阻塞并发访问。

Python 提供一个 socketserver 模块，该模块基于 socket、threading 和 selector 模块实现了一个并发访问的服务器框架，开发者基于该框架，可以快速开发出稳定可靠的并发访问服务器，极大地减轻了开发工作量。

socketserver 模块中有：TCPServer 类、UDPServer 类、ThreadingTCPServer 类、ThreadingUDPServer 类等，其中最常用的是 ThreadingTCPServer 类，其定义为：

```
1. class ThreadingTCPServer(ThreadingMixIn, TCPServer): pass
```

ThreadingTCPServer 类的功能都从两个父类继承，ThreadingMixIn 类为它提供了多线程能力，TCPServer 类为它提供基本的 socket 通信能力。用 ThreadingTCPServer 类创建的服务器会为每个客户端连接创建一个线程专门负责处理该客户端的所有请求。

使用 ThreadingTCPServer 类创建多线程并发服务器，非常简单，只有三步：

（1）创建一个继承自 socketserver.BaseRequestHandler 的类，这个类中必须定义一个名字为 handle 的方法，不能是别的名字。

（2）将这个类，连同服务器的 IP 地址和端口号，作为参数一同传递给 socketserver 模块中的 ThreadingTCPServer() 函数。

（3）手动启动 ThreadingTCPServer。

基于 ThreadingTCPServer 类的多线程并发服务器范例程序，如代码清单 7-5 所示。

代码清单 7-5　threading_tcp_server.py 范例代码

```
1.  import socketserver
2.  #创建一个继承自 socketserver.BaseRequestHandler 的类
3.  class MyServer(socketserver.BaseRequestHandler):
4.      #方法名必须是 handle
5.      def handle(self):
6.          conn = self.request              # request 里封装了所有请求的数据
7.          conn.sendall(b"Welcome ThreadingTCPServer!")
8.          while True:
9.              data = conn.recv(1024)
10.             if data == b"close":         #若接收到'close',则关闭连接
11.                 print('Connection is closed!')
12.                 break
13.             print("Recieve %s from %s" % (data, self.client_address))
14.             conn.sendall(data)           #回发接收到的数据
15. if __name__ == '__main__':
16.     # 将 MyServer 类,连同服务器的 IP 地址和端口号,作为参数一同传递给 ThreadingTCPServer
17.     server = socketserver.ThreadingTCPServer(('127.0.0.1', 65432), MyServer)
18.     print("Start ThreadingTCPServer!")
19.     # 启动 ThreadingTCPServer,服务器将一直保持运行状态
20.     server.serve_forever()
```

TCP 客户端不需要导入 socketserver 模块，只需导入 socket 模块，启动 TCP 并发访问服务器后，可以直接用代码清单 7-2 所示代码文件作为客户端来测试服务器端的并发访问能力，如图 7-9 所示。

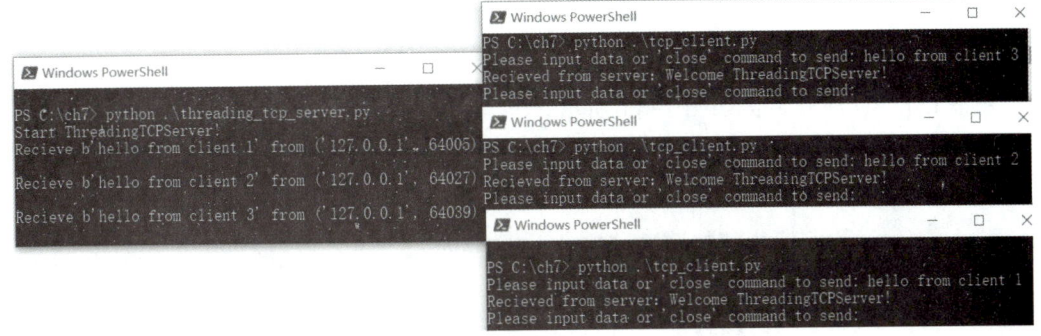

图 7-9　threading_tcp_server.py 运行效果

7.4　开发 HTTP 客户端抓取网页信息

网络爬虫从目标网站上爬取的是网页上的数据，从程序的视角看，网络爬虫从网站下载的是 HTTP 字节流。开发 HTTP 客户端抓取网页信息是实现网络爬虫的基础。

网络浏览器就是一个 HTTP 客户端，通过输入域名地址，可以从目标网站获取 HTTP 字节流，然后网络浏览器会根据 HTTP 信息渲染出给用户看的网页。

用 Chrome 浏览器开打百度网页，按"F12"键进入开发者模式，可以看到网页对应的 HTTP 源代码，如图 7-10 所示。网页上的所有信息都在这源代码中。

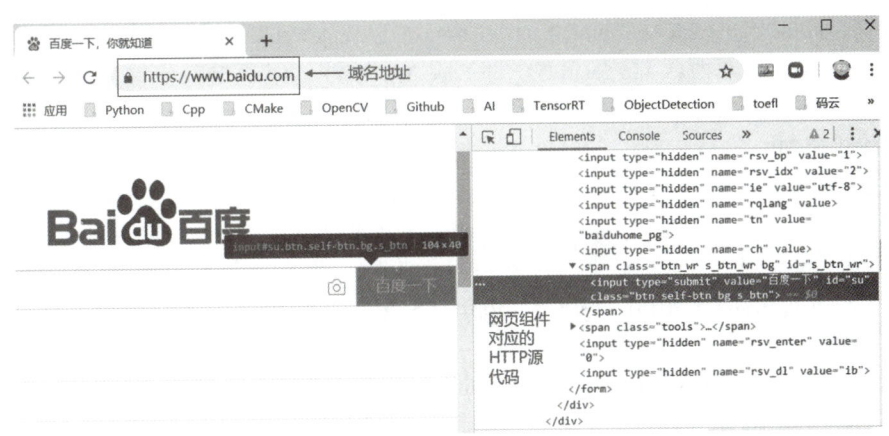

图 7-10　网页对应的 HTTP 源代码

7.4.1　requests 库简介

要实现 HTTP 客户端，需要使用 HTTP 客户端库。Python 中有很多 HTTP 客户端库，例如 urllib、requests 等。urllib 是 Python 自带的标准库，但 API 函数设计复杂，不好用；requests 库是 Kenneth Reith 于 2011 基于 urllib3 开发的 HTTP 库，提出"for humans"的理念，相比 urllib，更加简洁易用。现在，标准库文档中也建议开发者使用 requests 库。

requests 库的安装很简单，命令如下：

pip install requests

验证 requests 库安装，如图 7-11 所示。

图 7-11 验证 Requests 库安装

7.4.2 用 requests 库实现 HTTP 客户端抓取网页的信息

用 requests 库实现 HTTP 客户端抓取网页的信息，如代码清单 7-6 所示。

代码清单 7-6　http_client.py 范例代码

1. import requests #导入 request 库
2. #反网站防爬
3. HEADERS = {
4. 　　'User-Agent':
5. 　　'Mozilla/5.0（Windows NT 10.0；Win64；x64）AppleWebKit/537.36（KHTML, like Gecko）Chrome/52.0.2743.116 Safari/537.36 Edge/15.15063'
6. }
7. #网页的 URL
8. URL = "https://www.baidu.com"
9.
10. #请求网页数据
11. r = requests.get(url=URL, headers=HEADERS)
12. #打印状态信息
13. print(f" status code:{r.status_code} ;encoding:{r.encoding}")
14. #打印网页 HTTP 源代码
15. print("HTTP Source Code:")
16. print(r.content.decode())

运行结果，如图 7-12 所示。

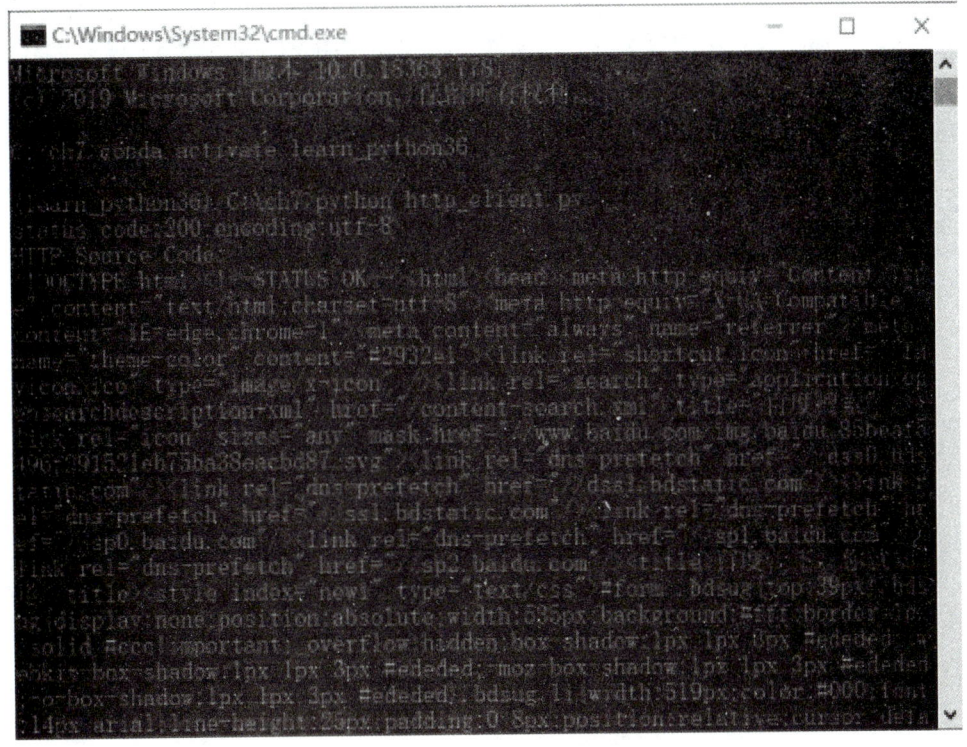

图 7-12　http_client.py 运行结果

7.5　本章要点回顾

本章首先介绍了网络编程的基础知识，包括互联网协议套件、IP 协议、TCP 协议、UDP 协议和套接字。然后介绍了 socket 模块中的套接字类和内建方法，以及如何使用 socket 模块开发 TCP 服务器和客户端程序、UDP 服务器和客户端程序。接着介绍了用于开发并发访问服务器的 socketserver 模块，并展示了如何使用 socketserver 模块开发并发访问的 TCP 服务器。最后介绍了如何使用 requests 库实现 HTTP 客户端，抓取网页 HTTP 信息的功能。

7.6　本章练习题

题目 7.1　什么是 TCP/IP 协议？IP 协议和 TCP 协议有什么区别？

题目 7.2　什么是套接字？在 Python 中如何实现套接字编程？

题目 7.3　请实现一个连接 www.baidu.com 网站的 TCP 客户端。

题目 7.4　请实现一个问答机器人的客户端，客户端随机生成 100 以内的自然数并随机选择加、减、乘、除四种运算中的一种，然后把算式发给服务器端，等待、接收并输出服务器端的答案。

题目 7.5　请实现一个问答机器人服务器，接收客户端发的计算请求（算式），返回计算结果给客户端。

题目 7.6　请实现一个支持多个客户端并行访问的问答机器人服务器。

题目 7.7　请基于 request 库开发一个下载网页图片并保存的程序。

第 8 章

并发编程

一个程序若在一个时间段只能处理一件事情，效率是非常低下的。一个高效率的程序在同一时间可以并行处理多个事情。实现让程序同时执行多个任务处理多个事情就是常说的并发编程。在多核 CPU+多任务操作系统的平台上，并发编程可以将多核 CPU 的计算能力发挥到极致。

并发编程可以基于进程（process）实现并发，也可以基于线程（thread）实现并发。Python 既支持多进程编程，又支持多线程编程。

本章先介绍进程和线程的基本概念，然后介绍使用 multiprocessing 模块实现多进程编程以及进程间通信，接着讲解基于 threading 模块实现多线程编程以及线程间同步和通信。在介绍过程中，比较了进程和线程之间的差异。

8.1 什么是进程和线程

现代操作系统比如 Mac OS X，UNIX，Linux，Windows 等，都是支持多任务的操作系统。用操作系统的视角来看，每个应用程序就是一个任务，例如，打开 1 个 Chrome、Foxmail、PowerPoint、Word 和 2 个 Excel 程序，它们分别是一个任务，如图 8-1 所示。

任务1　任务2　任务3　任务4　任务5　任务6

图 8-1　每个应用程序就是一个任务

进程是载入内存中正在运行的程序的实例（instance），一个应用程序可以有一个或多个进程，例如，Chrome 有多个进程，Word 只有一个进程，如图 8-2 所示。

一个进程内部可以同时处理多件事情，例如，word 可以同时处理编辑、拼写检查、自动保存等多件事情，同时处理的每件事情都由一个线程来实现。在计算机科学中，线程是在进程中共享进程资源且能够被操作系统调度实现并发执行的程序单元，一个进程内部可以有一个或多个线程。多任务操作系统、应用程序、进程和线程之间的关系，如图 8-3 所示。

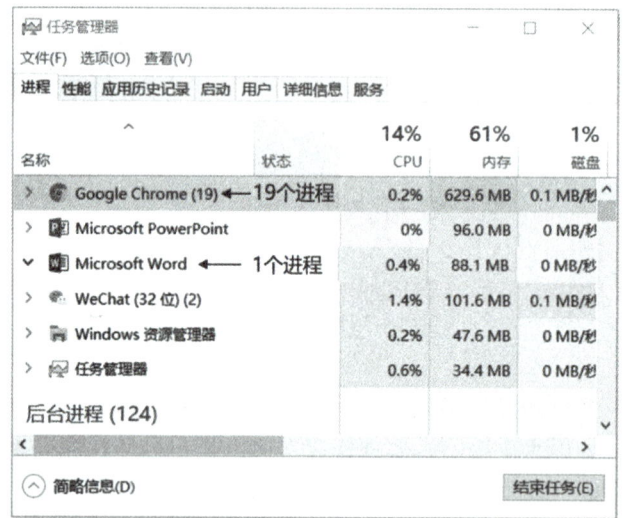

图 8-2　应用程序与进程

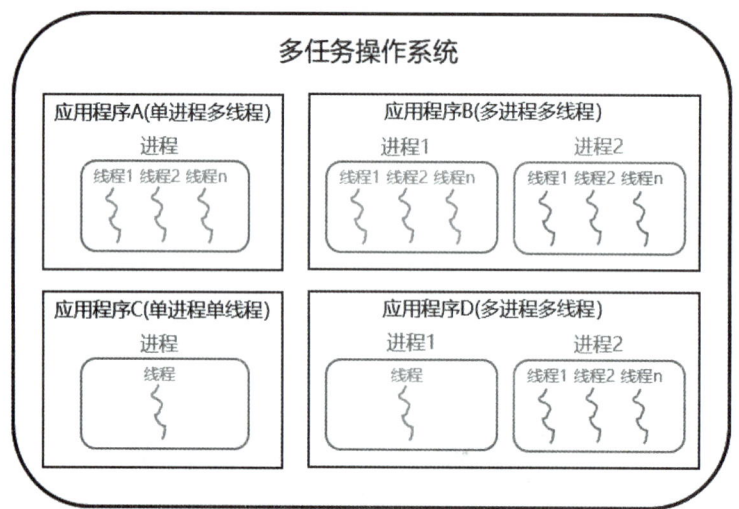

图 8-3　应用程序与进程、线程

Python 为开发者提供了跨平台的 multiprocessing 模块用于实现多进程并发编程，threading 模块用于实现多线程并发编程，本章将依次介绍。

8.2 多进程并发编程

8.2.1 Process 类简介

Python 提供一个标准模块 multiprocessing 用于实现多进程并发编程。multiprocessing 模块提供一个 Process 类来创建进程对象,语法如下:

1. Process(group=None, target=None, name=None, args=(), kwargs={}, *, daemon=None)

其初始化参数,说明如下:

- group,该参数未被 Python 使用,为以后版本保留,始终保持默认值 None 就行。
- target,可调用的对象,例如,函数。若 target 为 None,表示该进程启动后,不调用任何用户函数,执行进程实例的 run() 方法。
- name,指定该进程实例的别名。
- args,以元组形式传递给 target 函数的参数。
- kwargs,以字典形式传递给 target 函数的参数。
- daemon,后台程序标志位,默认值 None 表示从创建自己的进程中继承该标志位。

Process 对象常用的方法、属性、使用说明如表 8-1 和表 8-2 所示,p 表示 Process 对象。

表 8-1 Process 对象的方法

Process 对象的内置方法	描 述
p.start()	启动子进程,等待 CPU 调度
p.is_alive()	判断进程实例是否还有效,若有效,则返回 True
p.join(timeout=None)	在 timeout 秒钟内,等待子进程结束;timeout 若保持默认值 None,则意味着一直等待
p.kill()	在类 Unix 操作系统中,发送 SIGKILL 信号给进程;在 Windows 中调用 TerminateProcess() 结束进程
p.terminate()	在类 Unix 操作系统中,发送 SIGTERM 信号给进程;在 Windows 中调用 TerminateProcess() 结束进程
p.run()	在父进程中直接运行 target 参数引用的可执行对象,不会启动子进程

表 8-2 Process 对象的属性

Process 对象的属性	描 述
p.name	进程的名字,由实例化参数 name 指定
p.pid	进程的 pid
p.daemon	是否是一个 daemon。进程启动后,若不设置,默认值为 False

8.2.2 使用 Process 类创建多进程

使用 Process 类创建多进程程序有两种方法：
- 用 Process 类实例化一个 Process 对象。
- 创建一个继承 Process 类的子类，用这个子类实例化一个对象。

本节介绍第一种方法，用 Process 类实例化一个 Process 对象。在代码清单 8-1 中，首先定义一个可调用对象 child_process()，然后用 Process 类实例化三个 Process 对象，接着用 start() 方法启动子进程，然后用 join() 方法等待子进程结束。

代码清单 8-1　process_demo1.py 范例代码

```
1.  #导入 Process 类,os 和 time 模块
2.  from multiprocessing import Process
3.  import os, time
4.
5.  #定义 child_process()函数,输入参数:sec 秒
6.  def child_process(sec):
7.      print("child_process_%d starts and sleep %d seconds" %(os.getpid(),sec))
8.      time.sleep(sec)
9.      print("child_process_%d ends" % (os.getpid()))
10.
11. if __name__ == "__main__":
12.     print("Parent Process %s starts" % (os.getpid()))
13.     #实例化三个 Process 对象
14.     p1 = Process(target=child_process, args=(3,), name='NO.1')
15.     p2 = Process(target=child_process, args=(2,), name='NO.2')
16.     p3 = Process(target=child_process, args=(1,), name='NO.3')
17.     print("Child Processes start")
18.     #启动子进程
19.     p1.start()
20.     p2.start()
21.     p3.start()
22.     #查看子进程信息
23.     print("p1:name=%s,pid=%d,is_alive=%s" % (p1.name,p1.pid,p1.is_alive()))
24.     print("p2:name=%s,pid=%d,is_alive=%s" % (p2.name,p2.pid,p2.is_alive()))
25.     print("p3:name=%s,pid=%d,is_alive=%s" % (p3.name,p3.pid,p3.is_alive()))
26.     #等待子进程执行结果
27.     p1.join()
28.     p2.join()
29.     p3.join()
```

```
30.    #查看子进程信息
31.    print("p1:name=%s,pid=%d,is_alive=%s" %(p1.name, p1.pid, p1.is_alive()))
32.    print("p2:name=%s,pid=%d,is_alive=%s" %(p2.name, p2.pid, p2.is_alive()))
33.    print("p3:name=%s,pid=%d,is_alive=%s" %(p3.name, p3.pid, p3.is_alive()))
34.    print("Parent Process ends")
```

运行结果如图 8-4 所示。

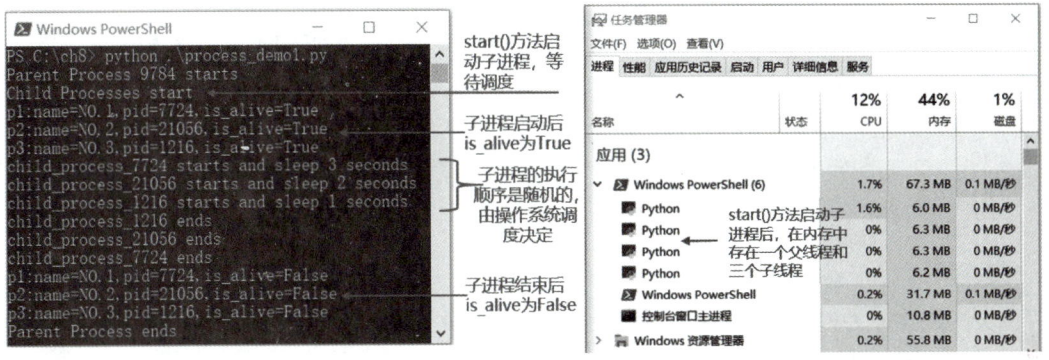

图 8-4　process_dem01.py 的运行结果

8.2.3　使用 Process 子类创建多进程

基于 Process 类创建进程，优点是简单，只需要定义一个函数，然后把函数名传给 Process 类的 target 参数就行了，但这种方式既不能方便访问 Process 对象的属性，也无法增加 Process 类的属性和方法。

基于 Process 子类创建进程，首先通过继承 Process 类，获得 Process 类的全部能力，然后可以根据任务的复杂性，增加需要的属性和方法，比基于 Process 类创建进程的灵活性更大。

简单来说，当任务比较简单时，使用 Process 类创建进程，简单方便；当任务比较复杂时，使用 Process 子类创建进程，强大灵活。

下面给出一个使用 Process 子类创建进程的范例，如代码清单 8-2 所示，与使用 Process 类创建进程相比，使用 Process 子类创建进程需要做的工作有：

- 定义一个子类，继承 Process 类。
- 在子类中重写 Process 类的 __init__() 方法，增加所需的属性。
- 必须在子类中重写 Process 类的 run() 方法，进程的主要功能在 run() 方法中实现。
- 可以根据需要增加其他的方法。

当定义完子类，并用子类实例化进程对象后，后续的使用方式，例如启动子进程、等待子进程执行完毕等，与基于 Process 类编写多进程程序的方式一致。

代码清单 8-2 process_demo2.py 范例代码

1. #导入 Process 类, os 和 time 模块
2. from multiprocessing import Process
3. import os, time
4. #定义 Process 子类
5. class ChildProcess(Process):   #继承 Process 类
6.   def __init__(self, sec=5, name=''):   #重写 Process 类的 __init__() 方法
7.   Process.__init__(self)   #调用 Process 类的 __init__() 方法
8.   if name:
9.   self.name = name   #为子进程初始化 name 属性
10.   if sec < 0:   #sec 必须为非负数
11.   self.sec = 0
12.   else:
13.   self.sec = sec
14.   #重写 Process 类的 run() 方法
15.   def run(self):
16.   print("child_process_%d starts and sleep %d seconds" %(os.getpid(), self.sec))
17.   time.sleep(self.sec)
18.   print("child_process_%d ends" % (os.getpid()))
19.
20. if __name__ == "__main__":
21.   print("Parent Process %s starts" % (os.getpid()))
22.   #实例化三个 Process 对象
23.   p1 = ChildProcess(sec=3, name='NO.1')
24.   p2 = ChildProcess(sec=2, name='NO.2')
25.   p3 = ChildProcess(sec=1, name='NO.3')
26.   print("Child Processes start")
27.   #启动子进程
28.   p1.start()
29.   p2.start()
30.   p3.start()
31.   #查看子进程信息
32.   print("p1:name=%s,pid=%d,is_alive=%s" %(p1.name, p1.pid, p1.is_alive()))
33.   print("p2:name=%s,pid=%d,is_alive=%s" %(p2.name, p2.pid, p2.is_alive()))
34.   print("p3:name=%s,pid=%d,is_alive=%s" %(p3.name, p3.pid, p3.is_alive()))
35.   #等待子进程执行结束
36.   p1.join()
37.   p2.join()
38.   p3.join()
39.   #查看子进程信息

```
40.    print("p1:name=%s,pid=%d,is_alive=%s" %(p1.name, p1.pid, p1.is_alive()))
41.    print("p2:name=%s,pid=%d,is_alive=%s" %(p2.name, p2.pid, p2.is_alive()))
42.    print("p3:name=%s,pid=%d,is_alive=%s" %(p3.name, p3.pid, p3.is_alive()))
43.    print("Parent Process ends")
```

运行结果如图 8-5 所示。

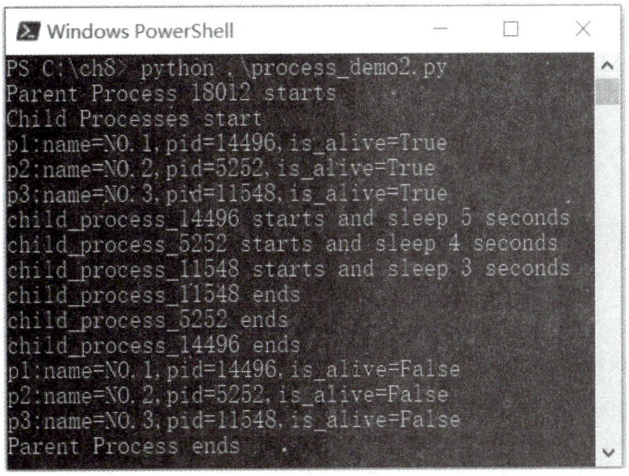

图 8-5 process_demo2.py 的运行结果

8.2.4 Pool 类简介

使用 Process 类每创建一个进程，都需要显式地实例化一个 Process 对象，需要创建的进程数量比较少还好，若需要创建成百上千个进程，用显式方式一个一个去实例化 Process 对象，显然编码工作量非常大。

另外，如果每处理一个任务都伴随一个进程的创建、运行、销毁，这些工作相对于任务来说，属于额外开销，为了提高进程的运行效率，尽量减少进程创建销毁的额外开销，可以使用进程池(Pool)。

进程池中有预先创建好的子进程，当任务来临时，进程池会分配空闲的子进程去处理任务。当所有空闲的子进程都分配完毕时，新来的任务需要等待直到有空闲子进程为止。

Multiprocessing 模块提供一个 Pool(进程池)类来创建 Pool 对象，语法如下：

1. Pool(processes=None, initializer=None, initargs=(), maxtasksperchild=None, context=None)

其初始化参数，说明如下：

● processes，指定进程池中并行执行的子进程个数，默认值 None 表示设置为由 os.cpu_count() 返回的 CPU 核心数。

● initializer，若 initializer 不为 None，则每个进程在启动时会调用 initializer(*initargs)。

● initargs，initializer 的输入参数。

- maxtasksperchild，Python v3.2 版新增，每个子进程执行的最大任务数，超过该任务数，子进程会被销毁。默认值 None 指子进程一直工作到 Pool 对象销毁为止。
- context，Python v3.4 版新增，由 Pool() 函数自动设置，保持默认值 None 就好。

Pool 对象常用的方法、使用说明如表 8-3 所示，p 表示 Pool 对象。

表 8-3 Pool 对象的方法

Pool 对象的内置方法	描 述
p.apply(func, args=(), kwds={})	以阻塞方式调用 func 函数。 args 是以元组形式传递给 func 函数的不定长参数。 kwds 是以字典形式传递给 func 函数的不定长参数。 阻塞方式调用 func 函数效率低，所以该方法基本很少使用
p.apply_async(func, args=(), kwds={}, callback=None, error_callback=None)	以非阻塞方式调用 func 函数。 args 是以元组形式传递给 func 函数的不定长参数。 kwds 是以字典形式传递给 func 函数的不定长参数。 callback 可以接受单个参数的回调函数，func 函数执行完毕后，调用该函数。 error_callback 可以接受单个参数的错误处理回调函数，func 函数执行出错后，由异常实例调用该函数。 非阻塞方式调用 func 函数效率高，通常使用该方法
p.map(func, iterable, chunksize=None)	以阻塞方式将 func 函数应用到 interable 可迭代对象的每个元素上；可迭代对象按照 chunksize 分为多个任务提交给子进程处理
p.map_async(func, iterable, chunksize=None, callback=None, error_callback=None)	以非阻塞方式将 func 函数应用到 interable 可迭代对象的每个元素上，可迭代对象按照 chunksize 分为多个任务提交给子进程处理。 callback 可以接受单个参数的回调函数，func 函数执行完毕后，调用该函数。 error_callback 可以接受单个参数的错误处理回调函数，func 函数执行出错后，由异常实例调用该函数
p.close()	关闭 Pool 对象，不再接受新任务
p.terminate()	不管任务是否完成，立即终止 Pool 对象工作
p.join()	在 close() 方法后使用，阻塞主进程，直到子进程全部结束

8.2.5 使用 Pool 类创建多进程

使用 Pool 类创建多进程有两种方式，第一种是创建一个任务函数，然后用 apply_async() 方法来分配任务，具体实现方式如代码清单 8-3 所示。

代码清单 8-3　pool_demo1.py 范例代码

```
1.  #导入 Pool 类, os 和 time 模块
2.  from multiprocessing import Pool
3.  import os, time
4.  #定义一个任务函数
5.  def task(id):
6.      print('child process %s works on the task %s' % (os.getpid(), id))
7.      time.sleep(2)#休眠 2 秒
8.
9.  if __name__ == "__main__":
10.     print("Parent Process %s starts" % os.getpid())
11.     #实例化一个进程池对象,子进程数量为 os.cpu_count() 返回的 CPU 核心数
12.     p = Pool()
13.     #以非阻塞方式用 apply_async() 方法为进程池对象分配 20 个任务
14.     for i in range(20):
15.         p.apply_async(task, args=(i,))
16.     p.close()#关闭进程池对象,不再接收新的任务
17.     p.join()#等待子线程执行完毕
18.     print("Parent Process ends")
```

运行结果如图 8-6 所示。

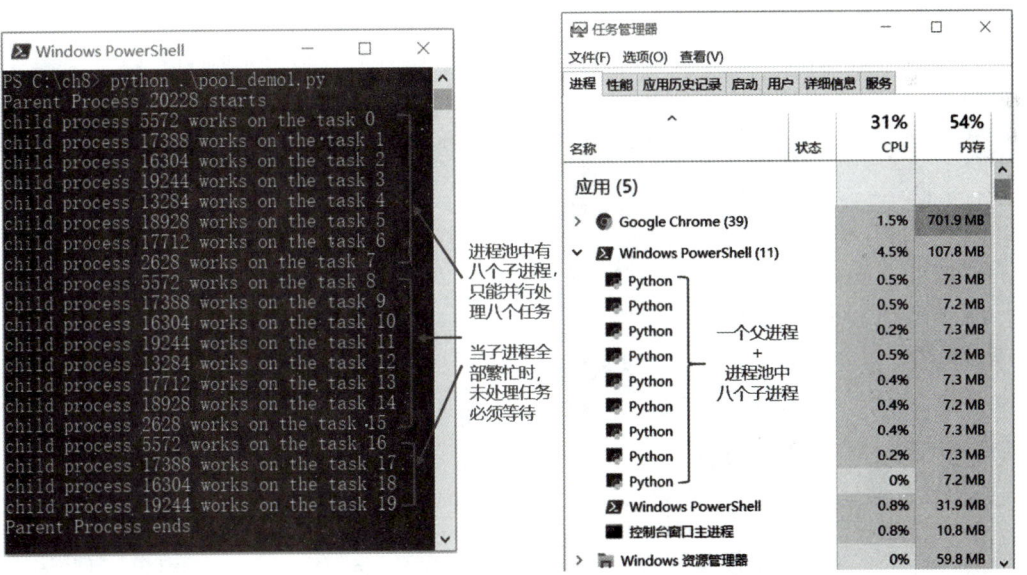

图 8-6　pool_demo1.py 的运行结果

使用 Pool 类创建多进程的第二种方式是使用 map_async() 方法,把任务应用到可迭代对象的每一个元素上,具体实现方式如代码清单 8-4 所示。

代码清单 8-4　pool_demo2.py 范例代码

```
1.  #导入 Pool 类,os 和 time 模块
2.  from multiprocessing import Pool
3.  import os, time
4.  #定义一个任务函数
5.  def task(id):
6.      print('child process %s works on the task %s' % (os.getpid(), id))
7.      time.sleep(2)#休眠 2 秒
8.
9.  if __name__ == "__main__":
10.     print("Parent Process %s starts" % os.getpid())
11.     #实例化一个进程池对象,子进程数量为 os.cpu_count() 返回的 CPU 核心数
12.     p = Pool()
13.     #以非阻塞方式用 map_async() 方法为进程池对象分配 20 个任务
14.     p.map_async(task, range(20))
15.     p.close()#关闭进程池对象,不再接收新的任务
16.     p.join()#等待子线程执行完毕
17.     print("Parent Process ends")
```

可以看到用 map_async() 方法分配任务不需要 for 循环，比 apply_async() 方法更简洁，代码其余部分一模一样。

运行结果如图 8-7 所示。

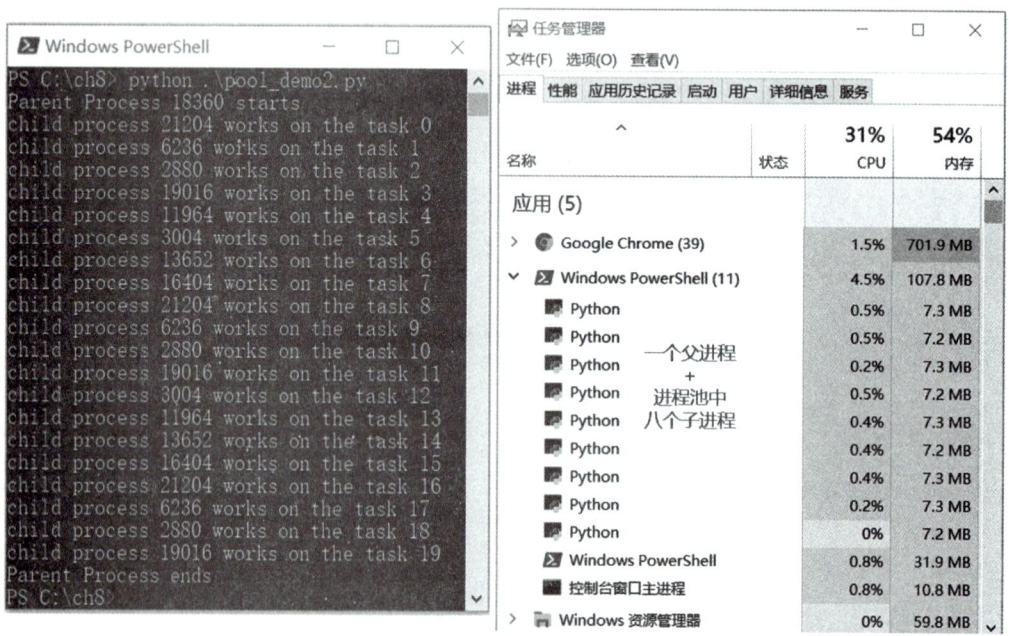

图 8-7　pool_demo2.py 的运行结果

8.3 进程间通信

进程有自己独立的用户空间(代码+数据)，一般情况下，进程间无法互访其用户空间，例如，全局变量在进程之间不能共享，如图 8-8 所示。进程与进程之间需要有一套机制或编程接口，实现进程间通信。

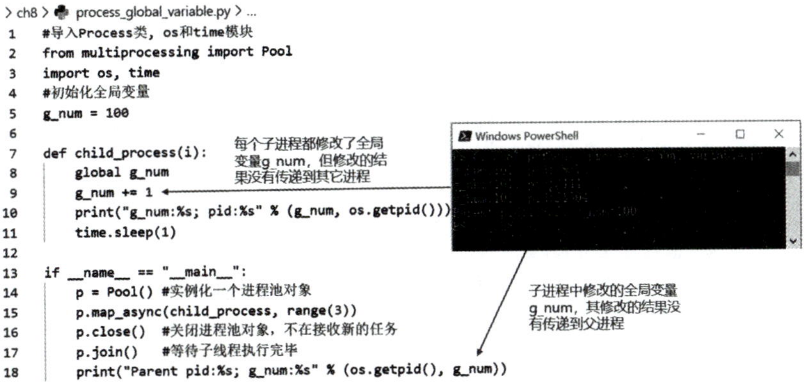

```
> ch8 > process_global_variable.py >
1    #导入Process类，os和time模块
2    from multiprocessing import Pool
3    import os, time
4    #初始化全局变量
5    g_num = 100
6
7    def child_process(i):
8        global g_num
9        g_num += 1
10       print("g_num:%s; pid:%s" % (g_num, os.getpid()))
11       time.sleep(1)
12
13   if __name__ == "__main__":
14       p = Pool() #实例化一个进程池对象
15       p.map_async(child_process, range(3))
16       p.close()  #关闭进程池对象，不在接收新的任务
17       p.join()   #等待子线程执行完毕
18       print("Parent pid:%s; g_num:%s" % (os.getpid(), g_num))
```

每个子进程都修改了全局变量g_num，但修改的结果没有传递到其它进程

子进程中修改的全局变量g_num，其修改的结果没有传递到父进程

图 8-8 全局变量不能在进程中共享

在 Python 中，multiprocessing 模块为实现进程间通信提供了两种类：Queue(队列)类和 Pipe(管道)类，本节将依次介绍。

8.3.1 用队列实现进程间通信

队列定义了一种先入先出的数据传输模型，先入队列的数据先出队列，如图 8-9 所示。

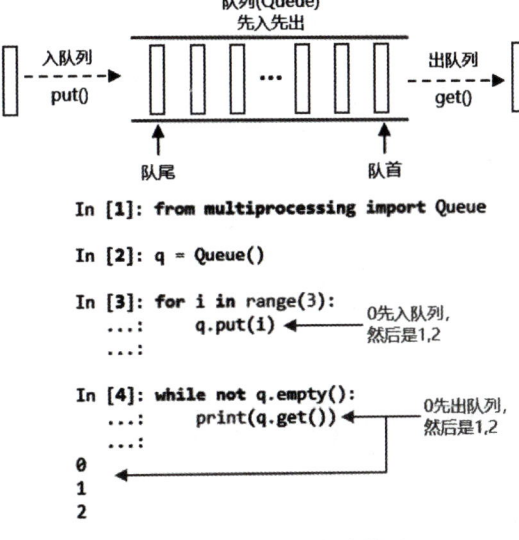

图 8-9 队列数据传输模型

Multiprocessing 模块提供一个 Queue(队列)类来创建 Queue (队列)对象，语法如下：

1. Queue(maxsize=0)

其初始化参数，说明如下：

- maxsize，指定队列大小。maxsize≤0 意味着队列大小不限(直到用尽内存)。

Queue 对象常用的方法、使用说明如表 8-4 所示，q 表示 Queue 对象。

表 8-4　Queue 对象的方法

Queue 对象的内置方法	描　　述
q. empty( )	返回队列是否为空，True：队列为空；False：队列不为空
q. full( )	返回队列是否满了，True：队列满了；False：队列没满
q. qsize( )	返回队列中的元素数量
q. get(block = True, timeout = None)	从队首获得一个元素，并将该元素从队列中删除。 当 block = True 且 timeout = None 时，get( )方法将一直等待直到获得一个元素为止；若指定了 timeout 值，则 get( )方法会等待 timeout 秒，若队列仍然为空，则引发 Empty 异常； 当 block = False，将忽略 timeout 参数，若队列为空，立即引发 Empty 异常；若队列不为空，立即获得一个元素
q. get_nowait( )	相当于 q. get(block = false)
q. put(obj, block = True, timeout = None)	将一个对象从队尾放入队列。 当 block = True 且 timeout = None 时，put( )方法将一直等待直到成功放入一个对象为止；若指定了 timeout 值，则 put( )方法会等待 timeout 秒，若队列仍然为满，则引发 Full 异常； 当 block = False，将忽略 timeout 参数，若队列为满，立即引发 Full 异常；若队列不为满，立即放入一个对象
q. put_nowait(obj)	相当于 q. put(obj, block = false)

下面，通过一个范例来演示如何使用 Queue 对象实现进程间通信，如代码清单 8-5 所示。创建两个进程，一个进程负责向队列写入数据，命名为 producer(生产者)；一个进程负责从队列读出数据，命名为 consumer(消费者)。设置从队列读取数据的时间为 2 秒，若超过 2 秒未能读取数据，则抛出异常。

代码清单 8-5　ipc_queue. py 范例代码

```
1. #导入 Process 类,Queue 类,os 和 time 模块
2. from multiprocessing import Process,Queue
3. import os,time
4.
5. #定义 producertask( )函数
6. def producertask(q):
```

```
7.    for i in range(3):
8.        if not q.full(): #若队列不满,则将消息放入队列
9.            msg = "msg" + str(i)
10.           q.put(msg)
11.           print("producer_%s puts:%s" % (os.getpid(), msg))
12.           time.sleep(0.1)
13. #定义 consumer_task()函数
14. def consumer_task(q):
15.     for i in range(3):
16.         #最多等待2秒,从队列取出消息
17.         msg = q.get(timeout=2)
18.         print("consumer_%s gets:%s" % (os.getpid(), msg))
19.         time.sleep(0.1)
20.
21. if __name__ == "__main__":
22.     print("Parent Process %s starts" % (os.getpid()))
23.     #实例化一个Queue对象
24.     q = Queue()
25.     producer = Process(target=producer_task, args=(q,), name='producer')
26.     consumer = Process(target=consumertask, args=(q,), name='consumer')
27.     #启动子进程
28.     producer.start()
29.     consumer.start()
30.     #等待子进程执行完毕
31.     producer.join()
32.     consumer.join()
33.     print("Parent Process ends")
```

运行结果,如图8-10所示。

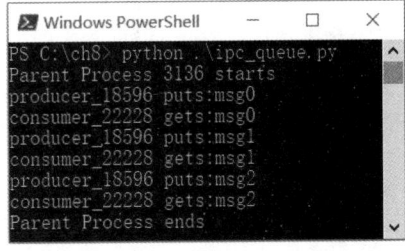

图8-10　ipc_queue.py 的运行结果

8.3.2　用管道实现进程间通信

管道(Pipe)是由操作系统内核提供的高效的进程间通信方式,如图8-11所示。它有

两端，可以连接两个进程，管道中的数据以先入先出的方式进行交换。管道可以工作于单工方式，即一端只能发送，一端只能接收；也可以工作于双工方式，即每端即能发送也能接收。

管道的缓冲区大小由操作系统决定，发送超过缓冲区大小的数据，会让线程挂起。在 Windows10 64 位操作系统上，管道的缓冲区大小是 8KB；在 Ubuntu 16.04 LTS 64 操作系统上，管道的缓冲区大小是 64KB。

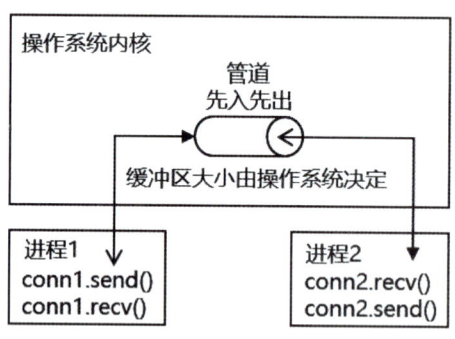

图 8-11 管道

multiprocessing 模块提供一个 Pipe 类来创建 Pipe 对象，语法如下：

1. Pipe(duplex=True)

其初始化参数，说明如下：

- Pipe() 会返回两个 connection（连接）对象：conn1，conn2。当 duplex = True 时，conn1，conn2 工作于双工状态，既能发送也能接收；当 duplex = False 时，conn1，conn2 工作于单工状态，conn1 发送，conn2 接收。

Pipe() 返回的 connection 对象的方法，如表 8-5 所示，c 表示 connection 对象。

表 8-5 connection 对象的方法

connection 对象的内置方法	描述
c.send(object)	向管道发送可由 pickle 模块序列化的对象，发送超过管道缓冲区大小的数据，会把进程挂起
c.recv()	从管道接收可由 pickle 模块序列化的对象
c.poll()	查询是否可以接收数据。 True：管道中有数据，可以接收；False：管道中没有数据，调用 recv() 会将进程挂起，直到管道中有数据

multiprocessing 模块中的 Queue 和 Pipe 都能实现进程间通信，区别是：

从通信效率来说，管道比队列更加高效，因为 multiprocessing 模块中的 Queue 是在 Pipe 的基础上实现的。

从功能上来说，队列只能单工，管道可以双工；队列有超时机制，管道没有超时机制；队列大小可以由用户设置，管道大小由操作系统决定，用户无法设置（multiprocessing

模块没有提供设置管道缓冲区的函数)。

下面,通过一个范例来演示如何使用 Pipe 对象实现进程间通信,如代码清单 8-6 所示。创建两个进程,一个进程负责向管道写入数据,然后等待另一个进程的回复;另一个进程从管道接收到数据后,把数据通过管道回发。

代码清单 8-6　ipc_pipe.py 范例代码

```
1.  #导入 Process、Pipe 类,os 和 time 模块
2.  from multiprocessing import Process,Pipe
3.  import os,time
4.
5.  #定义 pipe_conn1 函数
6.  def pipe_conn1(conn):
7.      msg ="Hello from " + str(os.getpid())
8.      conn.send(msg)
9.      print("process_%s send:%s" % (os.getpid(),msg))
10.     msg = conn.recv()
11.     print("process_%s received:%s" % (os.getpid(),msg))
12.
13. #定义 pipe_conn2 函数
14. def pipe_conn2(conn):
15.     msg = conn.recv()
16.     print("process_%s received:%s" % (os.getpid(),msg))
17.     msg ="Hello from " + str(os.getpid())
18.     conn.send(msg)
19.     print("process_%s send:%s" % (os.getpid(),msg))
20.
21. if __name__ == "__main__":
22.     print("Parent Process %s starts" % (os.getpid()))
23.     conn1,conn2 = Pipe()#实例化一个 Pipe 对象
24.     p1 = Process(target=pipe_conn1,args=(conn1,))
25.     p2 = Process(target=pipe_conn2,args=(conn2,))
26.     #启动子线程
27.     p1.start()
28.     p2.start()
29.     #等待子线程执行完毕
30.     p1.join()
31.     p2.join()
32.     print("Parent Process ends")
```

运行结果如图 8-12 所示。

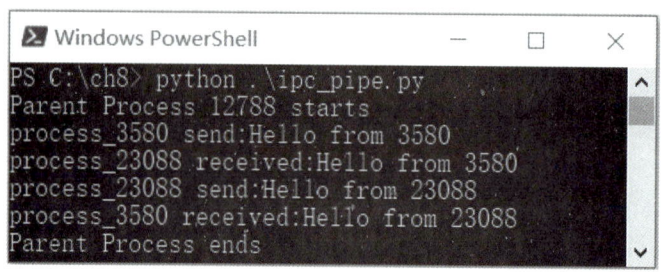

图 8-12　ipc_pipe.py 的运行结果

8.4　多线程并发编程

第 8 章第 2 节介绍了用进程实现并发编程，相比线程，进程占用内存空间大，消耗计算资源多。本节将首先介绍进程与线程的区别，然后介绍基于线程实现并发编程，最后介绍线程间通信。

8.4.1　进程与线程的区别

线程是操作系统调度最基本的单位，是进程的一部分，线程不能脱离进程单独存在。一个进程内的多个线程共享该进程内的公共资源，如代码、数据、文件等，但不同进程之间不共享内存空间，所以线程间的数据通信比进程间的数据通信更容易更高效。

同一个进程内的每个线程都有自己独立的堆栈和寄存器，如图 8-13 所示，在线程切换时，只需要保存和恢复自己的堆栈和寄存器，无须涉及进程的内存空间，所以线程的创建、调度和销毁工作比进程高效很多，需要的计算资源也比进程少很多。

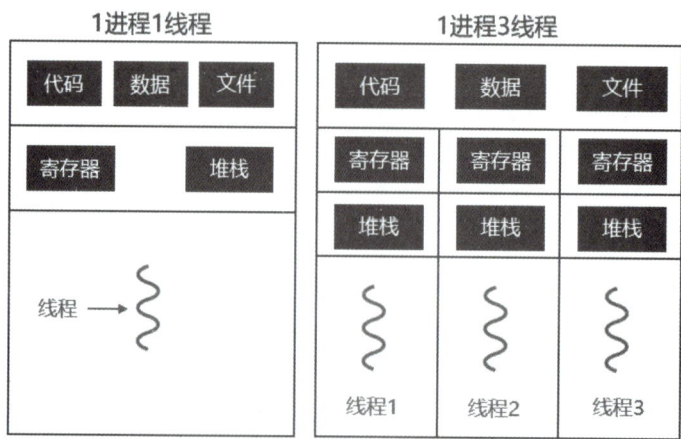

图 8-13　进程与线程

为了方便理解，可以把进程想象为一列火车，线程想象为一个火车车厢。一列火车有多个车厢，每个车厢共享火车的资源，也有自己独立的资源。车厢之间进行通信比火车之间进行通信更容易更高效，车厢之间调换，比整列火车调换更快，需要的资源也更少。

8.4.2 Thread 类简介

Python 提供一个标准模块 threading 用于实现多线程并发编程。threading 模块提供一个 Thread 类来创建线程对象，语法如下：

1. Thread(group=None, target=None, name=None, args=(), kwargs=None, *, daemon=None)

其初始化参数，说明如下：
- group，该参数未被 Python 使用，为以后版本保留，始终保持默认值 None 就行。
- target，可调用的对象，例如，函数；线程启动后，由 run() 方法调用；若为 None，表示该进程启动后，不调用任何用户函数。
- name，指定该线程实例的别名。
- args，以元组形式传递给 target 函数的参数。
- kwargs，以字典形式传递给 target 函数的参数。
- daemon，后台程序标志位，默认值 None 表示从创建自己的进程中继承该标志位。

Thread 对象常用的方法、属性，及其使用说明如表 8-6 和表 8-7 所示，t 表示 Thread 对象。

表 8-6 Thread 对象的方法

Thread 对象的方法	描述
t.start()	启动子线程，等待 CPU 调度
t.is_alive()	判断线程实例是否还有效，若有效，则返回 True
t.join(timeout=None)	在 timeout 秒钟内，等待子线程结束。timeout 若保持默认值 None，则意味着一直等待
t.getName()	获得线程的名字
t.setName(name)	将线程的名字设置为 name
t.run()	直接运行 target 参数引用的可执行对象

表 8-7 Thread 对象的属性

Thread 对象的属性	描述
t.name	线程的名字，由实例化参数 name 指定
t.ident	线程标识符。线程标识符是一个非负整数，在线程启动后有效
t.daemon	是否是一个 daemon。线程启动后，若不设置，默认值为 False

8.4.3 使用 Thread 类创建多线程

使用 Thread 类创建多线程程序有两种方法：

- 用 Thread 类实例化一个 Thread 对象。
- 创建一个继承 Thread 类的子类,用这个子类实例化一个对象。

本节介绍第一种方法,用 Thread 类实例化一个 Thread 对象。在代码清单 8-7 中,首先定义一个可调用对象 thread_task(),然后用 Thread 类实例化三个 Thread 对象,接着用 start()方法启动所有线程,然后用 join()方法等待所有线程结束。

代码清单 8-7   thread_demo1.py 范例代码

```
1.  #导入 Thread 类,os 和 time 模块
2.  from threading import Thread, get_ident
3.  import os, time
4.  #定义 thread_task()函数,输入参数:sec 秒
5.  def thread_task(sec):
6.      print("thread_%d starts and sleep %d seconds" % (get_ident(), sec))
7.      time.sleep(sec)
8.      print("thread_%d ends" % (get_ident()))
9.  
10. if __name__ == "__main__":
11.     print("Parent Process %s starts" % (os.getpid()))
12.     #实例化三个 Thread 对象
13.     t1 = Thread(target=thread_task, args=(3,), name='NO.1')
14.     t2 = Thread(target=thread_task, args=(2,), name='NO.2')
15.     t3 = Thread(target=thread_task, args=(1,), name='NO.3')
16.     #启动线程
17.     t1.start()
18.     t2.start()
19.     t3.start()
20.     #查看线程信息
21.     print("t1:name=%s,id=%d,is_alive=%s" % (t1.name,t1.ident,t1.is_alive()))
22.     print("t2:name=%s,id=%d,is_alive=%s" % (t2.name,t2.ident,t2.is_alive()))
23.     print("t3:name=%s,id=%d,is_alive=%s" % (t3.name,t3.ident,t3.is_alive()))
24.     #等待线程执行结束
25.     t1.join()
26.     t2.join()
27.     t3.join()
28.     #查看线程信息
29.     print("t1:name=%s,id=%d,is_alive=%s" % (t1.name,t1.ident,t1.is_alive()))
30.     print("t2:name=%s,id=%d,is_alive=%s" % (t2.name,t2.ident,t2.is_alive()))
31.     print("t3:name=%s,id=%d,is_alive=%s" % (t3.name,t3.ident,t3.is_alive()))
32.     print("Parent Process ends")
```

运行结果如图 8-14 所示。

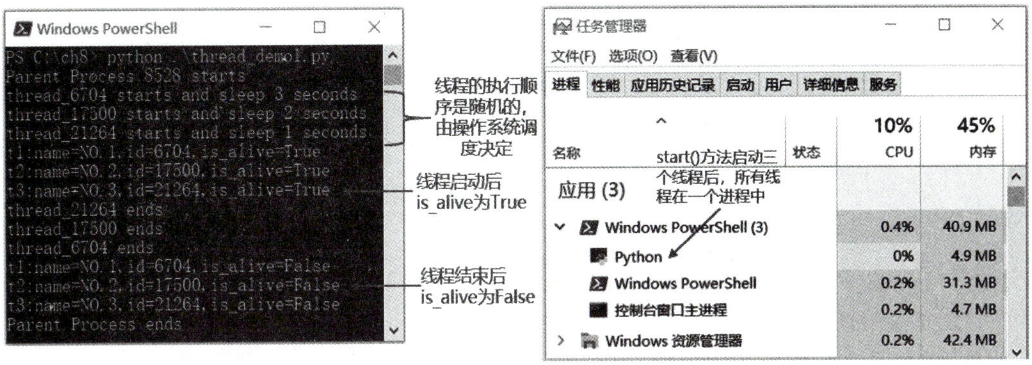

图 8-14 thread_demo1.py 的运行结果

8.4.4 使用 Thread 子类创建多线程

基于 Thread 类创建进程，优点是简单，只需要定义一个函数，然后把函数名传给 Thread 类的 target 参数就行了，但这种方式既不能方便访问 Thread 对象的属性，也无法增加 Thread 子类的属性和方法。

基于 Thread 子类创建进程，首先通过继承 Thread 类，获得 Thread 类的全部能力，然后可以根据任务的复杂性，增加需要的属性和方法，比基于 Thread 类创建线程的灵活性更大。

简单来说，当任务比较简单时，使用 Thread 类创建线程，简单方便；当任务比较复杂时，使用 Thread 子类创建线程，强大灵活。

与使用 Thread 类创建线程相比，使用 Thread 子类创建线程需要做的工作有：
- 定义一个子类，继承 Thread 类。
- 在子类中重写 Thread 类的 __init__() 方法，增加所需的属性。
- 必须在子类中重写 Thread 类的 run() 方法，线程的主要功能在 run() 方法中实现。
- 可以根据需要增加其他的方法。

当定义完子类，并用子类实例化线程对象后，后续的使用方式，例如启动线程（start）、等待线程执行完毕（join）等，与基于 Thread 类编写多线程程序的方式一致。

下面给出一个使用 Thread 子类创建线程的范例，如代码清单 8-8 所示。

代码清单 8-8 thread_demo2.py 范例代码

```
1. #导入Thread类,os和time模块
2. from threading import Thread
3. import os, time
4.
5. #定义Thread子类
```

```python
6.  class ChildThread(Thread):                              #继承 Thread 类
7.      def __init__(self, sec=5, name=''):                 #重写 Thread 类的 __init__()方法
8.          Thread.__init__(self)                           #调用 Thread 类的 __init__()方法
9.          if name:
10.             self.name = name                            #初始化线程的 name 属性
11.         if sec < 0:                                     #sec 必须为非负数
12.             self.sec = 0
13.         else:
14.             self.sec = sec
15.     #重写 Thread 类的 run()方法
16.     def run(self):
17.         print("thread_%d starts and sleep %d seconds"%(self.ident,self.sec))
18.         time.sleep(self.sec)
19.         print("thread_%d ends" % (self.ident))
20.
21. if __name__ == "__main__":
22.     print("Parent Process %s starts" % (os.getpid()))
23.     #实例化三个 Thread 对象
24.     t1 = ChildThread(sec=3, name='NO.1')
25.     t2 = ChildThread(sec=2, name='NO.2')
26.     t3 = ChildThread(sec=1, name='NO.3')
27.     #启动线程
28.     t1.start()
29.     t2.start()
30.     t3.start()
31.     #查看线程信息
32.     print("t1:name=%s,id=%d,is_alive=%s" % (t1.name,t1.ident,t1.is_alive()))
33.     print("t2:name=%s,id=%d,is_alive=%s" % (t2.name,t2.ident,t2.is_alive()))
34.     print("t3:name=%s,id=%d,is_alive=%s" % (t3.name,t3.ident,t3.is_alive()))
35.     #等待线程执行结束
36.     t1.join()
37.     t2.join()
38.     t3.join()
39.     #查看线程信息
40.     print("t1:name=%s,id=%d,is_alive=%s" % (t1.name,t1.ident,t1.is_alive()))
41.     print("t2:name=%s,id=%d,is_alive=%s" % (t2.name,t2.ident,t2.is_alive()))
42.     print("t3:name=%s,id=%d,is_alive=%s" % (t3.name,t3.ident,t3.is_alive()))
43.     print("Parent Process ends")
```

运行结果如图 8-15 所示。

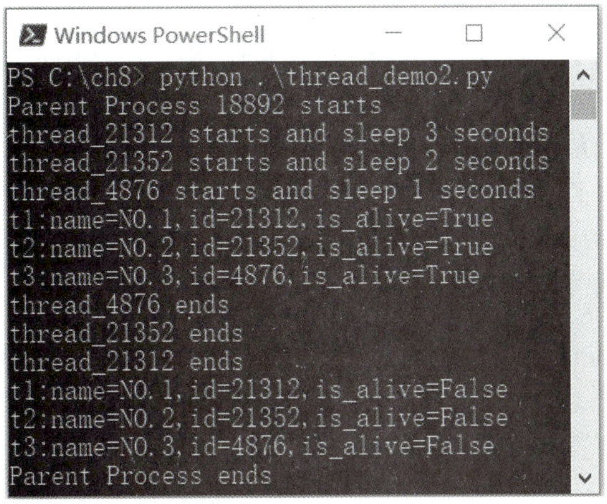

图 8-15　thread_demo2.py 的运行结果

8.5　线程间同步

如 8.3 节所述，进程有自己独立的用户空间（代码+数据），所以进程间是无法共享全局变量的。同一个进程中的线程之间共享进程的用户空间，所以线程间是可以共享进程的全局变量的，如图 8-16 所示。

与进程相比，线程间由于共享进程的全局数据，所以不存在通信问题，但多个线程访问同一共享数据，会引发竞争问题。例如，线程 1 正在修改全局变量 g_num 的过程中发生了线程切换，线程 2 修改了全局变量 g_num，然后再切换回线程 1，线程 1 把修改的结果写入全部变量 g_num 中，这时，线程 1 覆盖了线程 2 的处理结果，导致线程 2 的处理结果无效。

图 8-16　线程间共享进程的全局变量

这种多个线程同时访问共享数据造成的处理结果混乱现象，称为多线程数据竞争。为了解决多线程数据竞争问题，需要引入线程同步机制，让多个线程有序访问共享数据。

threading 模块提供了五种线程同步机制：Lock，RLock，Semaphore，Condition 和 Event，其基本原理都是"检查然后执行（check-then-act）"，先检查是否满足访问共享数据的条件，若满足条件，则访问，若不满足条件，则等待。相比 Lock，RLock 和 Semaphore，Condition 和 Event 增加了等待和通知功能，下面将依次介绍。

8.5.1 使用 Lock 实现线程间同步

Lock（锁）是 threading 模块提供的最基本的线程同步机制，通常用于同步对共享资源的访问。用 threading 模块中的 Lock 类来创建 Lock 对象，语法如下：

1. Lock()

锁有两种状态：被锁（locked）和没有被锁（unlocked）。

Lock 对象常用的方法、使用说明如表 8-8 所示，l 表示 Lock 对象。

表 8-8 Lock 对象的方法

Lock 对象的方法	描述
l.acquire(blocking=True, timeout=-1)	获取锁，若锁的状态是 unlocked，立即返回并将锁的状态改为 locked；若锁的状态是 locked，则根据参数 blocking 决定在 timeout 时间限制内，是否阻塞等待锁的状态被其他线程改为 unlocked
l.locked()	检查并返回锁的当前状态。True：locked；False：unlocked
l.release()	释放锁，将锁的状态改为 unlocked

下面给出一个使用 Lock 对象实现线程同步的范例，如代码清单 8-9 所示。

代码清单 8-9　thread_lock.py 范例代码

```
1. #导入 Thread, Lock 类, os 和 time 模块
2. from threading import Thread, Lock
3. #初始化全局变量
4. g_sum = 0
5. sum = 499995000000
6. def child_thread(l):
7.     global g_sum
8.     l.acquire()  #获取锁
9.     for i in range(100000):
10.        g_sum = g_sum + i
11.    l.release()  #释放锁
12.
13. if __name__ == "__main__":
```

```
14.    l = Lock()        #创建锁
15.    threads = [Thread(target=child_thread, args=(1,)) for i in range(100)]
16.    for t in threads:
17.        t.start()      #启动所有线程
18.    for t in threads:
19.        t.join()       #等待线程结束
20.    print("g_sum should be:%s；g_sum:%s" % (sum, g_sum))
```

运行结果如图 8-17 所示。

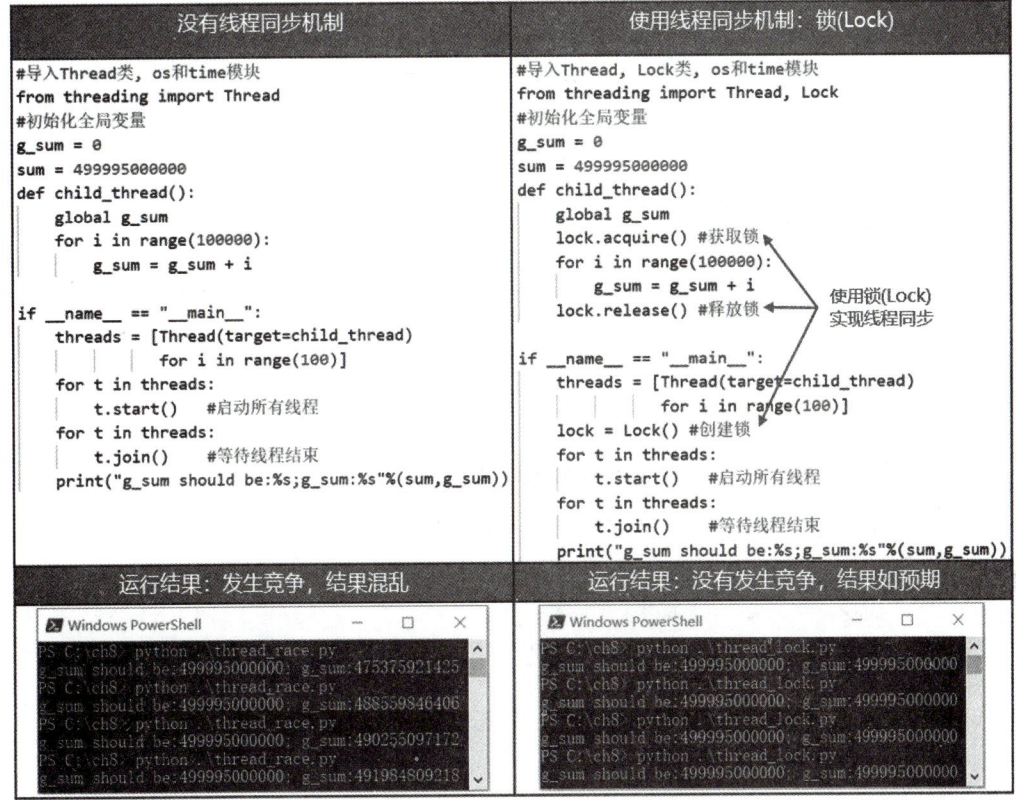

图 8-17　thread_lock.py 的运行结果

8.5.2　使用 RLock 实现线程间同步

threading 模块提供一个 RLock（可重入锁）类来创建 RLock 对象，语法如下：

1. RLock()

与 Lock 相比，RLock 能够不被阻塞地被同一个线程调用多次。要注意的是：RLock 的 release() 与 acquire() 调用次数相同才能释放锁。

Lock 对象常用的方法、使用说明如表 8-9 所示，rl 表示 RLock 对象。

表 8-9 Lock 对象的方法

RLock 对象的方法	描述
rl.acquire（blocking = True, timeout = -1）	获取锁，若锁的状态是 unlocked，立即返回并将锁的状态改为 locked；若锁的状态是 locked，则根据参数 blocking 决定在 timeout 时间限制内，是否阻塞等待锁的状态被其他线程改为 unlocked 若检测到是自身线程将锁锁住的，即便是阻塞状态，也立即返回，并将锁的计数器加 1
rl.release()	释放锁，将锁的计数器减 1，若锁的计数器为 0，则将锁的状态改为 unlocked

下面给出一个使用 RLock 对象实现线程同步的范例，如代码清单 8-10 所示。

代码清单 8-10　thread_rlock.py 范例代码

```
1.  #导入 Thread、RLock 类、os 和 time 模块
2.  from threading import Thread,RLock
3.  #初始化全局变量
4.  g_sum = 0
5.  sum = 499995000000
6.  def child_thread(rl):
7.      global g_sum
8.      rl.acquire()        #获取可重入锁
9.      rl.acquire()        #获取可重入锁
10.     for i in range(100000):
11.         g_sum = g_sum + i
12.     rl.release()        #释放可重入锁
13.     rl.release()        #释放可重入锁
14. if __name__ == "__main__":
15.     rl = RLock()        #创建可重入锁
16.     threads = [Thread(target=child_thread,args=(rl,)) for i in range(100)]
17.     for t in threads:
18.         t.start()       #启动所有线程
19.     for t in threads:
20.         t.join()        #等待线程结束
21.     print("g_sum should be:%s;g_sum:%s"%(sum,g_sum))
```

运行结果如图 8-18 所示。

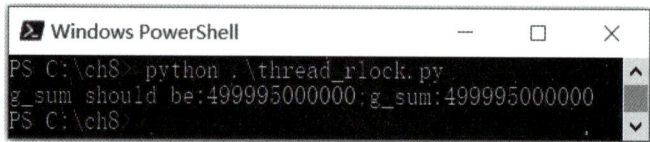

图 8-18　thread_rlock.py 的运行结果

8.5.3 使用 Semaphore 实现线程间同步

Semaphore(信号量)同步基于内部计数器,每调用一次 acquire(),计数器减 1;每调用一次 release(),计数器加 1;当计数器为 0 时,acquire()调用被阻塞。这是 Dijkstra 信号量概念 P()和 V()的 Python 实现。

当信号量的计数器限定最大为 1 时,就是互斥锁(mutex)。互斥锁在 Python 中的实现是 Lock 类。

threading 模块提供一个 Semaphore 类来创建 Semaphore 对象,语法如下:

1. Semaphore(value=1)

其初始化参数,说明如下:

- value,设定信号量内部计数器的初始值,默认值为 1。

Semaphore 对象常用的方法、使用说明如表 8-10 所示,s 表示 Semaphore 对象。

表 8-10 Semaphore 对象常用的方法

Semaphore 对象常用的方法	描述
s.acquire(blocking = True, timeout = None)	获取信号量,内部计数器减 1。若内部计数器为零,则根据参数 blocking 决定在 timeout 时间限制内,是否阻塞等待信号量的计数器被其他线程修改为大于零的值
l.release()	释放信号量,内部计数器加 1

下面给出一个使用 Semaphore 对象实现线程同步的范例,如代码清单 8-11 所示。

代码清单 8-11 thread_semaphore.py 范例代码

```
1. #导入 Thread、Semaphore 类、os 和 time 模块
2. from threading import Thread, Semaphore
3. #初始化全局变量
4. g_sum = 0
5. sum = 499995000000
6. def child_thread(s):
7.     global g_sum
8.     s.acquire()            #获取信号量
9.     for i in range(100000):
10.        g_sum = g_sum + i
11.    s.release()            #释放信号量
12.
13. if __name__ == "__main__":
14.     s = Semaphore()       #创建信号量
15.     threads = [Thread(target=child_thread, args=(s,)) for i in range(100)]
```

16.   for t in threads:
17.   t.start()   #启动所有线程
18.   for t in threads:
19.   t.join()   #等待线程结束
20.   print("g_sum should be:%s;g_sum:%s"%(sum,g_sum))

运行结果如图 8-19 所示。

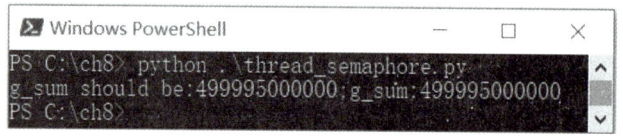

图 8-19　thread_semaphore.py 的运行结果

8.5.4　使用 Condition 实现线程间同步

Condition（条件）是一种可以主动通知并唤醒一个或多个在该条件上等待的线程的同步机制。在实现方式上，Condition 类内部维护了一个 RLock 对象并获得了其 acquire() 和 release() 方法，如图 8-20 所示。

```
204  class Condition:
205      """Class that implements a condition variable.
206
207      A condition variable allows one or more threads to wait until they are
208      notified by another thread.
209
210      If the lock argument is given and not None, it must be a Lock or RLock
211      object, and it is used as the underlying lock. Otherwise, a new RLock object
212      is created and used as the underlying lock.
213
214      """
215
216      def __init__(self, lock=None):
217          if lock is None:
218              lock = RLock()          ←——— 创建一个RLock对象
219          self._lock = lock
220          # Export the lock's acquire() and release() methods
221          self.acquire = lock.acquire      ←——— 获得acquire()和release()方法
222          self.release = lock.release
223          # If the lock defines _release_save() and/or _acquire_restore(),
224          # these override the default implementations (which just call
225          # release() and acquire() on the lock).  Ditto for _is_owned().
```

图 8-20　Condition 类的定义

用 Condition 类来创建 Condition 对象，语法如下：

1. Condition(lock=None)

其初始化参数，说明如下：

- lock，传入一个 Lock 或 RLock 对象，若没有对象传入，则创建一个 RLock 对象。

Condition 对象常用的方法、使用说明如表 8-11 所示，c 表示 Condition 对象。

表 8-11　Condition 对象常用的方法

Condition 对象常用的方法	描　述
c. acquire (blocking = True，timeout = -1)	获取条件对象内的锁
c. notify (n = 1)	通知并唤醒 n 个在该条件上等待的线程
c. notify_all ( )	通知并唤醒所有在该条件上等待的线程
c. wait (timeout = None)	在该条件上等待直到被另外的线程唤醒或者超时 timeout 发生。timeout = None 意味着永远等待
c. release ( )	释放获取条件对象内的锁

下面给出一个使用 Condition 对象实现线程同步的范例，创建一个生产者和五个消费者，五个消费者必须先等待生产者生产，当生产者完成生产后，通知消费者消费，如代码清单 8-12 所示。

代码清单 8-12　thread_condition.py 范例代码

```
1.  #导入 Thread、Condition 类
2.  from threading import Thread, Condition
3.  g_num = 0                        #全局资源
4.  #定义消费者,负责消耗一个单位资源
5.  def consumer(con, id):
6.      global g_num
7.      with con:
8.          print('Consumer %s waiting …' % (id))
9.          con.wait()
10.         g_num -= 1               #消耗一个单位资源
11.         print('Consumer %s consumed one resource' % (id))
12. #定义生产者,负责生产十个单位资源,然后通知消费者消费
13. def producer(con):
14.     global g_num
15.     with con:
16.         print('Producer produce ten resources')
17.         g_num += 10
18.         con.notifyAll()          #通知所有消费者消费资源
19.
20. if __name__ == '__main__':
21.     con = Condition()            #实例化条件对象
22.     #制造五个消费者和一个生产者
23.     cs = [Thread(target=consumer, args=(con,i)) for i in range(5)]
24.     p = Thread(target=producer, args=(con,))
```

```
25. for c in cs:
26.     c.start()           #启动消费者
27. p.start()               #启动生产者
28. for c in cs:
29.     c.join()            #等待消费者完成消费
30. print("g_num is left:%s. Exit…" % (g_num))
```

运行结果如图 8-21 所示。

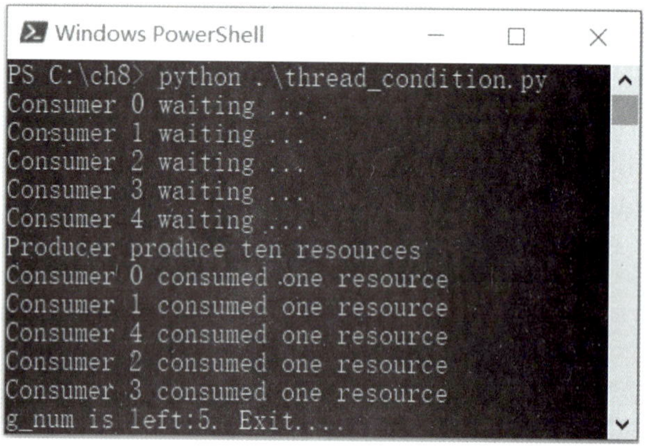

图 8-21　thread_condition.py 的运行结果

8.5.5　使用 Event 实现线程间同步

Event(事件)跟 Condition 非常类似，都是一种可以主动通知并唤醒等待线程的同步机制。在实现方式上，Event(事件)在 Condition 和 flag(标志位)基础上构建，如图 8-22 所示。

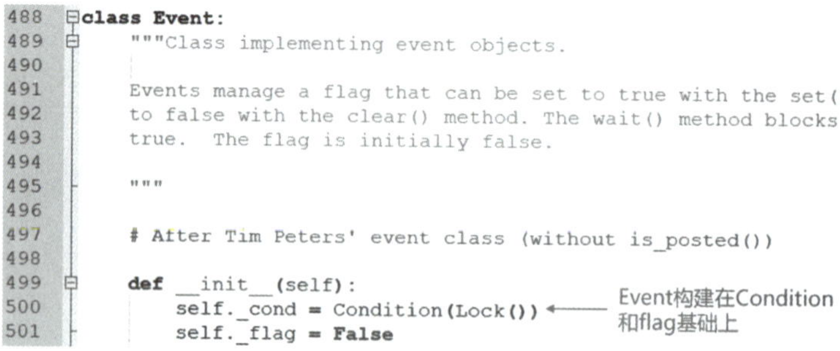

图 8-22　Event 构建在 Condition 和 flag 基础上

事件的同步机制：在 Event 类中，定义了一个内部标志位"_flag"，如果"_flag"值为 False，那么当程序执行 wait() 方法时就会阻塞；如果"_flag"值为 True，那么执行 wait() 方法时便不再阻塞。clear() 方法将"_flag"设置为 False，set() 方法将"_flag"设置为 True。

用 Event 类来创建 Event 对象，语法如下：

1. Event()

Event 对象常用的方法、使用说明如表 8-12 所示，e 表示 Event 对象。

表 8-12　Event 对象常用的方法

Event 对象常用的方法	描　　述
e.set()	将内部标志位 _flag 设置为 True，并唤醒所有被阻塞的线程
e.wait(timeout=None)	在 timeout 时间内，阻塞线程，直到内部标志位 _flag 被设置为 True。timeout = None 意味着永久阻塞
e.clear()	将内部标志位 _flag 设置为 False
e.is_set()	查询并返回内部标志位 _flag 的状态

下面给出一个使用 Event 对象实现线程同步的范例，创建一个生产者和五个消费者，五个消费者必须先等待生产者生产；当生产者完成生产后，通知消费者消费，如代码清单 8-13 所示。

代码清单 8-13　thread_event.py 范例代码

```
1.  #导入 Thread、Event 类
2.  from threading import Thread, Event
3.  g_num = 0                    #全局资源
4.  #定义消费者,负责消耗一个单位资源
5.  def consumer(e, id):
6.      global g_num
7.      print(' Consumer %s waiting …' %(id))
8.      e.wait()                 #等待生产者生产
9.      g_num -= 1               #消耗一个单位资源
10.     print(' Consumer %s consumed one resource' % (id))
11.
12. #定义生产者,负责生产十个单位资源,然后通知消费者消费
13. def producer(e):
14.     global g_num
15.     print(' Producer produce ten resources')
16.     g_num += 10
17.     e.set()                  #通知所有消费者消费资源
18.
19. if __name__ == '__main__':
20.     e = Event()              #实例化条件对象
21.     #制造五个消费者和一个生产者
22.     cs = [Thread(target=consumer,args=(e,i))for i in range(5)]
23.     p = Thread(target=producer,args=(e,))
```

```
24.    for c in cs:
25.        c.start()          #启动消费者
26.    p.start()              #启动生产者
27.    for c in cs:
28.        c.join()           #等待消费者完成消费
29.    print("g_num is left:%s. Exit…" % (g_num))
```

运行结果如图 8-23 所示。

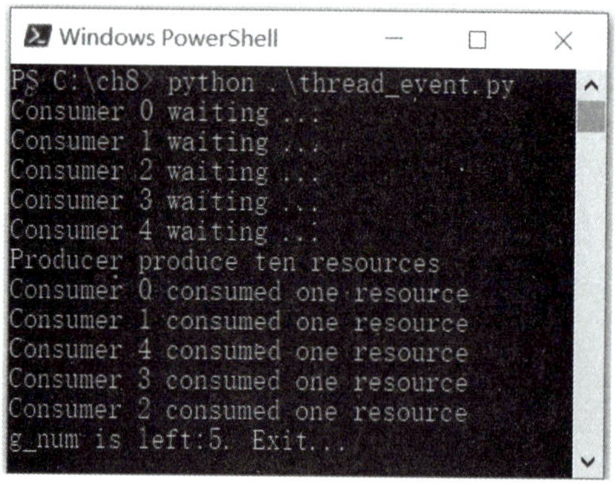

图 8-23 thread_event.py 的运行结果

8.6 使用队列实现线程间通信

与使用队列实现进程间通信类似，线程间也可以使用队列实现通信。Python 的 queue 模块中提供一个线程安全的 Queue 对象用于实现基于队列的数据传输。结合 threading 和 queue 模块，可以方便地实现基于队列的线程间通信。

queue 模块提供一个 Queue 类来创建 Queue 对象，语法如下：

1. Queue(maxsize=0)

其初始化参数，说明如下：

- maxsize，指定队列大小，maxsize≤0 意味着队列大小不限（直到用尽内存）。

Queue 对象常用的方法、使用说明如表 8-13 所示，q 表示 Queue 对象。

表 8-13 Queue 对象常用的方法

Queue 对象常用的方法	描述
q.empty()	返回队列是否为空，True：队列为空；False：队列不空
q.full()	返回队列是否满了，True：队列满了；False：队列没满
q.qsize()	返回队列中的元素数量

续表

Queue 对象常用的方法	描述
q.get(block=True, timeout=None)	从队首获得一个元素，并将该元素从队列中删除。 当 block=True 且 timeout=None 时，get() 方法将一直等待直到获得一个元素为止；若指定了 timeout 值，则 get() 方法会等待 timeout 秒，若队列仍然为空，则引发 Empty 异常； 当 block=False，将忽略 timeout 参数，若队列为空，立即引发 Empty 异常；若队列不为空，立即获得一个元素
q.get_nowait()	相当于 q.get(block=False)
q.put(obj, block=True, timeout=None)	将一个对象从队尾放入队列。 当 block=True 且 timeout=None 时，put() 方法将一直等待直到成功放入一个对象为止；若指定了 timeout 值，则 put() 方法会等待 timeout 秒，若队列仍然为满，则引发 Full 异常； 当 block=False，将忽略 timeout 参数，若队列为满，立即引发 Full 异常；若队列不为满，立即放入一个对象
q.put_nowait(obj)	相当于 q.put(obj, block=False)
q.qsize()	返回队列中的元素个数

下面通过一个范例来演示如何使用 Queue 对象实现线程间通信，如代码清单 8-14 所示。创建两个线程，一个线程负责向队列写入数据，命名为 producer（生产者）；一个线程负责从队列读取数据，命名为 consumer（消费者）。设置从队列读取数据的时间为 2 秒，若超过 2 秒未能读取数据，则抛出异常。

代码清单 8-14　thread_queue.py 范例代码

```
1. #导入 Thread 类、Queue 类、os 和 time 模块
2. from threading import Thread
3. from queue import Queue
4. import os,time
5.
6. #定义 producer_task() 函数
7. def producer_task(q):
8.     for i in range(3):
9.         if not q.full():   #若队列不满,则将消息放入队列
10.            msg = "msg" + str(i)
11.            q.put(msg)
12.            print("producer puts:%s" % (msg))
13.            time.sleep(0.1)
14. #定义 consumer_task() 函数
15. def consumer_task(q):
```

```
16.     for i in range(3):
17.         #最多等待2秒,从队列读取数据
18.         msg = q.get(timeout=2)
19.         print("consumer gets:%s" % (msg))
20.         time.sleep(0.1)
21.
22. if __name__ == "__main__":
23.     print("Parent Process %s starts" % (os.getpid()))
24.     q = Queue()#实例化一个 Queue 对象
25.     producer = Thread(target=producer_task, args=(q,), name='producer')
26.     consumer = Thread(target=consumer_task, args=(q,), name='consumer')
27.     #启动子线程
28.     producer.start()
29.     consumer.start()
30.     #等待子线程执行完毕
31.     producer.join()
32.     consumer.join()
33.     print("Parent Process ends")
```

运行结果如图 8-24 所示。

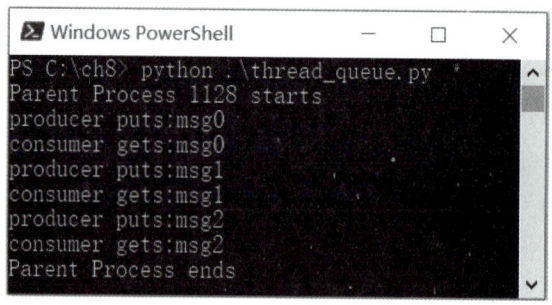

图 8-24 thread_queue.py 的运行结果

8.7　全局解释器锁(GIL)

理论上,无论是创建还是切换,多线程相对于多进程都有低开销的优势。Python 是解释型语言,在设计之初就考虑在解释器的主循环中,任意时刻只能有一个线程在解释器中运行。这个运行机制由全局解释器锁(global interpreter lock,简称 GIL)来实现。

GIL 只有一个,由于只有当前获得 GIL 的线程才能运行,所以即便 CPU 是多核,正在运行的当前线程也只能利用一个核。本节设计了一个多线程和多进程分别运行计算密集型和 IO 密集型任务的比较程序,如代码清单 8-15 所示。

代码清单 8-15   thread_process_multicores.py 范例代码

```
1.  #对比多线程和多进程在多核CPU上执行计算密集型和IO密集型任务的效率
2.  import threading, multiprocessing
3.  import os, time, math
4.  #定义计算密集型任务
5.  def task_cpu(n):
6.      x = 0.0
7.      for i in range(2,n):
8.          x += sum([math.sin(i) for i in range(i)])
9.  #定义IO密集型任务
10. def task_io(n):
11.     for _ in range(n):
12.         time.sleep(0.005)
13.
14. if __name__ == '__main__':
15.     # 测试多线程计算密集型任务
16.     print("启动多线程计算密集型任务")
17.     start = time.time()
18.     threads = [
19.         threading.Thread(target=task_cpu, args=(3000,))
20.         for i in range(os.cpu_count())
21.     ]
22.     for thread in threads:
23.         thread.start()
24.     for thead in threads:
25.         if thread.is_alive():
26.             thread.join()
27.     end = time.time()
28.     print(f"多线程计算密集型任务耗时:{end-start}秒")
29.     # 测试多进程计算密集型任务
30.     print("启动多进程计算密集型任务")
31.     start = time.time()
32.     processes = [
33.         multiprocessing.Process(target=task_cpu, args=(3000,))
34.         for i in range(os.cpu_count())
35.     ]
36.     for process in processes:
37.         process.start()
38.     for process in processes:
39.         if process.is_alive():
```

```
40.            process.join()
41.    end = time.time()
42.    print(f"多进程计算密集型任务耗时:{end-start}秒")
43.
44.    # 测试多线程 IO 密集型任务
45.    print("启动多线程 IO 密集型任务")
46.    start = time.time()
47.    threads = [
48.            threading.Thread(target=task_io, args=(100,))
49.            for i in range(os.cpu_count())
50.    ]
51.    for thread in threads:
52.            thread.start()
53.    for thead in threads:
54.            if thread.is_alive():
55.                    thread.join()
56.    end = time.time()
57.    print(f"多线程 IO 密集型任务耗时:{end-start}秒")
58.    # 测试多进程 IO 密集型任务
59.    print("启动多进程 IO 密集型任务")
60.    start = time.time()
61.    processes = [
62.            multiprocessing.Process(target=task_io, args=(100,))
63.            for i in range(os.cpu_count())
64.    ]
65.    for process in processes:
66.            process.start()
67.    for process in processes:
68.            if process.is_alive():
69.                    process.join()
70.    end = time.time()
71.    print(f"多进程 IO 密集型任务耗时:{end-start}秒")
```

运行结果如图 8-25 所示。

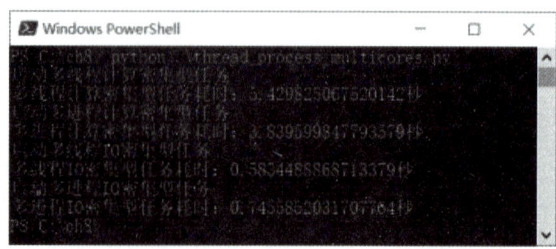

图 8-25　thread_process_multicores.py 的运行结果

从运行结果中，可以得出下面的结论，在 Python 中，由于 GIL 的存在：
- 计算密集型任务使用多进程实现效率高，多线程只能利用多核 CPU 的一个核。
- IO 密集型任务使用多线程和多进程都行，多线程效率略高。

8.8 本章要点回顾

并发编程可以提高计算资源的利用率，提高程序的执行效率。并发编程既可以基于进程实现，也可以基于线程实现。进程拥有自己独立的内存空间，线程共享所在进程的内存空间，因此，基于进程的并发编程要注意进程间通信，基于线程的并发编程要重视线程间同步。

本章首先介绍了进程和线程的基本概念，然后介绍了基于进程并发编程的 Process 类和基于线程并发编程的 Thread 类，接着分别介绍进程间通信和线程间同步的技术与实现，最后做了多线程与多进程执行不同类型任务的性能比较，推荐读者在计算密集型任务中使用多进程，而在 IO 密集型任务中使用多线程和多进程皆可。

8.9 本章练习题

题目 8.1　什么是进程？什么是线程？进程和线程有什么区别？

题目 8.2　获取 CPU 的核数 N，创建 N 个进程，每个进程输出进程 id，然后休眠 5 ms。

题目 8.3　获取 CPU 的核数 N，创建 N 个线程，每个线程输出所在进程的进程 id 和自己的线程标识符，然后休眠 5 ms。

题目 8.4　请实现一个生产者-消费者模式的多线程程序，三个生产者负责随机生成 100 以内的自然数并随机选择加、减、乘、除四种运算中的一种，然后把算式发给消费者，消费者计算并打印出结果。

题目 8.5　获取 CPU 的核数 N，创建 N 个线程。每个线程对全局变量做 1000000 次加 1，查看全局变量最终的结果是否等于 1000000 * N，并分析为什么。

题目 8.6　获取 CPU 的核数 N，创建 N 个线程。每个线程使用同一个函数作为 target 输入，在该函数中，定义一个局部变量，并对它做 1000000 次加 1，查看局部变量的最终结果是否等于 1000000，并分析为什么。

题目 8.7　请基于 Semaphore 类，解决题目 8.5 遇到的问题，让全局变量的最终结果达到预期。

第 9 章

Python 图形化用户界面(GUI)编程

与传统的命令行界面相比,图形化用户界面不需要用户死记硬背大量的命令,具有易学易用的优点,已经成为现代程序的标配。当前,除了一些后台算法、命令行小工具外,几乎所有的程序都有图形化用户界面。本章将介绍 Python 中的图形化用户界面编程。在程序员社区,"GUI"这个词(读做"goo-ee")比"图形化用户界面"更流行,所以本章将用"GUI"代表图形化用户界面。

9.1 Python GUI 工具包简介

在 Python 中做 GUI 开发,需要借助 GUI 工具包。当前流行的 GUI 工具包主要有 tkinter、PyQt、wxPython、PySide 等,如表 9-1 所示。

表 9-1 Python GUI 工具包比较表

GUI 工具包	特 点
tkinter	Tk GUI 工具包 Python 接口库; 最具有 Python 编程风格,简单易学易用; 免安装,属于 Python 标准 GUI 库; 跨平台支持,满足大部分 GUI 应用需求
PyQt	著名的功能强大的跨平台 GUI 库 Qt 的 Python 版本; 由 Riverbank 公司提供; 支持图形化 UI 设计工具 Qt Designer; 免费版遵循 GPL 许可证,开发闭源商用程序需要付费
PySide2	著名的功能强大的跨平台 GUI 库 Qt 的 Python 版本; 由 Nokia 公司提供; 支持图形化 UI 设计工具 Qt Designer; 免费版遵循 LGPLv3 许可证,开发闭源商用程序无须付费
wxPython	优秀的跨平台 GUI 库 wxWidgets 的 Python 版本; 为 Windows、Mac OS X 和 Unix 系统上的应用提供了原生的外观效果; 全平台免费

Python GUI 工具包更详细的比较，参见 https：//wiki.python.org/moin/Gui Programming。

若开发大型开源程序，需要漂亮专业的 GUI，可以选择 PyQt；若开发闭源商用程序，可以考虑 PySide2；若希望快速开发一些对控件颜值要求不高的桌面程序，可以用 tkinter。

各种 Python GUI 工具包的编程概念、思想和方法都大同小异，学会使用一种，触类旁通，就能快速掌握其他种类的工具包。Qt 库太庞大，建议读者阅读专门的 Qt/PyQt/PySide2 书籍，本书不再赘述。wxPython 不是 Python 原生支持的标准库，本书也不做进一步介绍。

本书选取 tkinter 作为 GUI 库来讲解 Python 图形化用户界面编程，是因为：
- tkinter 是 Python 事实上的 GUI 标准库，IDLE 也是用 tkinter 编写而成的。
- tkinter 无须安装、易学易用、使用广泛。
- tkinter 跨平台支持，开源免费。

9.2 tkinter 简介

tkinter 是"Tk interface"的缩写，意思是 Tk 接口。tkinter 是 Python 的 GUI 标准库，无须额外安装，导入即用，是 Python 社区最常用的 GUI 工具包之一。它支持 Windows、macOS 和大部分类 Unix 操作系统，语法简洁、易学易用，非常适合 Python 初学者学习 GUI 编程。

9.2.1 tkinter 自测程序

tkinter 模块提供一个自测程序_test()，用于显示 tkinter 的版本，测试 tkinter 模块是否安装成功，是否能在当前的环境下成功运行，如图 9-1 所示。

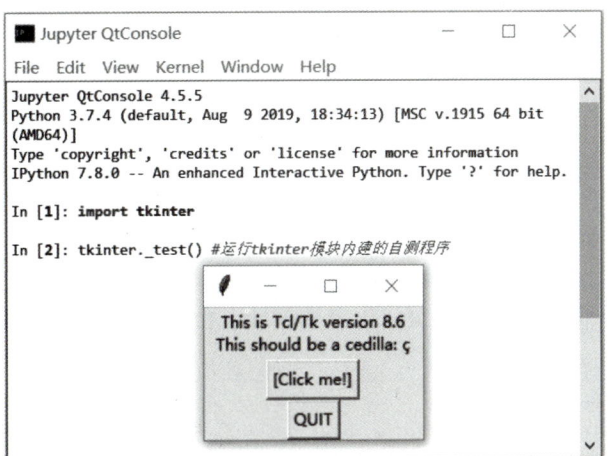

图 9-1　tkinter 自测程序

若能弹出如图 9-1 所示的窗口，说明 tkinter 能在当前的环境下成功运行，可以基于 tkinter 进行 GUI 程序开发了。

9.2.2 tkinter 基础概念

使用 tkinter 前，首先要理解 tkinter 的三个基础概念，如图 9-2 所示：
- 主窗口(main window)，由 tkinter 模块中的 Tk 类创建，用于放置其他控件。
- 控件(widget)，用于获得用户输入或者向用户展示信息的可重用的图形化模块，例如标签(label)、按钮(button)、菜单(menu)、单选按钮(radiobutton)等。
- 控件布局(layout)，设置每个控件在窗体中的位置和所占空间的大小。tkinter 提供了三种布局的方法：pack、grid、place。

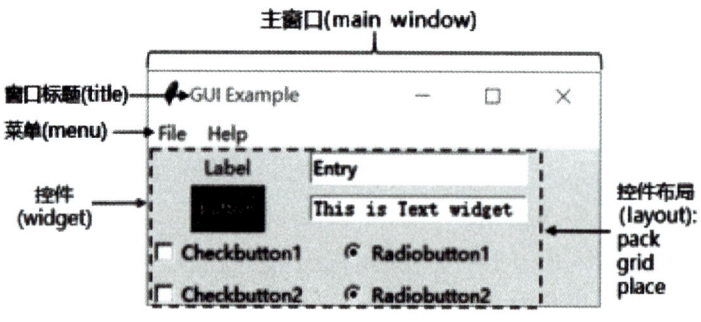

图 9-2 tkinter 基础概念

9.2.3 tkinter 编程的典型步骤

使用 tkinter 实现 GUI 编程，通常遵循六个典型步骤：
(1) 导入 tkinter 模块。
(2) 创建主窗口。
(3) 在主窗口中创建 GUI 控件并设置其属性。
(4) 将功能代码(若有)与控件关联起来。
(5) 完成控件布局，即设置每个控件在窗体中的位置和所占空间的大小。
(6) 调用主窗口对象的 mainloop() 方法，进入事件循环。

【范例 9-1】创建一个 hello world 程序，展示 tkinter 编程的典型步骤，实现点击"click me"按钮，向控制台输出"hello world!"信息的功能，如代码清单 9-1 所示。

代码清单 9-1　tkinter_helloworld.py 范例代码

```
1. #第一步,导入 tkinter 模块
2. import tkinter as tk
3. #第四步,定义控件的功能代码
4. def say_hello():
5.     print("hello world!")
6.
```

```
7.  if __ name __ == "__ main __":
8.      #第二步,创建主窗口(Main Window)
9.      window = tk.Tk()
10.     window.title("hello world demo")    #设置窗口标题
11.     window.geometry("280x80")           #设置窗口大小"宽度×高度"
12.     #第三步,创建控件,设置属性并关联功能代码
13.     button_hello = tk.Button(window, text="Hello World\n(click me)", command=say_hello)
14.     button_quit = tk.Button(window, text="QUIT", fg="red", command=window.destroy)
15.     #第五步,控件布局:指定控件的位置
16.     button_hello.pack(side='top')
17.     button_quit.pack(side='bottom')
18.     #第六步,调用主窗口对象的mainloop()方法,进入事件循环
19.     window.mainloop()
```

运行结果如图 9-3 所示。

图 9-3　tkinter_helloworld.py 的运行结果

接下来,本章会依次介绍 tkinter 控件布局的方式以及常用控件的使用方法。

9.3　控件布局方式

如 9.2.3 节所述,控件布局是 tkinter 编程典型步骤中的第五步,tkinter 提供三种布局方式:

- pack(堆叠)方式,适合放置一批同样的控件,位置精度一般。
- grid(网格)方式,位置精度高,使用最广泛。
- place(放置)方式,按像素坐标放置控件,位置精度最高,但编码工作量也最大。

在同一级别的窗体对象上,三种布局方式不能混用。例如,在主窗体中,已经使用了 pack 方式,若再使用 grid 方式,则会触发报错 "_tkinter.TclError:cannot use geometry manager grid inside . which already has slaves managed by pack"。

9.3.1　pack 方式

pack 是最简单的布局方式，但功能比较局限，仅仅适用于放置一批同样的控件，位置精度一般。使用 pack 方式放置控件的语法为：

1. pack(**kw)

**kw 参数的意思是以关键字形式指定放置参数，可选参数如下：
- side，指定控件相对于父控件(Parent widget)的哪一侧堆叠。默认值：TOP，顶侧。可选值：BOTTOM，底侧；LEFT，左侧；RIGHT，右侧。
- fill，指定控件是否填充父控件提供的额外空间。默认值：NONE，不填充，保持控件最小尺寸；X，水平填充；Y，垂直填充；BOTH，水平填充+垂直填充。
- expand，指定控件是否扩展(不填充)父控件提供的额外空间。默认值：False，不扩展；可选值：True，扩展。
- ipadx，在水平方向，控件内部填充 ipadx 个像素。
- ipady，在垂直方向，控件内部填充 ipadx 个像素。
- padx，在水平方向，控件边框与单元格边框之间填充 padx 个像素。
- pady，在垂直方向，控件边框与单元格边框之间填充 pady 个像素。
- in_，指定控件放在哪个父控件(Parent widget)上。

【范例 9-2】新建一个主窗口和八个标签展示 pack 放置方式，如代码清单 9-2 所示。

代码清单 9-2　pack.py 范例代码

```
1. from tkinter import *              #导入 tkinter 模块
2. window = Tk()                      #创建主窗口对象
3. window.geometry('500x300')         #设置窗口大小与位置
4. window.title('pack')               #设置窗口标题
5. #放置 10 个 Label 控件,展示 Pack 放置方式和配置
6. Label(window, text='TOP1', fill=NONE, bg='red').pack(side=TOP, fill=NONE)
7. Label(window, text='TOP2', fill=X, bg='yellow').pack(side=TOP, fill=X)
8. Label(window, text='BOTTOM1', ipadx=0, bg='red').pack(side=BOTTOM, ipadx=0)
9. Label(window, text='BOTTOM2', ipadx=40, ipady=10, bg='yellow').pack(side=BOTTOM, ipadx
   =40, ipady=10)
10. Label(window, text="LEFT1\nexpand=False", bg='light blue').pack(side=LEFT, expand=
    False)
11. Label(window, text="LEFT2\nexpand=False", bg='yellow2').pack(side=LEFT, expand=False)
12. Label(window, text="LEFT3\nexpand=True", bg='light green').pack(side=LEFT, expand=
    True)
```

13. Label(window, text=" RIGHT1 \npadx=10\npady=0\nfill=NONE", bg=' pink').pack(side=RIGHT, padx=10)
14. Label(window, text=" RIGHT2\npadx=0\npady=10\nfill=tk.Y", bg=' skyblue1').pack(side=RIGHT, padx=0, pady=10, fill=Y)
15. Label(window, text=" RIGHT2\npadx=0\npady=0\nfill=tk.Y", bg=' coral1').pack(side=RIGHT, padx=0, fill=Y)
16. #进入 Tk 事件循环
17. window.mainloop()

运行结果如图 9-4 所示。

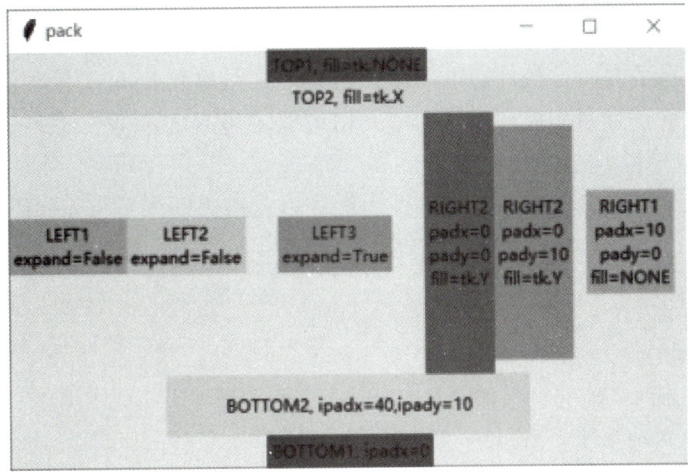

图 9-4　pack.py 的运行结果

9.3.2　grid 方式

grid 方式是适用面最广、使用频率最高的控件布局方式，绝大部分 GUI 布局都可以用 grid 方式完成。grid 方式把窗口看作是一个二维表格，每个单元格（cell）里面可以放置一个控件，用行（row）和列（column）来定位，如图 9-5 所示。

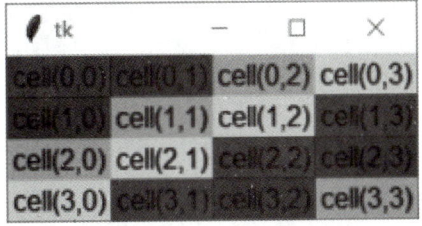

图 9-5　grid 方式

使用 grid 方式放置控件的语法为：

1. gird(**kw)

**kw 参数的意思是以关键字形式指定放置参数，可选参数如下：
- column，指定控件在哪一列。默认值：0，即第 0 列。
- columnspan，指定控件占几列。默认值：1，即占 1 列。
- row，指定控件在哪一行。默认值：0，即第 0 行。
- rowspan，指定控件占几行。默认值：1，即占 1 行。
- sticky，若控件与单元格之间有空间，指定控件的扩展方向。可选值：S、N、E、W，即下、上、右、左；可以叠加，例如 S + N + E，朝下、上、右三个方向扩展。
- ipadx，在水平方向，控件内部填充 ipadx 个像素，相当于增加控件的宽度。
- ipady，在垂直方向，控件内部填充 ipady 个像素，相当于增加控件的高度。
- padx，在水平方向，控件边框与单元格边框之间填充 padx 个像素。
- pady，在垂直方向，控件边框与单元格边框之间填充 pady 个像素。
- in_，指定控件放在哪个父控件上。

【范例 9-3】利用 padx 和 pady 把控件边框和单元格边框分开，如代码清单 9-3 所示。

代码清单 9-3　grid_table.py 范例代码

```
1. from tkinter import *
2. window = Tk()
3. colors = ['red', 'green', 'light blue', 'yellow']
4. #利用 padx 和 pady 可以把控件边框和单元格边框分开
5. cells = [Label(window, font="Arial 12", text='cell(%d,%d)' % (i, j), bg=colors[(i + j) % 4]).grid(row=i, column=j, padx=2, pady=2) for i in range(4) for j in range(4)]
6. window.mainloop()
```

运行结果如图 9-6 所示。

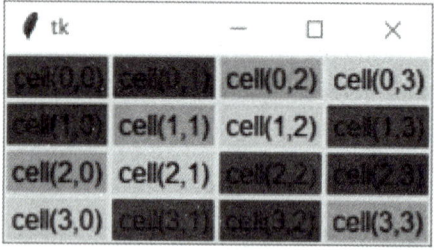

图 9-6　grid_table.py 的运行结果

【范例 9-4】新建一个主窗口和十六个标签展示 grid 放置方式：第一行展示 padx/pady 设置效果；第二行展示默认设置效果；第三行展示 sticky 设置效果；第四行展示 ipadx/ipady 设置效果，如代码清单 9-4 所示。

代码清单 9-4　grid.py 范例代码

1. from tkinter import *　　　　#导入 tkinter 模块
2. window = Tk()　　　　　　　#创建主窗口对象
3. window.title('Grid Example')　　#设置窗口标题
4. colors = ['red', 'green', 'light blue', 'yellow']
5. #展示 padx、pady 设置效果
6. labels0 = [Label(window, font="Arial 18", text='grid(%d,%d)' % (0, j), bg=colors[j]).grid(row=0, column=j, padx=j * 5, pady=j * 5) for j in range(4)]
7. #展示默认设置效果
8. labels1 = [Label(window, font="Arial 12", text='grid(%d,%d)' % (1, j), bg=colors[j]).grid(row=1, column=j) for j in range(4)]
9. #展示 sticky 设置效果
10. flags = [N, S, W, E]
11. labels2 = [Label(window, font="Arial 12", text='grid(%d,%d)' % (2, j), bg=colors[j]).grid(row=2, column=j, sticky=flags[j]) for j in range(4)]
12. #展示 ipadx 和 ipady 设置效果
13. labels3 = [Label(window, font="Arial 12", text='grid(%d,%d)' % (3, j), bg=colors[j]).grid(row=3, column=j, ipadx=j * 5, ipady=j * 5) for j in range(4)]
14. #进入 Tk 事件循环
15. window.mainloop()

运行结果如图 9-7 所示。

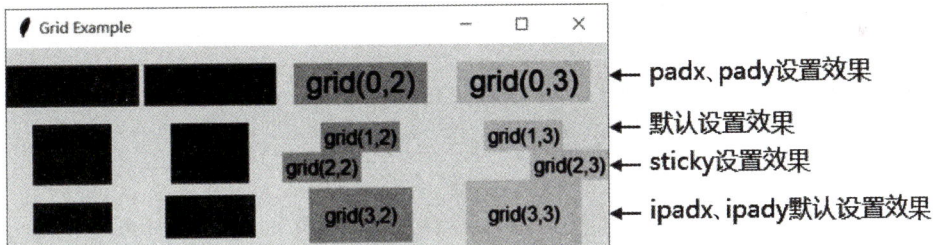

图 9-7　grid.py 的运行结果

9.3.3　place 方式

place 是按照像素坐标放置控件，功能最强但工作量最大，当 grid 方式不能完成控件布局任务时，使用 place 方式。

使用 place 方式放置控件的语法为：

1. place(**kw)

**kw 参数的意思是以关键字形式指定放置参数，可选参数如下：

- width，指定控件的宽度。

- height，指定控件的高度。
- relwidth，控件相对于父控件的宽度比，取值[0.0, 1.0]，1.0 表示跟父控件一样宽。
- relheight，控件相对于父控件的高度比，取值[0.0, 1.0]，1.0 表示跟父控件一样高。
- anchor，指定以控件的哪个位置为锚点，取值 NSEW（或其子集）或 CENTER。默认值：NW，即以控件的左上角为锚点。
- x，指定锚点在父控件上的 x 坐标。单位：像素。
- y，指定锚点在父控件上的 y 坐标。单位：像素。
- relx，锚点在父控件上的 x 坐标相对于父控件宽度的比值，取值[0.0, 1.0]，1.0 表示位于父控件的右边界。
- rely，锚点在父控件上的 y 坐标相对于父控件高度的比值，取值[0.0, 1.0]，1.0 表示位于父控件的下边界。
- bordermode，是否把父控件的边框考虑进去。默认值："inside"，不考虑父控件边框；可选值："inside" 或 "outside"。
- in_，指定控件放在哪个父控件上。

【范例 9-5】新建一个主窗口和四个标签展示 place 放置方式，如代码清单 9-5 所示。

代码清单 9-5　place.py 范例代码

```
1. from tkinter import *              #导入 tkinter 模块
2. window = Tk()                      #创建主窗口对象
3. window.title('Place Example')      #设置窗口标题
4. window.geometry('300x200')         #设置窗口大小与位置
5. colors = ['red', 'green', 'light blue', 'yellow']
6. #place 放置效果
7. [Label(window, font="Arial 12", text='place(80,%d), anchor=NW' % (20+i*40), bg=colors
   [i]).place(x=40, y=20+i*40, width=200, height=30) for i in range(4)]
8. #进入 Tk 事件循环
9. window.mainloop()
```

运行结果如图 9-8 所示。

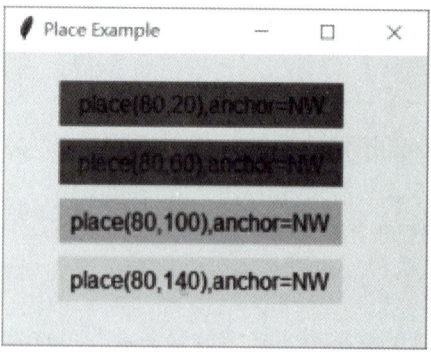

图 9-8　place.py 的运行结果

9.4 tkinter 控件使用详解

本章撰写时 tkinter 版本为 v8.6，含主窗口控件 1 个和基础控件 18 个：Button（按钮）、Label（标签）、Canvas（画布）、Entry（输入）、Frame（框架）、Menu（菜单）等。本节将通过创建一个登录界面范例，详细介绍主窗口控件和 Label、Entry、Button、Menu 等常用控件的使用。

9.4.1 主窗口控件：Tk

GUI 编程的第一步就是创建主窗口，主窗口创建好了后，基础控件才能往上放置。tkinter 模块提供 Tk 类用于创建主窗口，语法为：

1. Tk(screenName=None, baseName=None, className='Tk', useTk=1, sync=0, use=None)

所有参数保持默认即可。主窗口对象常用方法的使用说明，如表 9-2 所示。其他方法的使用说明，可以用命令 help(tkinter.Tk) 查阅，由于篇幅所限，这里不再赘述。

表 9-2 主窗口对象常用的方法

主窗口对象常用的方法	描 述
destroy()	销毁主窗口和主窗口上的所有控件，结束程序运行
mainloop()	调用 Tk 的 mainloop()，启动事件循环
title(string=None)	将输入的字符串显示在窗口标题位置
geometry(newGeometry=None)	设置窗口大小。newGeometry 字符串的语法格式为："窗口宽度×窗口高度+屏幕 x 坐标+屏幕 y 坐标"
winfo_screenwidth()	获取屏幕宽度
winfo_screenheight()	获取屏幕高度

【范例 9-6】新建一个主窗口，标题为"login"，窗口大小为 200×100，屏幕居中，如代码清单 9-6 所示。

代码清单 9-6 login1.py 范例代码

```
1. import tkinter as tk                                #导入 tkinter 模块
2. window = tk.Tk()                                    #创建主窗口对象
3. screen_width = window.winfo_screenwidth()           #获取屏幕宽度
4. screen_height = window.winfo_screenheight()         #获取屏幕高度
5. x = (screen_width - 200) / 2                        #计算窗口坐标 x
6. y = (screen_height - 100) / 2                       #计算窗口坐标 y
7. window.geometry('200x100+%d+%d' %(x,y))             #设置窗口大小与位置
8. window.title('login')                               #设置窗口标题
9. window.mainloop()                                   #进入 Tk 事件循环
```

运行结果如图 9-9 所示。

图 9-9　login1.py 的运行结果

9.4.2　Label 控件

创建完主窗口后，下一步就是在主窗口上放置两个标签，一个叫"账号"，一个叫"密码"。Label 控件主要用于静态显示文本（text）或者图像（image），也可以动态改变显示文本（textvariable）。创建 Label 控件的语法为：

1. Label(master=None, cnf={}, **kw)

其初始化参数，说明如下：
- master，指定放置 Label 控件的父控件，例如，把 Label 控件放在主窗口上，则将主窗口对象传给 master。
- cnf，以字典形式整体传递属性参数，当多个控件有一组共同的属性参数需要设置时，该参数特别有用，可以让代码更加简洁，如代码清单 9-7 所示。

代码清单 9-7　cnf.py 范例代码

```
1. import tkinter as tk
2. window = tk.Tk()
3. configs = {'font':('Arial','12','bold'),'fg':'red','bg':'white'}   #共同的属性配置
4. tk.Label(window, cnf=configs, text='abc').pack()   #cnf 让代码更加简洁
5. tk.Label(window, cnf=configs, text='123').pack()
6. tk.Label(window, cnf=configs, text='xyz').pack()
7. tk.Label(window, cnf=configs, text='789').pack()
8. window.title('cnf')   #设置窗口标题
9. window.mainloop()   #进入 Tk 事件循环
```

- **kw，以关键字形式单独设置属性参数，例如，text='abc'。

Label 控件常用的属性参数，如表 9-3 所示。

表 9-3　Label 控件常用的属性参数

属性参数	描述
activebackground	当控件处于活动状态时（state 属性值为 ACTIVE），控件的背景色；默认值为："SystemButtonFace"

续表

属性参数	描述
activeforeground	当控件处于活动状态时(state 属性值为 ACTIVE)，控件的前景色；默认值为："SystemButtonText"
state	设置控件的状态。默认值是：NORMAL；另外两种状态是：ACTIVE 和 DISABLED
background/ bg	当控件处于正常状态时(state 属性值为 NORMAL)，控件的背景色；默认值为："SystemButtonFace"
foreground/ fg	当控件处于正常状态时(state 属性值为 NORMAL)，控件的前景色；默认值为："SystemButtonText"
disableforeground	当控件处于 DISABLED 状态时，控件的前景色；默认值为："SystemDisabledText"
anchor	指定文本(或图像)在控件上显示的位置，默认值：CENTER；其余八个值是：N、NE、E、SE、S、SW、W、NW(北、东北、东、东南、南、西南、西、西北)
borderwidth/ bd	指定控件的边框宽度。默认值：2 像素
bitmap	在控件上显示的位图，优先级：bitmap<image，即若指定了 image 属性的值，则该属性被忽略
image	在控件上显示的图片。该属性的值应该是由 PhotoImage( )函数或 BitmapImage( )函数返回的对象，优先级：text<bitmap<image
text	指定控件上显示的文本，文本中可以包含换行符'\n'，即可以多行显示
textvariable	绑定 tkinter StringVar 变量，若 StringVar 变量被修改，控件的文本会被更新
wraplength	指定文本按照多少个像素宽度自动换行。默认值：0，不自动换行
width	指定控件的宽度； 如果控件显示的是文本，那么单位是字符； 如果控件显示的是图像，那么单位是像素； 默认值：0，意味着系统会自动根据控件内容计算出宽度
height	指定控件的高度； 如果控件显示的是文本，那么单位是字符； 如果控件显示的是图像，那么单位是像素； 默认值：0，意味着系统会自动根据控件内容计算出高度
justify	指定多行文本的对齐方式。可选项：LEFT，左对齐；RIGHT，右对齐；CENTER，居中对齐。默认值：CENTER
font	指定控件中的文本使用的字体，font 字符串的语法格式为"字体 [字号 bold italic]"或用元组形式(字体、字号、bold、italic)，例如," Arial 10 bold" 或("Arial"，10," bold")。默认值:"TkDefaultFont"
underline	指定在文本的哪个字符下面添加下划线(快捷键提示)，从 0 开始索引，例如，输入 0，意味着在首字符下加下划线。默认值：-1，无下划线。
padx	文字和边框之间的水平填充距离，单位：像素；默认值：1
pady	文字和边框之间的垂直填充距离，单位：像素；默认值：1
relief	指定边框样式，默认值：FLAT；其余值是：SUNKEN、RAISED、GROOVE、RIDGE

续表

属性参数	描述
compound	指定文本和图像的混合显示模式；默认值：NONE，意味着如果有指定位图或图片，则不显示文本；如果该选项设置为 CENTER，则文本和图像重叠，中心对齐；如果该选项设置为 BOTTOM、LEFT、RIGHT 或 TOP，那么图像显示在文本的一边，例如，BOTTOM 意味着图像显示在文本的下方
takefocus	指定控件是否接收输入焦点；默认值：False，不接收输入焦点
highlightbackground	当控件没有获得焦点时，控件的边框颜色；默认值:"SystemButtonFace"
highlightcolor	当控件获得焦点时，控件的边框颜色；默认值:"SystemWindowFrame"
highlightthickness	当控件获得焦点时，控件的边框厚度；默认值：0 像素，意味着没有边框

【范例 9-7】新建一个主窗口，标题为"login"，窗口大小为 200×100，屏幕居中；放置两个标签，一个为"账户"，一个为"密码"。字体：微软雅黑，12 号，不加粗、不倾斜。放置一个标签，显示 python_logo.png；用 grid 方式放置控件，如代码清单 9-8 所示。

代码清单 9-8　login2.py 范例代码

```
1.  import tkinter as tk                                    #导入 tkinter 模块
2.  window = tk.Tk()                                        #创建主窗口对象
3.  screen_width = window.winfo_screenwidth()               #获取屏幕宽度
4.  screen_height = window.winfo_screenheight()             #获取屏幕高度
5.  x = (screen_width - 200) / 2                            #计算窗口坐标 x
6.  y = (screen_height - 100) / 2                           #计算窗口坐标 y
7.  window.geometry('200x100+%d+%d' % (x,y))                #设置窗口大小与位置
8.  window.title('login')                                   #设置窗口标题
9.  #在左侧放置一个标签,显示 logo 图片
10. logo = tk.PhotoImage(file="python_logo.png")
11. tk.Label(window, justify=tk.LEFT, image=logo).grid(row=0, column=0, rowspan=2)
12. #放置两个标签,一个为"账户",一个为"密码",字体:微软雅黑,12 号
13. tk.Label(window, text='账户', font=('微软雅黑', 12)).grid(row=0, column=1)
14. tk.Label(window, text='密码', font=('微软雅黑', 12)).grid(row=1, column=1)
15. window.mainloop()                                       #进入 Tk 事件循环
```

运行结果如图 9-10 所示。

图 9-10　login2.py 的运行结果

9.4.3 Tk 支持的字体和自定义颜色

控件的字体属性要求输入字体名称。Tk 支持的字体，可以用 font.families() 语句查询，如图 9-11 所示。

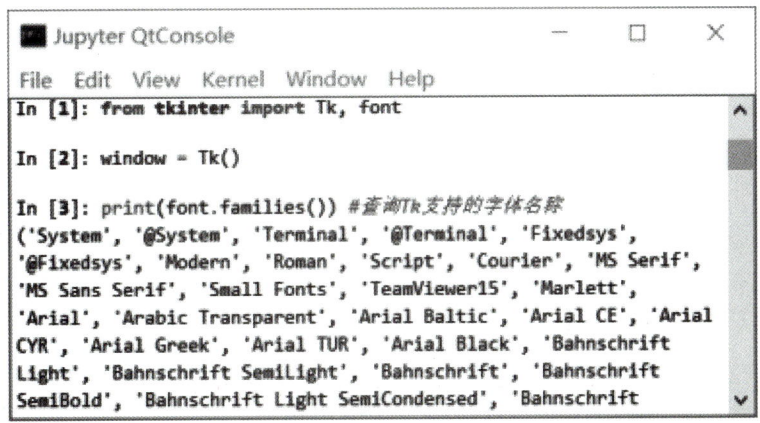

图 9-11 查询 Tk 支持的字体

对于需要输入颜色的属性，例如，bg(背景色)、fg(前景色)等，Tk 支持的颜色输入方式有两种，第一种是输入颜色名称，例如，"red""blue""snow""light blue"等，第二种是输入代表颜色的十六进制字符串，例如，'#ff0000' 代表红色，'#000000' 代表黑色。打开任意应用程序的自定义颜色对话框，例如，Word 的自定义颜色对话框，选择目标颜色后，获得该颜色的 RGB 数值，如图 9-12 所示。

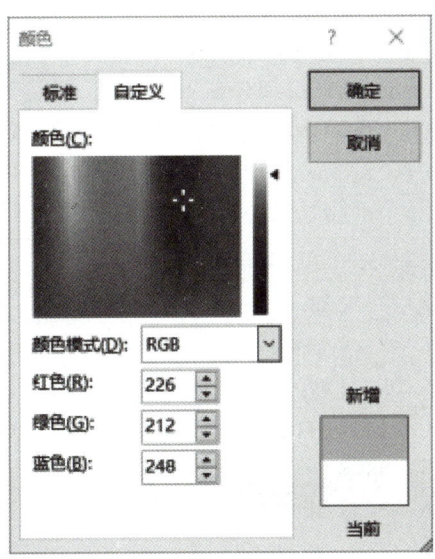

图 9-12 获得自定义颜色的 RGB 数值

用 Python 语句：

```
1. mycolor ='#%02x%02x%02x' % (R, G, B)
```

即可获得自定义颜色的十六进制字符串。

9.4.4 Entry 控件

Entry 控件用于接收用户单行的文本输入或显示单行文本，若要输入或显示多行文本，请用 text 控件。创建 Entry 控件的语法为：

```
1. Entry(master=None, cnf={}, **kw)
```

其初始化参数，说明如下：
- master，指定 Entry 控件的父控件。
- cnf，以字典形式整体传递属性参数。
- **kw，以关键字形式单独设置属性参数。

Entry 控件常用的属性参数，如表 9-4 所示。

表 9-4　Entry 控件常用的属性

属性参数	描述
background/ bg	当控件处于正常状态时（state 属性值为 NORMAL），控件的背景色；默认值："SystemWindow"
foreground/ fg	当控件处于正常状态时（state 属性值为 NORMAL），控件的前景色；默认值："SystemWindowText"
state	设置控件的状态。默认值是：NORMAL。另外两种状态是：DISABLED：不能写入[insert()和 delete()方法失效]，不能复制和选择；"readonly"：不能写入，可以复制和选择
borderwidth/ bd	指定控件的边框宽度。默认值：1 像素
disablebackground	当控件处于 DISABLED 状态时，控件的背景色；默认值："SystemButtonFace"
disableforeground	当控件处于 DISABLED 状态时，控件的前景色；默认值："SystemDisabledText"
cursor	光标样式。默认值："xterm"
borderwidth/ bd	指定控件的边框宽度。默认值：2 像素
insertbackground	指定插入状态时光标的颜色。默认值："SystemWindowText"
insertborderwidth	指定插入状态时光标的边框宽度。默认值：0；若非 0，则光标为 RAISED 风格
insertofftime	指定插入状态时光标灭掉的时间。默认值：300；单位：毫秒
insertontime	指定插入状态时光标显示的时间。默认值：600；单位：毫秒。与 insertofftime 共同定义光标闪烁的效果
insertwidth	指定插入状态时光标的宽度。默认值：2；单位：像素
readonlybackground	当控件处于"readonly"状态时，控件的背景色。默认值："SystemButtonFace"
relief	指定控件边框的风格，默认值：SUNKEN；其余可选值：FLAT、RAISED、GROOVE、RIDGE

续表

属性参数	描 述
justify	指定文本的对齐方式。可选项：LEFT，左对齐；RIGHT，右对齐；CENTER，居中对齐。默认值：LEFT
font	指定控件中的文本使用的字体，font 字符串的语法格式为"字体[字号 bold italic]"或用元组形式（字体、字号、bold、italic），例如，"Arial 10 bold"或（"Arial"，10，"bold"）。默认值："TkTextFont"
selectbackground	当控件中的文本处于选中状态时，选中区域的背景色。默认值："SystemHighlight"
selectforeground	当控件中的文本处于选中状态时，选择中文本的前景色。默认值："SystemHighlightText"
selectborderwidth	当控件中的文本处于选中状态时，选择区域的边框宽度。默认值：0 像素
relief	指定边框样式，默认值：SUNKEN。其余值是：FLAT、RAISED、GROOVE、RIDGE
show	默认值为空字符串，意味着原样显示。'*'，意味着密码风格显示
textvariable	绑定 tkinter StringVar 变量，若 StringVar 变量被修改，控件的文本会被更新
takefocus	默认值为空字符串，意味着可以用 Tab 键在多个控件间切换
highlightbackground	当控件没有获得焦点时，控件的边框颜色。默认值："SystemButtonFace"
highlightcolor	当控件获得焦点时，控件的边框颜色；默认值："SystemWindowFrame"
width	指定控件的宽度，默认值：20。单位：字符
xscrollcommand	关联水平滚动条控件，默认值：None。若需要关联水平滚动条控件，则输入该控件的 set 方法，例如，xscrollcommand = scrollbar.set
validate	指定触发验证（validatecommand）方式。默认值：NONE，不执行验证；"key"，键盘输入时触发验证；"focusin"，获得焦点时触发验证；"focusout"，失去焦点时触发验证；"focus"，获得或失去焦点时触发验证；ALL，键盘输入、获得焦点或失去焦点时，触发验证
validatecommand/vcmd	输入一个返回值为 True 或者 False 的函数或方法，该函数或方法用于执行验证输入内容

Entry 控件常用的方法，如表 9-5 所示。

表 9-5　Entry 控件常用的方法

方法名	描 述
get()	以字符串类型返回控件中的文本
delete(first, last = None)	删除指定范围[first, last]内的字符，包含 first，不包含 last；last = None 意味着删除从 first 开始的所有字符
insert(index, string)	在指定的位置 index 插入字符串 string

【范例 9-8】新建一个主窗口，标题为"login"，窗口大小为 200×100，屏幕居中；放置一个标签，显示 python_logo.png，位于左侧；放置两个标签，一个为"账户"，一个为"密码"。字体：微软雅黑，12 号，不加粗、不倾斜；在两个标签的右侧，分别创建两个输入控件，用 grid 方式放置控件，如代码清单 9-9 所示。

代码清单 9-9　login3.py 范例代码

```
1.  import tkinter as tk                                    #导入 tkinter 模块
2.  window = tk.Tk()                                        #创建主窗口对象
3.  screen_width = window.winfo_screenwidth()               #获取屏幕宽度
4.  screen_height = window.winfo_screenheight()             #获取屏幕高度
5.  x = (screen_width - 200) / 2                            #计算窗口坐标 x
6.  y = (screen_height - 100) / 2                           #计算窗口坐标 y
7.  window.geometry('220x100+%d+%d' % (x, y))               #设置窗口大小与位置
8.  window.title('login')                                   #设置窗口标题
9.  #在左侧放置一个标签,显示 logo 图片
10. tk.PhotoImage(file="pythonlogo.png")
11. tk.Label(window, justify=tk.LEFT, image=logo).grid(row=0, column=0, rowspan=2)
12. #放置两个标签,一个为"账户",一个为"密码",字体:微软雅黑,12 号
13. tk.Label(window, text='账户', font=('微软雅黑', 12)).grid(row=0, column=1)
14. tk.Label(window, text='密码', font=('微软雅黑', 12)).grid(row=1, column=1)
15. #在标签的右侧放置输入控件
16. tk.Entry(window, width = 15).grid(row=0, column=2)
17. tk.Entry(window, width = 15).grid(row=1, column=2)
18. window.mainloop()                                       #进入 Tk 事件循环
```

运行结果如图 9-13 所示。

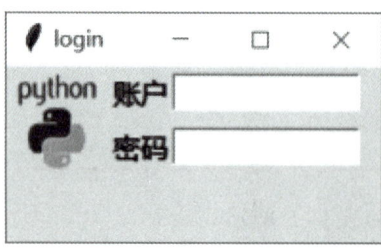

图 9-13　login3.py 的运行结果

9.4.5　Button 控件

Button 用于接收用户"按(press)按钮"的行为,然后自动触发跟按钮绑定的功能、方法或函数。创建 Button 控件的语法为:

```
1.  Button(master=None, cnf={}, **kw)
```

其初始化参数,说明如下:
- master,指定 Button 控件的父控件。
- cnf,以字典形式整体传递属性参数。
- **kw,以关键字形式单独设置属性参数。

Button 控件常用的属性参数，如表 9-6 所示。

表 9-6 Button 控件常用的属性参数

属性参数	描　　述
activebackground	当控件处于活动状态时（state 属性值为 ACTIVE），控件的背景色；默认值为："SystemButtonFace"
activeforeground	当控件处于活动状态时（state 属性值为 ACTIVE），控件的前景色；默认值为："SystemButtonText"
state	设置控件的状态。默认值是：NORMAL；另外两种状态是： ACTIVE：鼠标悬于按钮上方； DISABLED：按钮失效变灰
background/ bg	当控件处于正常状态时（state 属性值为 NORMAL），控件的背景色；默认值为："SystemButtonFace"
foreground/ fg	当控件处于正常状态时（state 属性值为 NORMAL），控件的前景色；默认值为："SystemButtonText"
disableforeground	当控件处于 DISABLED 状态时，控件的前景色；默认值为："SystemDisabledText"
anchor	指定文本（或图像）在控件上显示的位置，默认值：CENTER；其余八个值是：N（北）、NE（东北）、E（东）、SE（东南）、S（南）、SW（西南）、W（西）、NW（西北）
borderwidth/ bd	指定控件的边框宽度。默认值：2 像素
bitmap	在控件上显示的位图，优先级：bitmap<image，即若指定了 image 属性的值，则该属性被忽略
image	在控件上显示的图片。该属性的值应该是由 PhotoImage( ) 函数或 BitmapImage( ) 函数返回的对象，优先级：text<bitmap<image
text	指定控件上显示的文本，文本中可以包含换行符'\n'，即可以多行显示
textvariable	绑定 tkinter StringVar 变量，若 StringVar 变量被修改，控件的文本会被更新
wraplength	指定文本按照多少个像素宽度自动换行。默认值：0，不自动换行
width	指定控件的宽度； 如果控件显示的是文本，那么单位是字符； 如果控件显示的是图像，那么单位是像素； 默认值：0，意味着系统会自动根据控件内容计算出宽度
height	指定控件的高度； 如果控件显示的是文本，那么单位是字符； 如果控件显示的是图像，那么单位是像素； 默认值：0，意味着系统会自动根据控件内容计算出高度
justify	指定多行文本的对齐方式。可选项：LEFT，左对齐；RIGHT，右对齐；CENTER，居中对齐。默认值：CENTER
font	指定控件中的文本使用的字体，font 字符串的语法格式为"字体［字号 bold italic］"或用元组形式（字体，字号，bold，italic），例如，"Arial 10 bold"或（"Arial"，10，"bold"）。默认值："TkDefaultFont"

续表

属性参数	描述
underline	指在文本的哪个字符下面添加下划线（快捷键提示），从 0 开始索引，例如，输入 0，意味着在首字符下加下划线。默认值：-1，无下划线
padx	文字和边框之间的水平填充距离，单位：像素；默认值：1
pady	文字和边框之间的垂直填充距离，单位：像素；默认值：1
relief	指定边框样式，默认值：RAISED；其余值：SUNKEN、FLAT、GROOVE、RIDGE
overrelief	鼠标悬于按钮上方时的边框样式，默认值：None，意思是跟 relief 一致；可选值：RAISED、SUNKEN、FLAT、GROOVE、RIDGE
compound	指定文本和图像的混合显示模式；默认值：NONE，意味着如果有指定位图或图片，则不显示文本；如果该选项设置为 CENTER，则文本和图像重叠，中心对齐；如果该选项设置为 BOTTOM、LEFT、RIGHT 或 TOP，那么图像显示在文本的一边（例如，BOTTOM 意味着图像显示在文本的下方）
takefocus	指定控件是否接收输入焦点；默认值：False，不接收输入焦点
highlightbackground	当控件没有获得焦点时，控件的边框颜色；默认值："SystemButtonFace"
highlightcolor	当控件获得焦点时，控件的边框颜色；默认值："SystemWindowFrame"
highlightthickness	当控件获得焦点时，控件的边框厚度；默认值：0 像素，意味着没有边框
command	当按钮被按下时，执行 command 引用的方法或函数；默认值：None，什么都不执行

【范例 9-9】新建一个主窗口，标题为"login"，窗口大小为 200×100，屏幕居中；放置一个标签，显示 python_logo.png，位于左侧；放置两个标签，一个为"账户"，一个为"密码"。字体：微软雅黑，12 号，不加粗、不倾斜；在两个标签的右侧，分别创建两个输入控件；在标签的下方，创建两个按钮，一个为"登录"，一个为"取消"，点击"登录"按钮，输出用户名和密码；点击"取消"按钮，退出登录对话框；用 grid 方式放置控件，如代码清单 9-10 所示。

代码清单 9-10　login4.py 范例代码

```
1.  import tkinter as tk                                    #导入 tkinter 模块
2.  window = tk.Tk()                                        #创建主窗口对象
3.  screen_width = window.winfo_screenwidth()               #获取屏幕宽度
4.  screen_height = window.winfo_screenheight()             #获取屏幕高度
5.  x = (screen_width - 200) / 2                            #计算窗口坐标 x
6.  y = (screen_height - 100) / 2                           #计算窗口坐标 y
7.  window.geometry('260x100+%d+%d' % (x, y))               #设置窗口大小与位置
8.  window.title('login')                                   #设置窗口标题
9.  #读取图片文件
10. logo = tk.PhotoImage(file="python_logo.png")
11. icon_login = tk.PhotoImage(file="login.png")
12. icon_cancel = tk.PhotoImage(file="cancel.png")
```

13. #在左侧放置一个标签,显示 logo 图片
14. tk.Label(window,justify=tk.LEFT,image=logo).grid(row=0,column=0,rowspan=2)
15. #放置两个标签,一个为"账户",一个为"密码",字体:微软雅黑,12号
16. tk.Label(window,text='账户',font=('微软雅黑',12)).grid(row=0,column=1)
17. tk.Label(window,text='密码',font=('微软雅黑',12)).grid(row=1,column=1)
18. #在标签的右侧放置输入控件
19. var_usr_name = tk.StringVar()
20. var_usr_pwd = tk.StringVar()
21. tk.Entry(window,width=15,textvariable=var_usr_name).grid(row=0,column=2)
22. tk.Entry(window,width=15,textvariable=var_usr_pwd,show='*').grid(row=1,column=2)
23.
24. #定义"登录"按钮的回调函数
25. def login():
26.   user = var_usr_name.get()
27.   psw = var_usr_pwd.get()
28.   if user and psw:
29.   print("Username:%s\nPassword:%s" % (user,psw))
30.   else:
31.   print("Please Enter Username and Password!")
32. #放置两个按钮,一个"登录",一个"取消"
33. tk.Button(window,compound=tk.LEFT,image=icon_login,text='登录',font=('Microsoft YaHei',11),anchor=tk.E,padx=10,width=60,command=login).grid(row=2,column=1)
34. tk.Button(window,compound=tk.LEFT,image=icon_cancel,text='取消',font=('Microsoft YaHei',11),anchor=tk.E,padx=10,width=60,command=window.quit).grid(row=2,column=2)
35. window.mainloop()   #进入 Tk 事件循环

运行结果如图 9-14 所示。

图 9-14　login4.py 的运行结果

9.4.6 Frame 控件

Frame 控件是一个形如矩形框的控件容器(widget container),用于把相关的控件组织到一起,让布局更美观,意义更分明。Frame 控件和 grid 网格方式一起,可以实现更加复杂的控件布局,如图 9-15 所示。

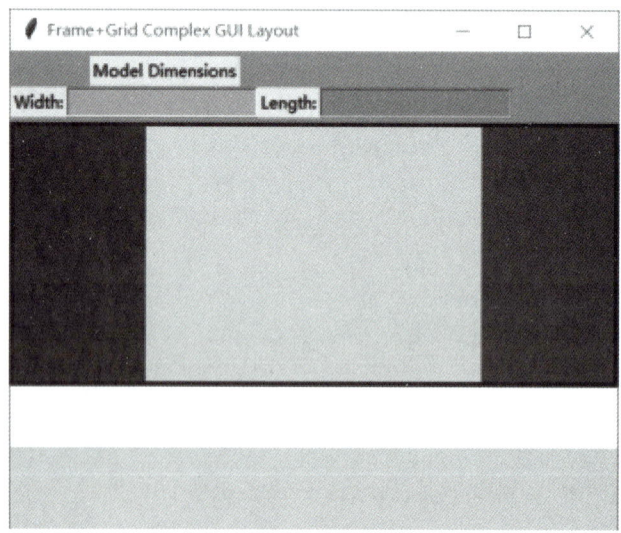

图 9-15 frame_grid.py 的运行结果

创建框架(Frame)的语法为:

1. Frame(master=None, cnf={}, **kw)

其初始化参数,说明如下:
- master,指定 Button 控件的父控件。
- cnf,以字典形式整体传递属性参数。
- **kw,以关键字形式单独设置属性参数。

Frame 控件常用的属性参数,如表 9-7 所示。

表 9-7 Frame 控件常用的属性参数

属性参数	描 述
background/ bg	当控件处于正常状态时(state 属性值为 NORMAL),控件的背景色;默认值为:"SystemButtonFace"
borderwidth/ bd	指定控件的边框宽度。默认值:0 像素
width	指定控件的宽度,默认值:0,自动根据框架控件中包含的控件计算出宽度
height	指定控件的高度,默认值:0,自动根据框架控件中包含的控件计算出高度
padx	框架中的控件和框架边框之间的水平填充距离,单位:像素;默认值:0

续表

属性参数	描述
pady	框架中的控件和框架边框之间的垂直填充距离，单位：像素；默认值：0
relief	指定边框样式，默认值：FLAT；其余值：SUNKEN、GROOVE、RIDGE、RAISED
takefocus	是否可以用 Tab 键移动框架控件，默认值：False，不可以
highlightbackground	当控件没有获得焦点时，控件的边框颜色；默认值:"SystemButtonFace"
highlightcolor	当控件获得焦点时，控件的边框颜色；默认值:"SystemWindowFrame"
highlightthickness	当控件获得焦点时，控件的边框厚度；默认值：0 像素，意味着没有边框
cursor	当光标移动到控件上时的样式，默认值为空，表示使用系统鼠标样式

【范例 9-10】新建一个主窗口，标题为"login"，窗口大小为 200×100，屏幕居中；放置一个标签，显示 python_logo.png，位于左侧；放置两个标签，一个为"账户"，一个为"密码"。字体：微软雅黑，12 号，不加粗、不倾斜；在两个标签的右侧，分别创建两个输入控件；在标签的下方，创建一个框架控件，背景色红色；在框架控件上，创建两个按钮，一个为"登录"，一个为"取消"，点击"登录"按钮，输出用户名和密码；点击"取消"按钮，退出登录对话框；用 grid 方式放置控件，如代码清单 9-11 所示。

代码清单 9-11 login5.py 范例代码

```
1.  import tkinter as tk                                    #导入 tkinter 模块
2.  window = tk.Tk()                                        #创建主窗口对象
3.  screen_width = window.winfo_screenwidth()               #获取屏幕宽度
4.  screen_height = window.winfo_screenheight()             #获取屏幕高度
5.  x = (screen_width - 200) / 2                            #计算窗口坐标 x
6.  y = (screen_height - 100) / 2                           #计算窗口坐标 y
7.  window.geometry('260x100+%d+%d' % (x,y))                #设置窗口大小与位置
8.  window.title('login')                                   #设置窗口标题
9.  #读取图片文件
10. logo = tk.PhotoImage(file = "python_logo.png")
11. icon_login = tk.PhotoImage(file = "login.png")
12. icon_cancel = tk.PhotoImage(file = "cancel.png")
13. #在左侧放置一个标签,显示 logo 图片
14. tk.Label(window, justify=tk.LEFT, image=logo).grid(row=0, column=0, rowspan=2)
15. #放置两个标签,一个为"账户",一个为"密码",字体:微软雅黑,12 号
16. tk.Label(window, text='账户', font=('Microsoft YaHei',12), anchor=tk.E).grid(row=0,
    column=1, sticky=tk.E)
17. tk.Label(window, text='密码', font=('Microsoft YaHei',12), anchor=tk.E).grid(row=1,
    column=1, sticky=tk.E)
```

18.　#在标签的右侧放置输入控件
19.　var_usr_name = tk.StringVar()
20.　var_usr_pwd = tk.StringVar()
21.　tk.Entry(window,width=15,textvariable=var_usr_name).grid(row=0,column=2)
22.　tk.Entry(window,width=15,textvariable=var_usr_pwd,show='*').grid(row=1,column=2)
23.　#创建放置按钮的框架控件
24.　frame = tk.Frame(window,bg='red',width=200,height=35,padx=2,pady=2)
25.　frame.grid(row=3,column=1,columnspan=2,sticky=tk.W)
26.　#定义"登录"按钮的回调函数
27.　def login():
28.　　　user = var_usr_name.get()
29.　　　psw = var_usr_pwd.get()
30.　　　if user and psw:
31.　　　　　print("Username:%s\nPassword:%s" % (user,psw))
32.　　　else:
33.　　　　　print("Please Enter Username and Password!")
34.　#放置两个按钮，一个"登录"，一个"取消"
35.　tk.Button(frame,compound=tk.LEFT,image=icon_login,text='登录',font=('Microsoft YaHei',11),anchor=tk.E,padx=5,command=login).grid(row=2,column=1,padx=10)
36.　tk.Button(frame,compound=tk.LEFT,image=icon_cancel,text='取消',font=('Microsoft YaHei',11),anchor=tk.E,padx=5,command=window.quit).grid(row=2,column=2,padx=6,sticky=tk.E)
37.　window.mainloop()　　　　#进入Tk事件循环

运行结果如图9-16所示。

图9-16　login5.py的运行结果

9.4.7 Menu 控件

Menu 控件是给窗口添加菜单。Menu 控件有三个组成部分，如图 9-17 所示：
- 菜单栏，在 tkinter 中又叫顶层菜单（topLevel menu），由 Menu( ) 创建。
- 下拉菜单，又叫子菜单，由顶层菜单对象的 add(type = "cascade") 方法创建。
- 菜单选项，由顶层菜单对象的 add(type = "command") 方法创建。

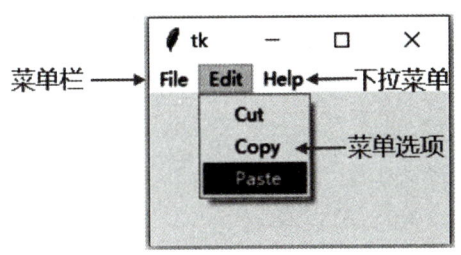

图 9-17 Menu 控件

创建顶层菜单的语法为：

1. Menu(master = None, cnf = { }, * * kw)

其初始化参数，说明如下：
- master，指定 Button 控件的父控件。
- cnf，以字典形式整体传递属性参数。
- * * kw，以关键字形式单独设置属性参数。

Button 控件常用的属性参数，如表 9-8 所示。

表 9-8 Button 控件常用的属性参数

属性参数	描述
activebackground	鼠标悬停于上方时，控件的背景色；默认值为："SystemHighlight"
activeforeground	鼠标悬停于上方时，控件的前景色；默认值为："SystemHighlightText"
activeborderwidth	鼠标悬停于上方时，控件的边框宽度。默认值：1 像素
background/ bg	鼠标没有悬停于上方时，控件的背景色；默认值为："SystemMenu"
foreground/ fg	鼠标没有悬停于上方时，控件的前景色；默认值为："SystemMenuText"
disableforeground	当控件处于 DISABLED 状态时，控件的文字颜色；默认值为："SystemDisabledText"
cursor	光标风格，默认值："arrow"
borderwidth/ bd	指定控件的边框宽度。默认值：1 像素
font	指定控件中的文本使用的字体，font 字符串的语法格式为"字体 [字号 bold italic]"或用元组形式（字体、字号、bold、italic），例如，"Arial 10 bold" 或（"Arial"，10，"bold"）。默认值："Microsoft YaHei UI 9"
relief	指定边框样式，默认值：FLAT；其余值：SUNKEN、RAISED、GROOVE、RIDGE
postcommand	指定调出该菜单时，自动调用的方法或函数。默认值：None
tearoff	是否显示浮动菜单分割线。默认值：True，显示，点击分割线可以让菜单从菜单栏分离

下拉菜单、菜单选项、分割线等,需要用顶层菜单的 add( ) 方法来添加,语法为:

1. add(itemType, cnf={ }, **kw)

其初始化参数,说明如下:

- itemType,指定添加的对象类型,可选值有:"command"(菜单选项)、"cascade"(下拉菜单)、"checkbutton"(复选按钮)、"radiobutton"(单选按钮)和"separator"(分割线)。
- cnf,以字典形式整体传递参数。
- **kw,以关键字形式单独设置参数,参见表 9-9。

表 9-9　add( ) 方法参数

属性参数	描　述
activebackground	鼠标悬于上方时,控件的背景色;默认值为:"SystemHighlight"
activeforeground	鼠标悬于上方时,控件的前景色;默认值为:"SystemHighlightText"
background/ bg	鼠标没有悬于上方时,控件的背景色;默认值为:"SystemMenu"
foreground/ fg	鼠标没有悬于上方时,控件的前景色;默认值为:"SystemMenuText"
bitmap	在控件上显示的位图,该属性的值应该是由 PhotoImage( ) 函数或 BitmapImage( ) 函数返回的对象
image	在控件上显示的图片,该属性的值应该是由 PhotoImage( ) 函数或 BitmapImage( ) 函数返回的对象
label	被添加对象的标签,例如,"File"、"help"
command	对象被点击时调用的方法或函数
font	指定对象中的文本使用的字体
menu	指定菜单选项位于哪一个下拉菜单
underline	指在文本的哪个字符下面添加下划线(快捷键提示),从 0 开始索引,例如,输入 0,意味着在首字符下加下划线。默认值:-1,无下划线

【范例 9-11】在 login5.py 的基础上添加菜单;依次是:"File"-"Open"-"Save"-"分割线"-"Exit";"Edit"-"Cut"-"Copy"-"Paste";"Help"-"About",如代码清单 9-12 所示。

代码清单 9-12　login6.py 范例代码

```
1. import tkinter as tk                              #导入 tkinter 模块
2. window = tk.Tk( )                                 #创建主窗口对象
3. screen_width = window.winfo_screenwidth( )        #获取屏幕宽度
4. screen_height = window.winfo_screenheight( )      #获取屏幕高度
5. x = (screen_width - 200) / 2                      #计算窗口坐标 x
6. y = (screen_height - 100) / 2                     #计算窗口坐标 y
7. window.geometry('260x100+%d+%d' % (x, y))         #设置窗口大小与位置
8. window.title('login')                             #设置窗口标题
9. #读取图片文件
```

```python
10. logo = tk.PhotoImage(file="python_logo.png")
11. icon_login = tk.PhotoImage(file="login.png")
12. icon_cancel = tk.PhotoImage(file="cancel.png")
13. #在左侧放置一个标签,显示logo图片
14. tk.Label(window, justify=tk.LEFT, image=logo).grid(row=0, column=0, rowspan=2)
15. #放置两个标签,一个为"账户",一个为"密码",字体:微软雅黑,12号
16. tk.Label(window, text='账户', font=('Microsoft YaHei', 12), anchor=tk.E).grid(row=0, column=1, sticky=tk.E)
17. tk.Label(window, text='密码', font=('Microsoft YaHei', 12), anchor=tk.E).grid(row=1, column=1, sticky=tk.E)
18. #在标签的右侧放置输入控件
19. var_usr_name = tk.StringVar()
20. var_usr_pwd = tk.StringVar()
21. tk.Entry(window, width=15, textvariable=var_usr_name).grid(row=0, column=2)
22. tk.Entry(window, width=15, textvariable=var_usr_pwd, show='*').grid(row=1, column=2)
23. #创建放置按钮的框架控件
24. frame = tk.Frame(window, width=200, height=35, padx=2, pady=2)
25. frame.grid(row=3, column=1, columnspan=2, sticky=tk.W)
26. #定义"登录"按钮的回调函数
27. def login():
28.     user = var_usr_name.get()
29.     psw = var_usr_pwd.get()
30.     if user and psw:
31.         print("Username:%s\nPassword:%s" % (user, psw))
32.     else:
33.         print("Please Enter Username and Password!")
34. #放置两个按钮,一个"登录",一个"取消"
35. tk.Button(frame, compound=tk.LEFT, image=icon_login, text='登录', font=('Microsoft YaHei', 11), anchor=tk.E, padx=5, command=login).grid(row=2, column=1, padx=10)
36. tk.Button(frame, compound=tk.LEFT, image=icon_cancel, text='取消', font=('Microsoft YaHei', 11), anchor=tk.E, padx=5, command=window.quit).grid(row=2, column=2, padx=6, sticky=tk.E)
37. #定义菜单回调函数
38. def callback_hello():
39.     print("hello from menu!")
40. #创建菜单栏
41. menubar = tk.Menu(window)
42. #创建File下拉菜单,并添加到菜单栏
43. filemenu = tk.Menu(menubar, tearoff=False)
44. filemenu.add(itemType='command', label="Open", command=callback_hello)
```

45. filemenu.add(itemType='command', label="Save", command=callback_hello)
46. filemenu.add(itemType='separator')
47. filemenu.add(itemType='command', label="Exit", command=window.quit)
48. menubar.add(itemType='cascade', label="File", menu=filemenu, underline=0)
49. #创建Edit下拉菜单,并添加到菜单栏
50. editmenu = tk.Menu(menubar, tearoff=False)
51. editmenu.add(itemType='command', label="Cut", command=callback_hello)
52. editmenu.add(itemType='command', label="Copy", command=callback_hello)
53. editmenu.add(itemType='command', label="Paste", command=callback_hello)
54. menubar.add(itemType='cascade', label="Edit", menu=editmenu, underline=0)
55. #创建Help下拉菜单,并添加到菜单栏
56. helpmenu = tk.Menu(menubar, tearoff=False)
57. helpmenu.add(itemType='command', label="About", command=callback_hello)
58. menubar.add(itemType='cascade', label="Help", menu=helpmenu)
59. #显示菜单
60. window.config(menu=menubar)
61. #启动Tk消息循环
62. window.mainloop()
```

运行结果如图9-18所示。

图9-18　login6.py的运行结果

## 9.4.8　其他控件

鉴于篇幅原因,其他控件就不一一详述了。在学习标签控件、输入控件、按钮控件、框架控件和菜单控件的过程中,我们应该体会到tkinter控件的操作主要分三个步骤:

(1)创建控件。

(2)设置属性,如颜色、字体、宽高、边框、对齐、回调函数等。
```

(3) 控件布局。

读者在使用本章没有介绍的 tkinter 控件时，推荐用 help( ) 函数查阅控件的用法，用 dict ( ) 函数查阅控件的属性，如图 9-19 所示，同时对照本章对属性的介绍，便可以快速掌握控件布局。

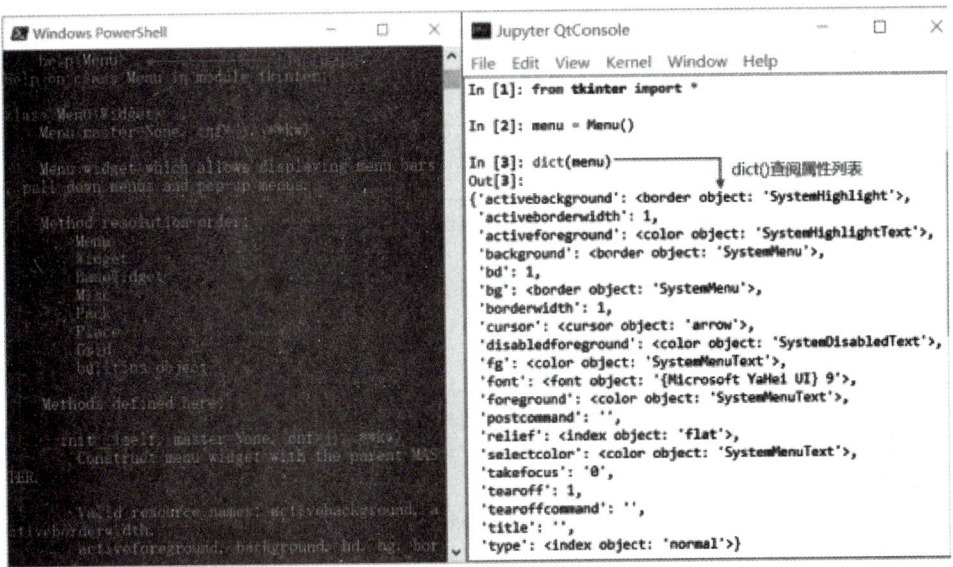

图 9-19　help( ) 和 dict( ) 查阅控件用法和属性

到目前为止，为了聚焦介绍 tkinter 控件和演示 tkinter 控件的用法，不引入其他知识点，本文使用了面向过程的实现方式，依次调用相关的函数和方法。但是，在 Python 中，一切皆对象，Python 的各个模块对面向对象的实现方式原生支持，tkinter 模块也不例外，面向对象的实现方式是基于 tkinter 模块实现 GUI 编程的首选方式，下一节，本书将介绍用面向对象的方式实现 GUI 编程。

9.5　用面向对象（OOP）的方式实现 GUI 编程

在开发 Python 程序的过程中，基于 tkinter 模块实现 GUI 编程的首选方式，是面向对象的实现方式，原因是：把每个窗口各自封装成一个类，易于使用，方便维护。在开发大中型 Python GUI 程序时，首选面向对象的实现方式。

本节将用面向对象的方式重新实现 login4.py，给出一个用面向对象的方式实现 GUI 编程的完整范例。无论多复杂的 GUI，其面向对象的代码框架大同小异，基本如图 9-20 所示。login4_oop.py 完整代码实现，如代码清单 9-13 所示。

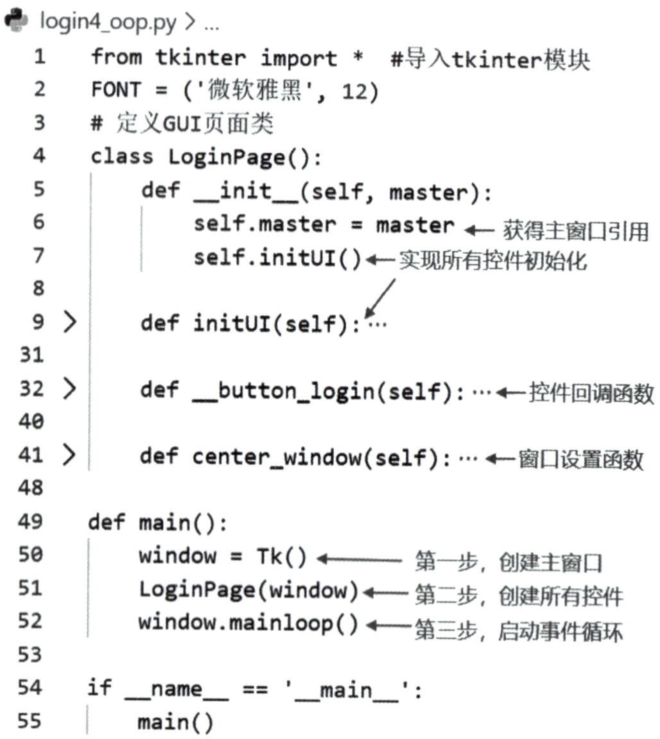

```
 login4_oop.py > ...
1   from tkinter import *    #导入tkinter模块
2   FONT = ('微软雅黑', 12)
3   # 定义GUI页面类
4   class LoginPage():
5       def __init__(self, master):
6           self.master = master        ← 获得主窗口引用
7           self.initUI()               ← 实现所有控件初始化
8
9 > def initUI(self): ...
31
32 > def __button_login(self): ...      ← 控件回调函数
40
41 > def center_window(self): ...       ← 窗口设置函数
48
49  def main():
50      window = Tk()              ← 第一步,创建主窗口
51      LoginPage(window)          ← 第二步,创建所有控件
52      window.mainloop()          ← 第三步,启动事件循环
53
54  if __name__ == '__main__':
55      main()
```

图 9-20　tkinter GUI 编程面向对象的代码框架

代码清单 9-13　login_oop.py 范例代码

```
1.  from tkinter import *                                #导入 tkinter 模块
2.  FONT = ('Microsoft YaHei', 12)
3.  #定义 GUI 页面类
4.  class LoginPage():
5.      def __init__(self, master):
6.          self.master = master
7.          self.initUI()
8.
9.      def initUI(self):
10.         '''''初始化 UI'''
11.         self.center_window()                         #让窗口在屏幕上居中
12.         #读取图片文件
13.         self.logo = PhotoImage(file="python_logo.png")
14.         self.icon_login = PhotoImage(file="login.png")
15.         self.icon_cancel = PhotoImage(file="cancel.png")
16.         #在左侧放置一个标签,显示 logo 图片
```

```python
17.     print(self.logo)
18.     Label(self.master, justify=LEFT, image=self.logo).grid(row=0, column=0, rowspan=2)
19.     #放置两个标签,一个为"账户",一个为"密码",字体:微软雅黑,12号
20.     Label(self.master, text='账户', font=FONT).grid(row=0, column=1)
21.     Label(self.master, text='密码', font=FONT).grid(row=1, column=1)
22.     #放置两个输入控件
23.     self.entry_user = Entry(self.master, width=15)
24.     self.entry_user.grid(row=0, column=2)
25.     self.entry_psw = Entry(self.master, width=15, show='*')
26.     self.entry_psw.grid(row=1, column=2)
27.     #放置两个按钮
28.     Button(self.master, compound=LEFT, image=self.icon_login, text='登录', font=FONT,
            command=self.__button_login).grid(row=2, column=1)
29.     Button(self.master, compound=LEFT, image=self.icon_cancel, text='取消', font=FONT,
            command=self.master.quit).grid(row=2, column=2)
30.
31. def __button_login(self):
32.     '''''登录按钮的回调函数'''
33.     user = self.entryuser.get()
34.     psw = self.entrypsw.get()
35.     if user and psw:
36.         print("Username:%s\nPassword:%s" % (user, psw))
37.     else:
38.         print("Please Enter Username and Password!")
39.
40. def center_window(self):
41.     '''''让窗口在屏幕上居中'''
42.     screen_width = self.master.winfo_screenwidth()      #获取屏幕宽度
43.     screen_height = self.master.winfo_screenheight()    #获取屏幕高度
44.     x = (screen_width - 200) / 2                         #计算窗口坐标x
45.     y = (screen_height - 100) / 2                        #计算窗口坐标y
46.     self.master.geometry('260x100+%d+%d' % (x, y))       #设置窗口大小与位置
47.     self.master.title("login4_oop.py")                   #设置窗口标题
48. def main():
49.     window = Tk()
50.     LoginPage(window)
51.     window.mainloop()
52. if __name__ == '__main__':
53.     main()
```

运行结果如图 9-21 所示。

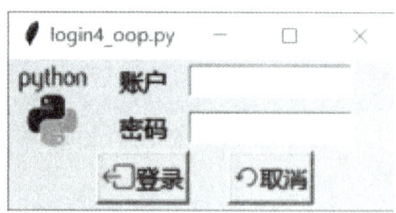

图 9-21　login_oop.py 的运行结果

9.6　本章要点回顾

本章详细介绍了基于 tkinter 实现 GUI 编程的基本概念和典型步骤，tkinter 的常用控件、布局方式和使用方法，最后介绍了在大中型 GUI 程序中常用的面向对象的实现方式。

9.7　本章练习题

题目 9.1　常见的 Python GUI 工具包有哪些？各有什么优点？

题目 9.2　请用 pack 方式在 TOP、BOTTOM、LEFT 和 RIGHT 放置四个标签控件。

题目 9.3　在题目 9.2 的基础上，分别设置 fill、expand、ipadx、ipady、padx 和 pady 属性，体验其效果。

题目 9.4　请用 grid 方式放置 4×4 的按钮，分别命名 0~9、=、+、-、x、÷、CE，并比较一下 pack 和 grid 方式的异同。

题目 9.5　请用 place 方式放置 4×4 的按钮，分别命名 0~9、=、+、-、x、÷、CE，并比较一下 pack、grid 和 place 方式的异同。

题目 9.6　请设计并实现一个能输入用户名和密码的登录窗口。

题目 9.7　请用面向对象的方式实现一个能输入用户名和密码的登录窗口。

第 10 章

Python 单元测试

前面的章节聚焦于介绍如何编写 Python 程序，当 Python 程序编写完毕后，接下来要做的工作是软件测试。软件测试是为了检查软件的运行结果是否与预期结果一致，且是否能无故障地稳定运行。

初学者对软件测试不太熟悉，通常认为编写完代码等于开发完软件。还有些初学者认为开发一个程序是困难的，测试一个程序则比较容易，所以轻视软件测试。实际上，一个完整的软件开发生命周期包括：计划、需求分析、软件设计、程序编写和软件测试五个部分。软件测试跟程序编写一样，是同等重要的工作，软件测试的时间占比远大于程序编写，约等于软件设计和程序编写的时间和，如图 10-1 所示。

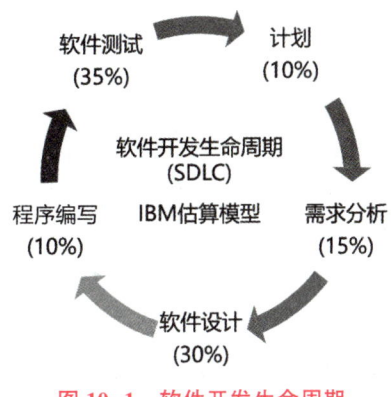

图 10-1　软件开发生命周期

本章首先介绍软件测试的基本概念，然后介绍由软件开发者负责的单元测试，最后介绍用 unittest 模块实现 Python 单元测试。

10.1　软件测试

为了保证软件质量，确保软件功能满足设计指标，且能无故障稳定运行，必须模拟软件使用环境，输入测试数据（测试用例），检查软件的运行结果是否与预期一致，最后给出一份测试报告，这就是软件测试。

10.1.1 软件测试的重要性

任何一个重视软件产品质量的公司都会非常重视软件测试，因为软件交付给客户后，若因为软件错误引起客户损失，轻则被拒付货款，中则被要求赔偿，重则诉诸法律、引发破产危机。例如，波音 737 max 因为 MCAS 软件 bugs，连续导致多起空难，面临数十亿美金的赔偿。

10.1.2 软件测试的分类

根据手动执行测试用例还是自动执行测试用例，软件测试可以分为：
- 自动测试。要求测试人员编写自动测试程序（脚本），然后由自动测试软件自动执行所有的测试用例。比手动测试效率高，大部分情况下都可以用自动测试。
- 手动测试。测试人员亲自运行软件，查找 bug。手动测试特别适合用户体验测试场景，要求测试人员站在用户的角度使用软件，找出问题。

根据是否按照程序内部的逻辑结构来测试程序，软件测试可以分为：
- 白盒测试。测试人员需要了解程序内部的逻辑结构，对所有逻辑路径进行测试。
- 黑盒测试。测试人员不需要了解程序内部的逻辑结构，把软件看作一个不能打开的黑盒子，只需要根据软件设计文档，测试软件的功能是否能实现。黑盒测试又称功能测试。
- 灰盒测试。介于白盒测试和黑盒测试之间，相当于两种方式的混合。

按照软件开发 V 模型，测试可以分为单元测试、集成测试、系统测试和验收测试，如图 10-2 所示。

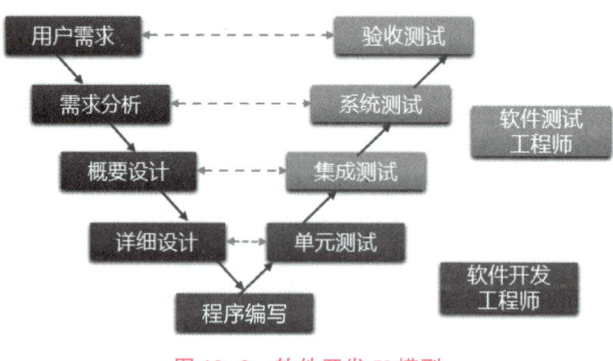

图 10-2　软件开发 V 模型

- 单元测试。完成对最小的软件设计单元模块的验证工作，属于白盒测试，由软件开发人员自己执行。
- 集成测试。将软件设计单元模块集成为子系统，主要测试子系统的功能和接口，属于黑盒测试，由软件测试工程师完成。

● 系统测试。将整个软件系统全部集成好之后作为一个整体进行的测试。主要包括功能测试、性能测试、安全性测试和兼容性测试。

● 验收测试。首先进行 Alpha 测试，即在开发团队内部模拟用户使用进行的测试，用户一般不参加；然后进行 Beta 测试，即将软件部署到一个或多个用户场所中，由用户进行的测试，开发者通常不参加，用户记录测试中遇到的问题并报告给开发者。

10.1.3 单元测试

单元测试通常是由软件开发人员编写和运行的自动化测试，以确保应用程序的最小可复用部分"单元"符合其设计并按预期运行。在面向过程编程中，单元通常是函数；在面向对象编程中，单元通常是类或者方法。

软件开发人员在开发应用程序代码时，应该同时开发一份单元测试代码。这样，在日后重构代码时，直接运行单元测试程序，就可以知道重构后的代码是否存在 bug，极大地提高了升级维护代码的效率。

一个好的单元测试，应该是：

● 测试用例要覆盖常用的输入组合、边界条件和异常。

● 测试代码要尽量简单，避免在测试代码中引入 bug。

接下来，本书将详细介绍用 unittest 模块实现 Python 单元测试。

10.2 用 unittest 模块实现 Python 单元测试

unittest 模块是 Python 内置的用于实现单元测试的框架（framework）。框架的意思是，测试软件大部分标准功能都已经开发好了，开发人员只需要编写用户功能代码并按照框架的要求将其集成到框架中，就可以运行了。所以基于 unittest 框架实现单元测试非常简单，按照 unittest 框架要求编写用户代码并集成到 unittest 框架中即可，其典型步骤如图 10-3 所示。

（1）新建一个 Python 单元测试脚本，遵循以 test 为前缀的"test*.py"命名模式，例如，test_app.py。

（2）导入 unittest 模块和被测试的模块。

（3）创建一个继承 unittest.TestCase 的测试类。

（4）创建以 test_为前缀的方法，里面用 self.assert 方法调用被测试的对象。

（5）将 unittest.main( )作为主函数入口。

（6）运行该 Python 单元测试脚本，命令格式为"python 单元测试脚本名.py-v"，例如，"python test_app.py-v"。

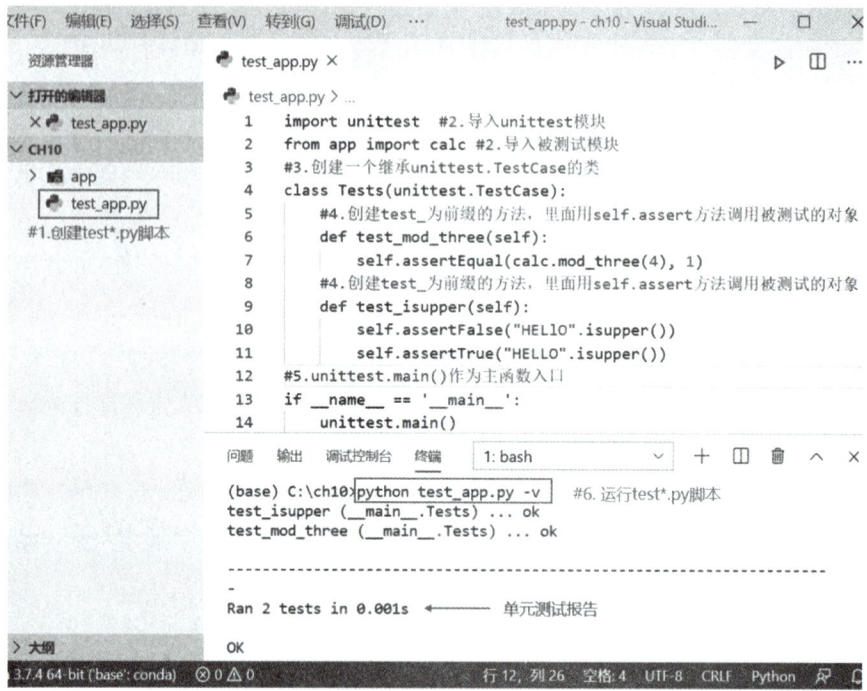

图 10-3　unittest 单元测试典型步骤

unittest 框架会自动查找并执行测试类中带有 test_ 前缀的方法。unittest 模块中的 TestCase 类常用的 assert 方法，如表 10-1 所示。

表 10-1　TestCase 类常用的 assert 方法列表

assert 方法名	描　　述
assertEqual(a, b)	检查 a == b，通常用于整数型变量
assertNotEqual(a, b)	检查 a != b，通常用于整数型变量
assertAlmostEqual(a, b)	检查 | a-b | <δ，通常用于浮点数型变量
assertGreater(a, b)	检查 a > b
assertLess(a, b)	检查 a < b
assertTrue(x)	检查 bool(x) is True
assertFalse(x)	检查 bool(x) is False
assertIs(a, b)	检查 a is b
assertIsNot(a, b)	检查 a is not b
assertIsNone(x)	检查 x is None
assertIsNotNone(x)	检查 x is not None
assertIn(a, b)	检查 a in b
assertNotIn(a, b)	检查 a not in b

更多 assert 方法，请参考 https：//docs.python.org/3.8/library/unittest.html#unittest.TestCase。

10.3　在 VS Code 中配置 unittest 框架并运行单元测试

在 1.7 节中，说到在 VS Code 中开发和调试 Python 程序，把工具集中到一个界面中，不用在多个工具中来回切换，是提高开发效率的好方法。本节将介绍在 VS Code 中配置 unittest 测试框架，并运行单元测试。

VS Code 支持 unittest、pytest 和 nose 三种单元测试框架。这三种测试框架不能同时启动，只能启动其中一个。配置 unittest 框架，并运行单元测试的具体步骤如下。

第一步，启动 VS Code，用"文件"菜单->"打开文件夹"选项，打开单元测试程序所在文件夹（CH10）；然后通过快捷键"Ctrl+Shift+p"，启动 VS Code 命令面板，输入命令"Python：Configure Tests"并回车，如图 10-4 所示。

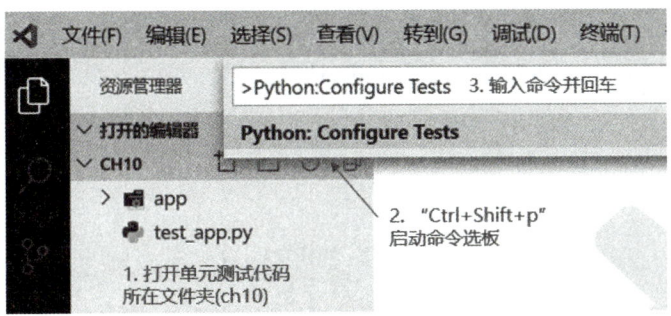

图 10-4　输入命令"Python：Configure Tests"

第二步，在对话框中选择 unittest 框架，如图 10-5 所示。

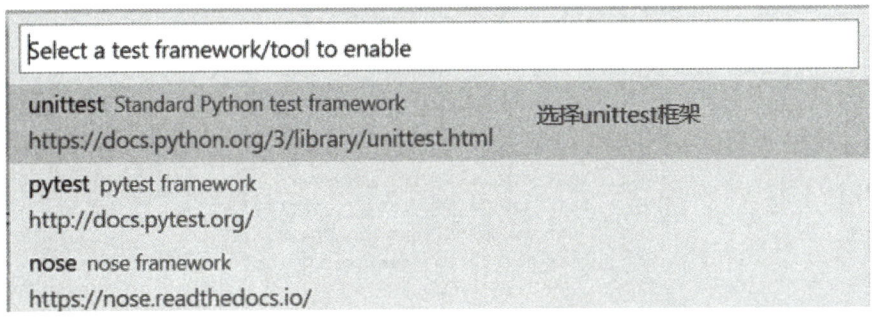

图 10-5　选择 unittest 框架

第三步，选择测试脚本所在文件夹和测试脚本的命名模式，如图 10-6 所示。

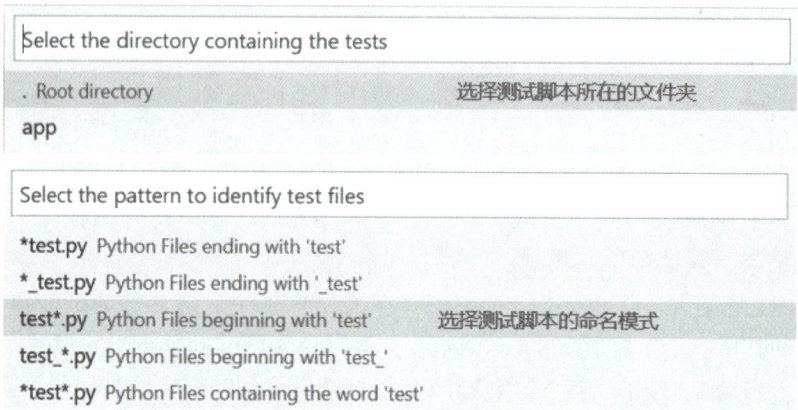

图 10-6　选择测试脚本所在文件夹和测试脚本的命名模式

完成上述步骤后，VS Code 会自动检测 Python 单元测试脚本，并在 Python 单元测试脚本上加入代码镜头（CodeLens），点击"Run Test"运行单元测试，如图 10-7 所示。

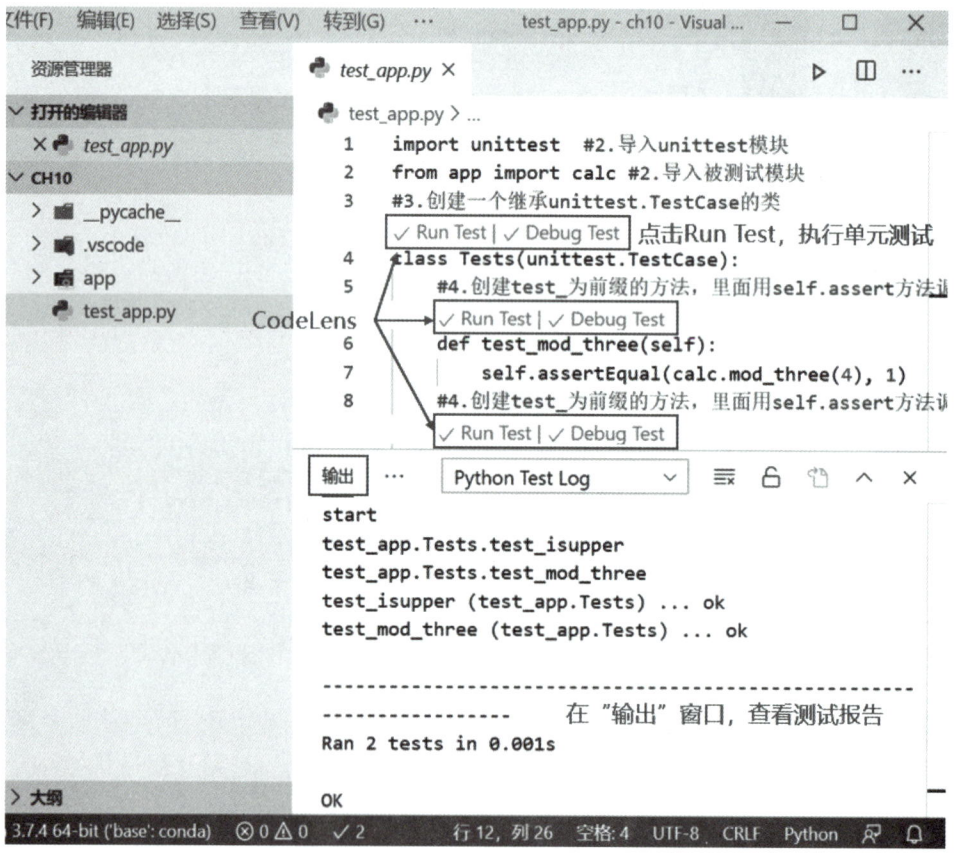

图 10-7　运行单元测试

还可以在测试资源管理器中，点击运行按钮，运行单元测试，如图 10-8 所示。

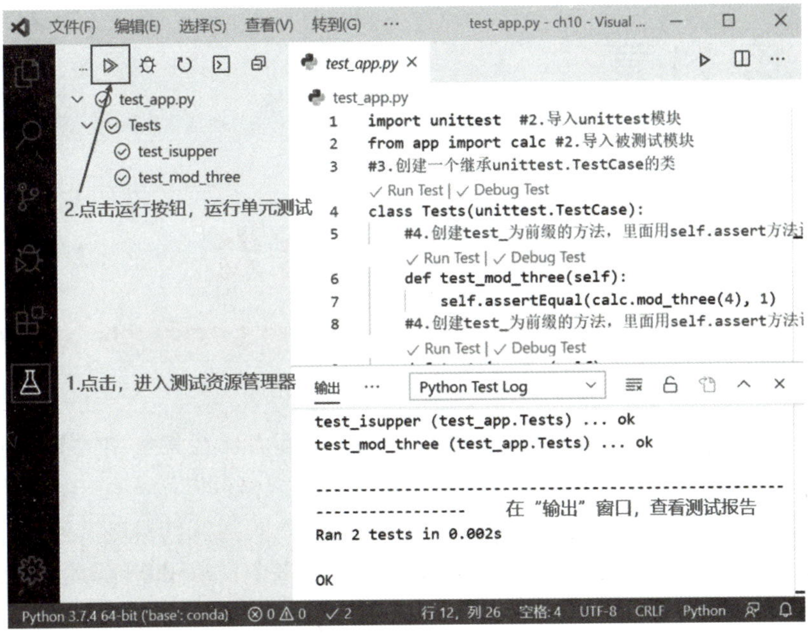

图 10-8　点击运行按钮，运行单元测试

10.4　本章要点回顾

本章首先介绍了软件测试的基础概念，并重点介绍了需要软件开发人员负责的单元测试，然后介绍了基于 Python 内置 unittest 模块如何实现 Python 单元测试，最后介绍在 VS Code 中配置 unittest 框架并运行单元测试。这样，在 VS Code 中可以一站式实现 Python 代码的编写、运行、调试和测试，提高了开发效率。

10.5　本章练习题

题目 10.1　在软件开发 V 模型中，包含哪些测试步骤？哪个测试步骤是开发人员负责的？

题目 10.2　白盒测试、黑盒测试和灰盒测试有什么区别？

题目 10.3　请编写一个名为 circle_func.py 的应用程序，实现圆的周长和面积的计算。

题目 10.4　请编写一个名为 test_circle_func.py 的单元测试程序。

题目 10.5　请打开 VS Code，依次点击"文件"菜单->"打开文件夹"选项打开 test_circle _func.py 单元测试程序所在的文件夹，然后配置好 unittest 框架，点击"Run All Test"按钮，运行 test_circle_func.py。

第 11 章

Python 项目开发

前面 Python 语言程序设计的基础知识介绍完毕,读者已经具备读懂 Python 程序,并撰写单个 Python 脚本(文件)在命令行界面中运行的能力,可以做一些中小规模的 Python 程序开发(500 行代码以内),例如,开发一个自动化系统运维的脚本、开发一个网络爬虫、生成词云图(CloudWord)、实现数据可视化、实现多个日常任务自动化等。

当单个文件超过 500 行代码时,代码的阅读和维护工作会变得越来越困难,这时需要把代码按照功能分类,分别存放在不同的文件中,即 Python 模块;实现同一个目标的 Python 文件放入同一个文件夹中,即 Python 包。把 Python 文件和项目相关的资源组织到一起,便于维护和管理,即 Python 项目。

绝大多数能创造商业价值的 Python 程序,都是一个完整的项目而非单个脚本,所以用项目的方式组织和管理资源,开发完整的程序,是一个程序员必备的技能。

对于初学者来说,刚接触 Python 项目时,会有很多个疑问:
- 如何从零开始创建一个 Python 项目?
- Python 项目的典型组成是什么?典型文件夹结构是什么?
- 如何在项目中实现开发、测试、版本控制和发布的全流程?

本章将依次进行介绍。

11.1 创建并开发 hello_world 项目

Learning by Doing(在做中学)是学习 Python 项目开发的好方式,为了聚焦 Python 项目的基础概念和开发流程介绍,hello_world 项目的程序代码文件只有一个,这样可以不用将精力分散在如何编写代码上。

11.1.1 项目开发需要的软件工具

在项目开发过程中,需要用到的软件工具有:
- Anaconda,用于管理 Python 库和虚拟环境的工具。很多类 Unix 操作系统的发行版都自带 Python,并且发行版中的很多功能是用 Python 实现的。若在全局 Python 环境中开发、配置、测试和发行自己的 Python 项目,很容易破坏操作系统的功能。创建一个项目开发专属的虚拟环境,把项目开发的 Python 环境和操作系统的全局 Python 环境隔离开来,是一个非常好的方式。请按照 1.6 节所示,创建并激活 learn_python36 虚拟环境。

• VS Code,开源免费的用于 Python 开发、调试、运行、测试和版本管理的图形化集成开发环境。请按照 1.6 节所示,安装好 VS Code。

• Git,开源免费的分布式版本控制系统,用于实现版本管理。请到 git 官网下载、安装并配置 Git,如 1.8 节所示。

11.1.2 注册 GitHub 账号并创建项目的代码仓

GitHub 是世界上最大的开源代码社区和开源项目托管平台,里面汇集了超过 3100 万名开发者,托管项目超过了 1 亿个,同时也支持私有商业化的项目托管。不懂 GitHub 的程序员会被开发者社区视为"菜鸟",为了提升管理项目的水平,必须学会使用 GitHub。

注册 GitHub 账号并创建项目的代码仓的具体步骤如下。

第一步,在 GitHub 主页(https://github.com/)的账户注册框,依次输入用户名、Email 和密码,点击"Sign up for GitHub"按钮开始注册,如图 11-1 所示。在注册过程中,请选择免费的账户类型,然后按照提示完成账户注册。

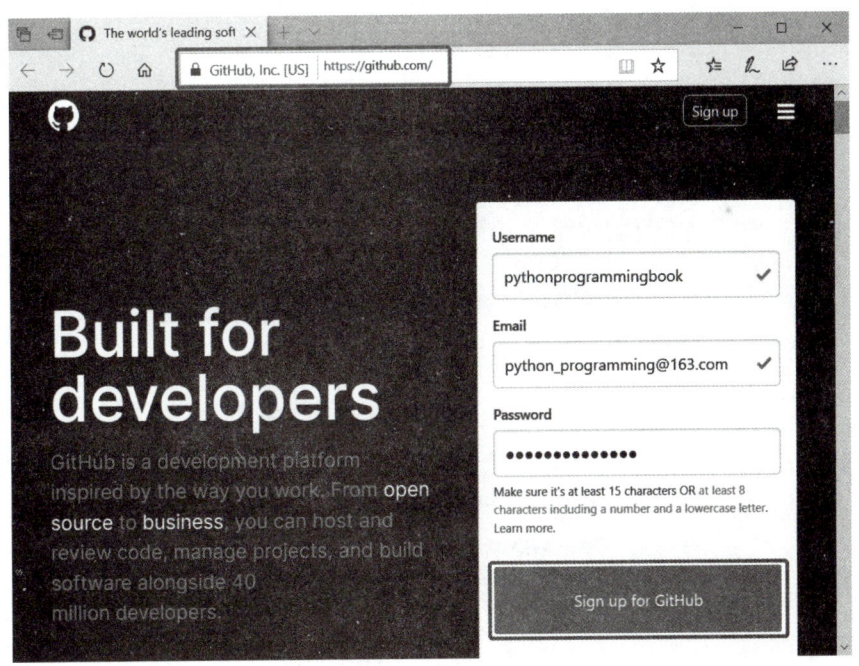

图 11-1　注册 GitHub 账户

第二步,用注册的账户登录 GitHub 后,自动进入用户项目管理界面。点击"Start a Project"按钮新建一个代码仓(repository)。在创建代码仓(create a new repository)页面,输入项目名、选择代码仓种类、勾选 README 文件、选择.gitignore 文件类型(Python)、选择软件证书种类（MIT），最后点击"Create repository"按钮，完成创建工作，如图 11-2 所示。

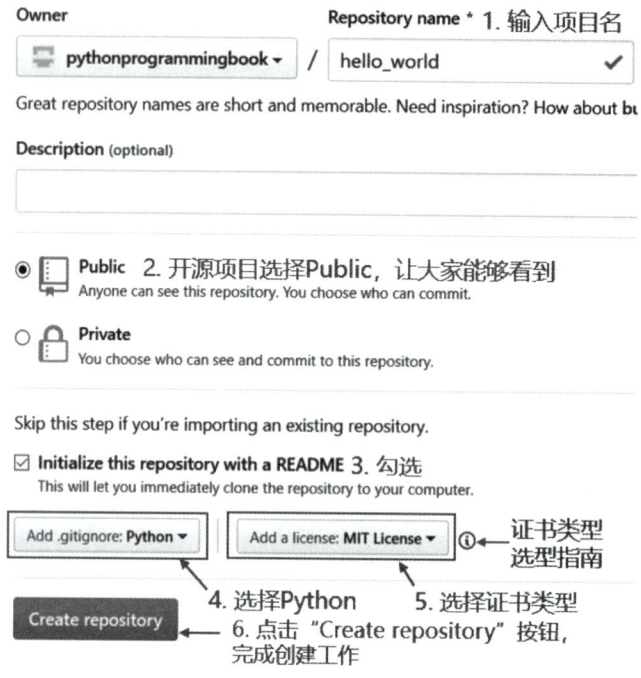

图 11-2　创建 GitHub 代码仓

GitHub 代码仓创建完毕后，会自动进入项目的管理页面，请先点击"Clone or download"按钮，然后点击复制按钮，复制代码仓链接，如图 11-3 所示。

图 11-3　复制代码仓链接

11.1.3　在 VS Code 中通过克隆创建项目文件夹

创建好 GitHub 代码仓后，接下来就是在 VS Code 中通过克隆 GitHub 代码仓创建项目文件夹。启动 VS Code，用"Ctrl+Shift+P"打开命令面板（Command Palette），输入命令

"Git：Clone"并回车，然后填入 GitHub 代码仓的链接并回车，最后选择保存 GitHub 代码仓的文件夹，完成克隆工作，如图 11-4 所示。

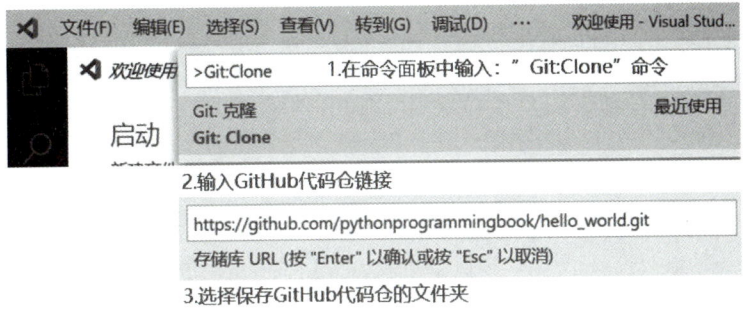

图 11-4　克隆 GitHub 代码仓

在 VS Code 中没有类似 Visual Studio 那种的项目文件（*.vcxproj），可以通过双击项目文件（*.vcxproj）来打开项目。在 VS Code 中，打开 Python 项目用"文件"菜单 ->"打开文件夹…"选项打开项目文件夹来实现。

用"文件"菜单 ->"打开文件夹…"选项打开已克隆的项目文件夹 hello_world，如图 11-5 所示。从 VS Code 中打开 hello_world 项目文件夹后，可以在资源管理器中看到 hello_world 项目的现有资源：

- .gitignore 文件，告诉 git 哪些文件不用放入版本库中。
- LICENSE 文件，软件许可证文件。
- README.md 文件，软件说明文件。

图 11-5　用"打开文件夹"选项打开 Python 项目

11.1.4　选择 Python 解释器

在开发 Python 代码前，需要告诉 VS Code 使用哪个虚拟环境中的 Python 解释器。用"Ctrl+Shift+P"打开命令面板，输入命令"Python：Select Interpreter"并回车，然后选择虚拟环境 learn_python36 中的 Python 解释器，如图 11-6 所示。

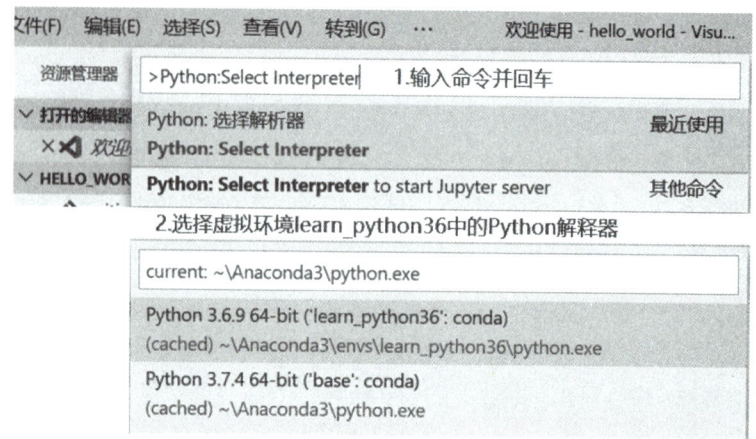

图 11-6　选择虚拟环境 learn_python36 中的 Python 解释器

完成 Python 解释器选择后，VS Code 底部的状态栏中，会出现已选择的 Python 解释器信息，如图 11-7 所示。

图 11-7　VS Code 状态栏显示 Python 解释器信息

11.1.5　编写应用程序代码

在"资源管理器"窗口，点击"新建文件"按钮，新建一个"hello_world.py"文件，然后在代码编辑区编写代码。代码编写完成后，点击编辑区右上方的"运行"按钮，运行 hello_world.py 文件，在"终端"窗口能看到运行结果，如图 11-8 所示。

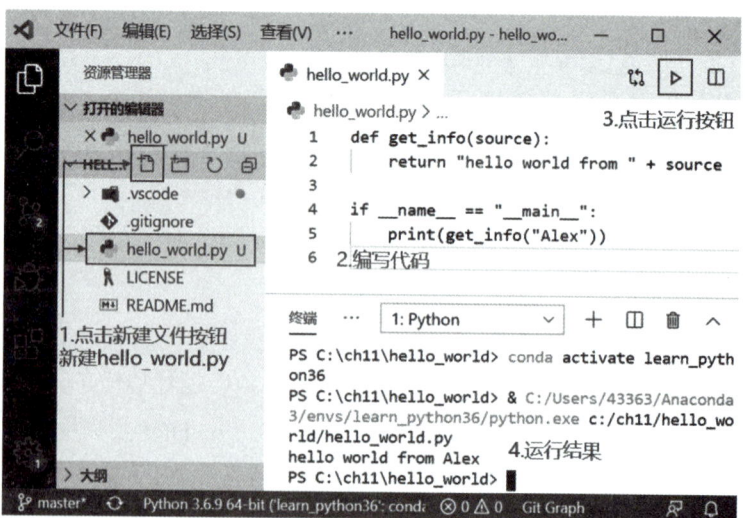

图 11-8　编写应用程序代码

11.1.6 编写单元测试代码

如 10.1 节所述，单元测试通常是由软件开发人员编写的。在"资源管理器"窗口，点击"新建文件"按钮，新建一个"tests.py"文件并编写单元测试代码，如图 11-9 所示。

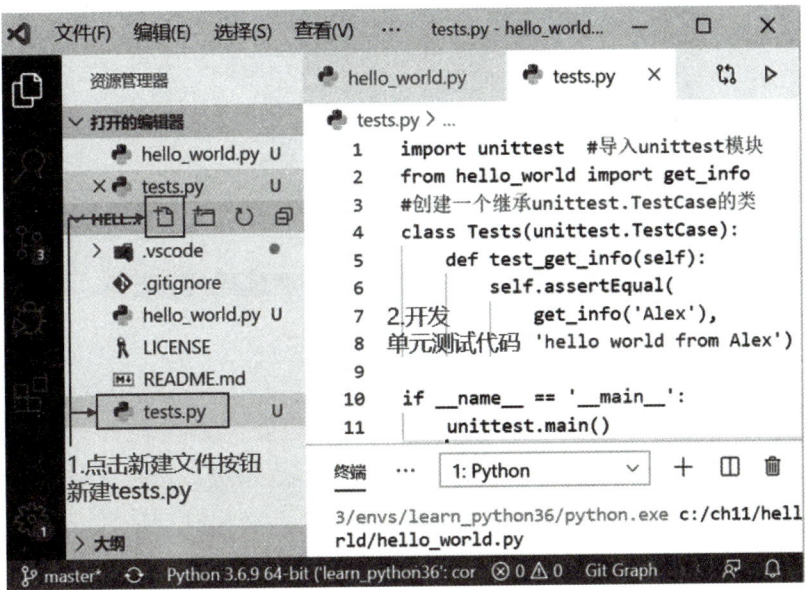

图 11-9　编写单元测试代码

在编写单元测试代码时，需要注意："tests"是一个约定俗成的名字，若只有一个单元测试代码文件，则用 tests 命名单元代码测试文件；若有多个单元测试代码文件，则用 tests 命令文件夹，然后把多个单元测试代码文件放到 tests 文件夹中，单元测试代码文件按照"test_modulename"模式名，即用"test_"做文件名前缀，后接被测试的 Python 模块名。

编写单元测试代码的详细步骤，请参考 10.2 节。

单元测试代码编写完成后，请用快捷键"Ctrl+Shift+P"，启动 VS Code 命令面板，输入命令"Python：Configure Tests"并回车，然后选择 unittest 框架，测试脚本所在文件夹和测试脚本的命名模式，详细操作步骤请参考 10.3 节。

完成上述步骤后，VS Code 会自动检测 Python 单元测试脚本，并在 Python 单元测试脚本上加入代码镜头，点击"Run Test"运行单元测试，如图 11-10 所示。

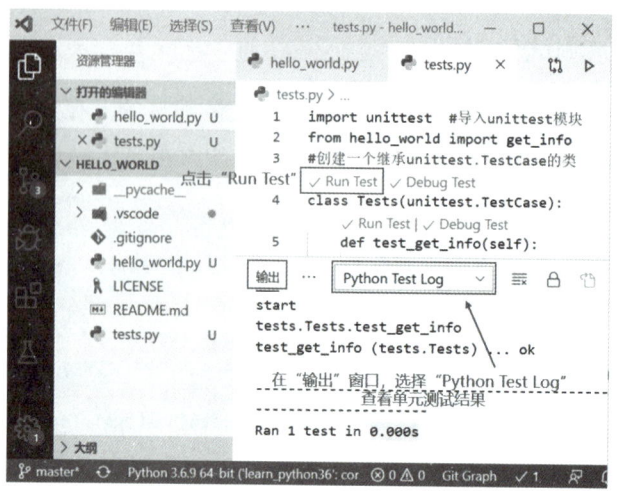

图 11-10 运行单元测试

11.1.7 把程序文件提交到本地代码仓

每开发、测试并调试好一段代码，就要把该段代码连同对该段代码的简要说明一起提交到代码库（repository）中，这就是版本控制（Version Control）的提交（Git commit）工作。

软件在其生命周期内，每修改一行代码，或者是一个参数、字母，就有可能发生巨大的变化，这些修改是没有办法靠人脑记住的。版本控制就是帮助软件开发者记住和高效查找这些修改，所用的工具就是版本管理软件，比如 Git。

以 Git 版本管理软件和 GitHub 代码仓为例，版本控制的典型操作步骤如图 11-11 所示：

（1）在 GitHub 上创建代码仓并克隆到本地，作为工作目录。
（2）在工作目录中添加或修改代码。
（3）把对代码的更改提交到本地 git 代码仓。
（4）在修改完成后，如果发现错误，可以撤回提交，然后再次修改并提交。
（5）把本地 git 代码仓同步到 GitHub 代码仓。

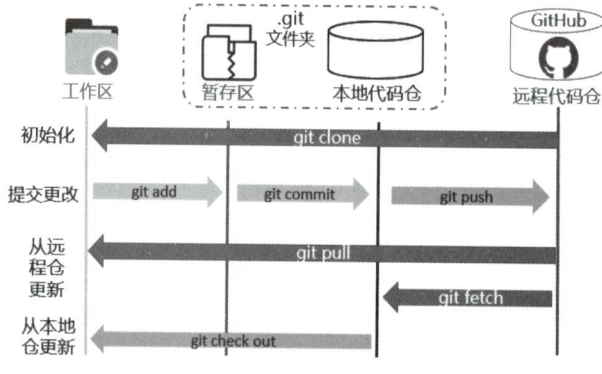

图 11-11 版本控制典型操作

对 hello_world 项目来说，工作区对应 hello_world 文件夹，里面有个隐藏属性的文件夹叫 .git，.git 文件夹里面有暂存区和本地代码仓，远程代码仓是指存放在 GitHub 上的代码仓：https://github.com/pythonprogrammingbook/hello_world.git。

11.1.5 节和 11.1.6 节已经把应用程序代码和单元测试代码开发好了，下面需要把它们提交到本地代码仓。

首先，点击"源代码管理"标志，切换到源代码管理界面。将鼠标移动到文件名上方时，会出现操作按钮。"+"表示暂存更改，即把选中的文件保存到暂存区。请依次点击 hello_world.py 和 tests.py 后面的"+"，把它们保存到暂存区，如图 11-12 所示。

接着在消息框中输入伴随提交的描述信息："创建 hello_world.py 和 tests.py"，然后用快捷键"Ctrl+Enter"，或点击"√"，将暂存区的文件提交到本地代码仓，如图 11-13 所示。

图 11-12　把文件保存到暂存区

图 11-13　将暂存区的文件提交到本地代码仓

将暂存区的文件提交到本地代码仓后，可以在"终端"窗口，输入命令"git reflog"并回车，查看版本控制的操作记录。可以看到"创建 hello_world.py 和 tests.py"的代码提交已经完成，如图 11-14 所示。

图 11-14　查看 git 操作记录

11.1.8 生成 requirements.txt 文件并提交到本地仓

在另一台电脑上重新构建 Python 项目所需要的运行环境，用命令一键式安装完所需的软件包：

```
pip install -r requirements.txt
```

命令中的 requirements.txt 文件包含 Python 项目依赖的所有软件包以及具体的版本号。

在"终端"窗口，输入命令"pip freeze > requirements.txt"并回车，自动生成重新构建 Python 项目运行环境所需的 requirements.txt 文件，如图 11-15 所示。

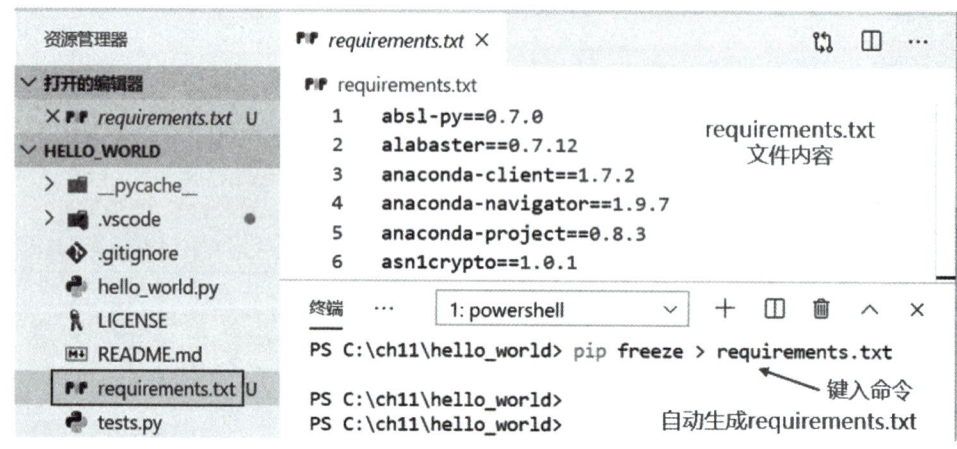

图 11-15 自动生成 requirements.txt

请参照上一小节内容，把 requirements.txt 文件提交到本地代码仓。

11.1.9 编写 README.md 文件并提交到本地代码仓

README.md 是 GitHub 项目默认的项目说明文件，后缀 .md 说明该文件用 Markdown 语言编写。Markdown 语言的特点如下：

- 易写，一种简单的纯文本标记语言。
- 易读，自动生成结构化文档，符合人的阅读习惯。
- 易学，一般情况下 10 分钟左右可以学会。

VS Code 原生支持 Markdown 文件编写，不需要安装任何插件。在 VS Code 中双击"README.md"，即可启动 Markdown 文件编辑。点击右上方的"打开侧边预览"按钮，将 Markdown 编辑器分为左边的源代码编辑区和右边的预览区，如图 11-16 所示。

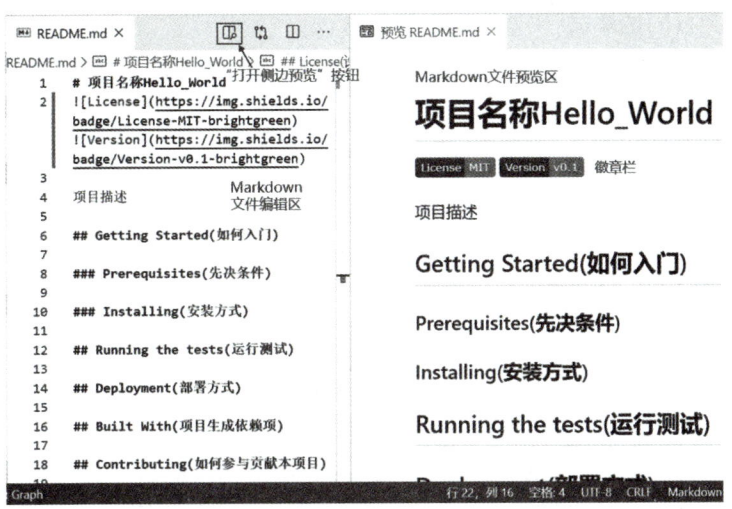

图 11-16　在 VS Code 中编写 README.md 文件

Markdown 常用语法如图 11-17 所示:

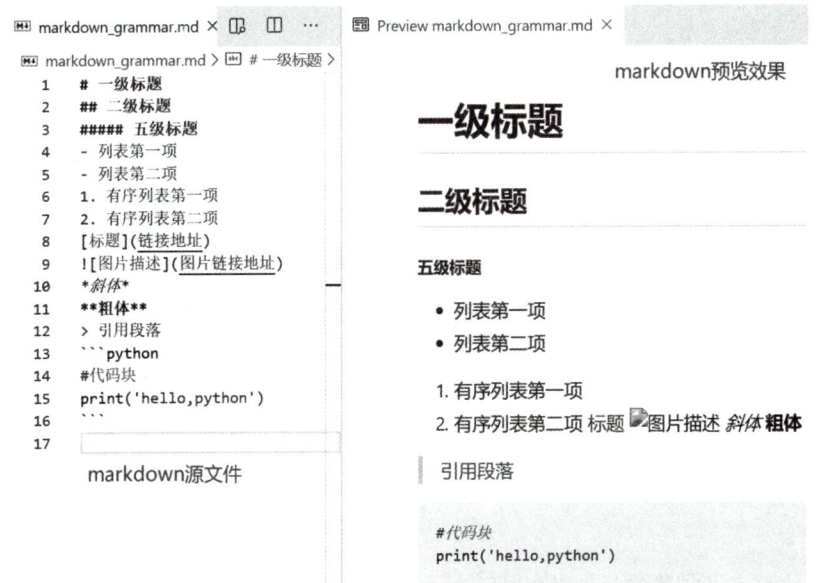

图 11-17　Markdown 常用语法

用户接触一个项目,首先会看项目的 README.md 文件,了解这个项目是什么、如何安装以及如何使用。一个典型的 README.md 文件包含项目名、项目介绍、如何入门、运行测试、部署方式、项目生成依赖项、如何参与贡献本项目、作者、许可证和致谢。

为了让 README.md 文件看起来更加专业,可以用关键信息徽章来装饰 README.md 文件(徽章网站:https://shields.io/),使用方法:将语句"![<LABEL>](https://img.shields.io/badge/<LABEL>-<MESSAGE>-<COLOR>)"拷贝到 README.md 文件,并将<

LABEL>替换为徽章的标签名，<MESSAGE>替换为标签的消息，<COLOR>替换为颜色名称，例如：！［License］（https：//img.shields.io/badge/License-MIT-brightgreen）。

效果如图 11-16 所示。

README.md 文件编辑完毕后，请参照 11.1.7 节，把 requirements.txt 文件提交到本地代码仓。

11.1.10 将本地代码仓同步到 GitHub 代码仓

在结束一天的开发工作前，需要把本地代码仓同步到 GitHub 代码仓。点击"源代码管理"标志，切换到源代码管理界面，点击"同步"按钮，如图 11-18 所示。

图 11-18　点击"同步"按钮

同步完成后，进入 GitHub 的 hello_world 项目页面，可以看到相关的文件已经同步到 GitHub 上了，如图 11-19 所示。

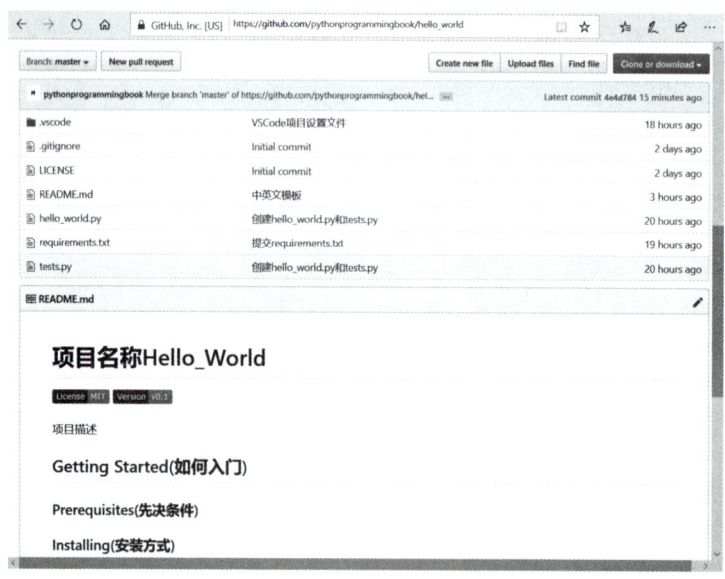

图 11-19　hello_world 项目页面

11.2　Python 项目文件目录结构

完成从零开始创建 hello_world 项目后，大家对 Python 项目及其文件目录结构应该有了直观的认识。Python 语言非常灵活，可以用各种形式创建项目，简单到一个 Python 脚本，复杂到一个大型框架，这种灵活性通常给初学者带来很大的困惑：到底该怎么做才是对的？

11.2.1　典型的 Python 项目文件目录结构

一个典型的 Python 项目文件目录结构，如图 11-20 所示，项目文件夹中的各个组成部分都是一个文件，更加复杂的结构只是在此基础上，由文件变成了文件夹。

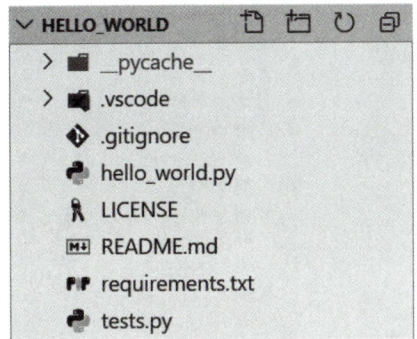

图 11-20　典型的 Python 项目文件目录结构

项目文件夹中的各个组成部分功能如下：

- __pycache__ 文件夹，Python 解释器自动创建的用于存放已编译的字节码的文件夹，不需要程序员管理。
- .vscode 文件夹，VS Code 自动创建的用于保存设置的文件夹，不需要程序员管理。
- .gitignore 文件，里面的内容是告诉 Git 忽略哪些文件，即不要将这些文件纳入版本控制。该文件无须程序员编写，在创建 GitHub 项目时，由程序员选择并由 GitHub 自动生成。
- hello_world.py 文件，用于实现项目功能的 Python 源代码文件，由程序员负责编写、调试。
- LICENSE 文件，里面存放项目的许可证。如果要分发代码，该文件最好有一个。许可证无须程序员编写，在创建 GitHub 项目时，由程序员选择并由 GitHub 自动生成。
- README.md 文件，项目的说明文件，描述项目的用途和用法。
- requirements.txt，描述项目 Python 依赖软件包的文件，由 pip 程序自动生成。
- tests.py 文件，用于实现单元测试的 Python 源代码文件，由程序员负责编写，编写方式请参见 10.2 节、10.3 节和 11.1.6 节。

11.2.2 复杂的 Python 项目文件目录结构

功能复杂的项目跟 hello_world 项目相比，其文件目录结构和组成大同小异，最关键的变化是，实现项目功能和单元测试的代码由单一文件变成了文件夹。这是因为项目功能越来越复杂后，把所有功能写到一个代码文件中，不好维护。最佳的做法是按照不同的功能分解为不同的代码文件，放在相应的文件夹(Python 包)中，如图 11-21 所示。

将代码拆分为 Python 模块和包，组织成合理的工程目录结构的总原则是"高内聚、低耦合"，即模块间的关联度要低，模块内部的功能性要集中。

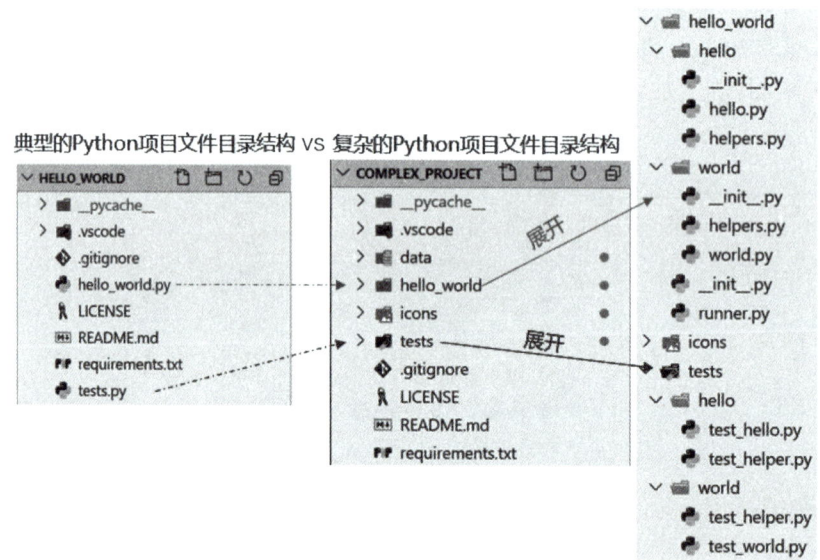

图 11-21 典型的 Python 项目文件目录结构 vs 复杂的 Python 项目文件目录结构

Python 项目文件夹的基本管理原则有三，遵循下列原则可以极大地提高个人以及团队的工作效率和工作质量。

- 按功能分类：不同的功能用不同的文件来实现，例如，hello_world.py 实现应用程序功能，LICENSE 文件实现项目的许可证。若该功能无法用一个文件实现，则用文件夹按层次组织多个文件，例如，应用程序需要 runner.py、hello.py、world.py 等实现，则用 hello_world 文件夹按层次分层组织和管理。
- 按需要增加：图 11-21 中的文件目录结构仅供参考，除了程序文件，其他都不是必需的。例如：不分发代码，则不需要 LICENSE 文件；程序功能足够简单时，也不需要编写单元测试代码，虽然本书建议无论难易，都要编写；程序本地有处理数据文件的需要时，则可创建一个"data"文件夹用于存放数据文件；程序要用到图标时，应创建一个"icon"文件夹用于存放图标文件。
- 按层次管理：顶层文件夹下可以有多级子文件夹，按照逻辑层次对多个文件进行分层管理。

11.3 软件开发模型

在 11.1 节的 hello_world 项目创建开发过程中，我们学习了软件开发中所需要的软件工具和开发技能，并按照一边开发一边做单元测试的方式组织开发活动，但这种方式并不是唯一的。根据不同的项目需求，有多种方式把软件生命周期中的所有开发活动组织起来的模型，即软件开发模型。软件开发模型告诉我们拿到客户需求后，如何组织开发活动把软件项目开发出来。

常见的软件开发模型有：

- 边做边改模型（Build-and-Fix Model）。开发人员拿到项目后立即根据需求编写程序，调试通过后生成软件的第一个版本。在提供给用户使用后，如果程序出现错误，或者用户提出新的要求，开发人员重新修改代码，直到用户满意为止。很多非标定制软件项目都是按照边做边改模型来开发的。
- 瀑布模型（Waterfall Model）。将软件生命周期划分为制定计划、需求分析、软件设计、程序编写、软件测试和运行维护等六个基本活动，并且规定了它们自上而下、相互衔接的固定次序，如同瀑布流水，逐级下落。由于这种模型的线性过程太理想化，已不再适合现代的软件开发，几乎被业界抛弃。
- 快速原型模型（Rapid Prototype Model）。首先建造一个快速原型，实现客户与系统的交互，客户对原型进行评价，进一步细化待开发软件的需求。通过逐步调整原型使其满足客户的要求，最终确定客户的真正需求是什么；然后在此基础上开发客户满意的软件产品，特别适合开发目标模糊的软件项目。
- 增量模型（Incremental Model）。软件被作为一系列的增量构件来设计、实现、集成和测试，每一个构件是由多种相互作用的模块所形成的提供特定功能的代码片段构成。增量模型在各个阶段并不交付一个可运行的完整产品，而是交付能够满足客户需求的一个子集的可运行产品。增量模型的灵活性大大优于瀑布模型和快速原型模型，但也很容易退化为边做边改模型。
- 螺旋模型（Spiral Model）。结合瀑布模型和快速原型模型的优点，沿着螺线进行若干次迭代，强调了其他模型所忽视的风险分析，特别适合于大型复杂的软件项目。

11.4 项目发布

当项目开发完毕达到设计要求后，下一步就是发布项目。Python 项目发布有两种形式，一种是以 Python 项目或 Python 包的形式发布，开源项目多用这种形式；一种是以可执行文件（*.exe）或安装包（*.msi）的形式发布，闭源项目多用这种形式。

11.4.1 把开源项目发布到 GitHub 上

对于开源项目来说，并不需要把开发好的项目编译成可执行的二进制文件，发布意味着把项目源代码文件连同说明文件按照一定的文件目录结构存放到某个地方方便大家获取和使用。对于 Python 开源项目来说，大家习惯到两个地方查找、下载和使用：
- GitHub(https：//github.com/)。搜索然后用"git clone"命令克隆到本地。
- PyPI(https：//pypi.org/)。搜索然后用"pip install"命令安装到本地。

由此，发布 Python 开源项目通常指发布到 GitHub 或 PyPI 上（也可以是其他开源软件托管服务器）。把 Python 项目发布到 GitHub 上的流程跟 hello_world 项目的流程一模一样，发布到 GitHub 的 Python 项目文件夹目录结构请参考 11.2 节。

当把本地代码仓同步到 GitHub 代码仓时，就相当于把 Python 项目发布到 GitHub 上了。需要注意的是，发布到 GitHub 上的 Python 项目，一定要在 README.md 文件中写清楚以下三点：
- 这个项目是什么。
- 如何安装。
- 如何使用。

否则，大家虽然能找到并下载你的项目，却无法使用你的项目。

11.4.2 把开源项目软件包发布到 PyPI 上

PyPI 是 Python 软件基金会管理的软件包代码仓，里面不仅有 Python 标准库，还有数量惊人的第三方库，如图 11-22 所示。PyPI 中的 Python 软件包可以直接用命令"pip install package_name"安装。pip 在安装 Anaconda 时默认被安装了，无须用户额外安装。

图 11-22　https：//pypi.org/

把开源项目软件包发布到 PyPI 上的具体步骤在 PyPI 官网上有详细的介绍文档《Learn how to package your Python code for PyPI》，如图 11-22 所示，本书不再转述。

11.4.3 把项目发布成可执行文件

把 Python 源代码编译为可执行文件的常用工具有 pyinstaller、py2exe、cx_Freeze 等，其中 pyinstaller 社区最活跃，使用人数最多，所以本书选择 pyinstaller 做介绍，学会了 pyinstaller 后，其余工具的用法也是大同小异。

在使用 pyinstaller 前，需要安装 pyinstaller，安装命令如下：

```
pip install pyinstaller
```

安装好 pyinstaller 后，在 Windows 命令行界面中输入命令：

pyinstaller -h

可以查看 pyinstaller 的命令参数选项，如图 11-23 所示。

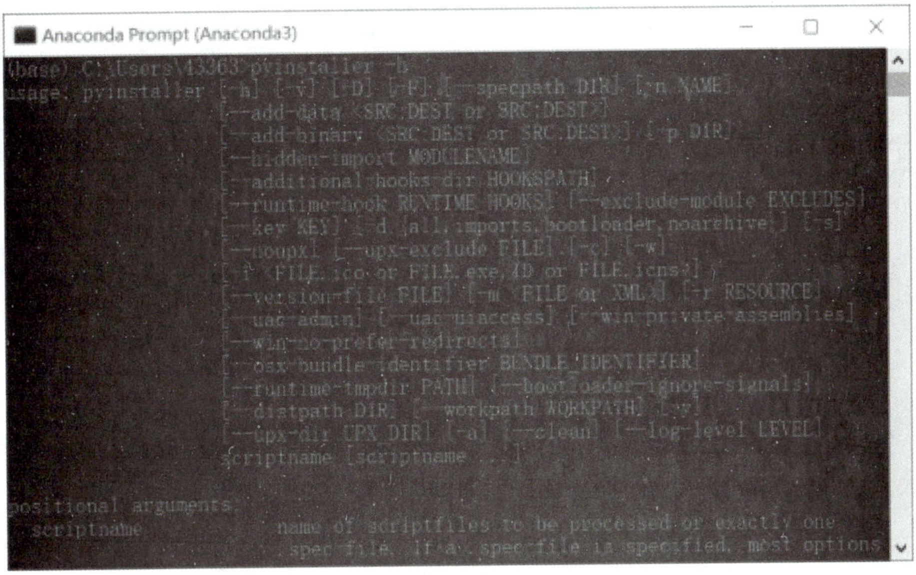

图 11-23　查看 pyinstaller 命令参数选项

pyinstaller 命令参数选项很多，常用的如下所示：

1. pyinstaller -F-w-i *.icon *.py

其中：
- -F，表示生成单个可执行文件。
- -w，表示去掉控制台窗口。GUI 界面程序请使用该选项，命令行界面程序不使用该选项。
- -i，指定可执行文件的图标，后面跟图标文件 *.icon。
- *.py，需要编译成可执行文件的 Python 文件。

下面将以代码清单 9-11 login6.py 文件为例，展示把 Python 文件编译为可执行文件的详细步骤。

第一步，新建一个文件夹，例如 compile_exe，把 login6.py 和图标文件 login.ico 拷贝到该文件夹，并在文件夹的地址栏中键入"cmd"，启动 Windows 命令行窗口。

第二步，键入命令"pyinstaller -F-w-i login.ico login6.py"，完成编译工作。编译结束后，pyinstaller 会生成两个文件夹："dist"和"build"，如图 11-24 所示。pyinstaller 生成的可执行文件在"dist"文件夹中。

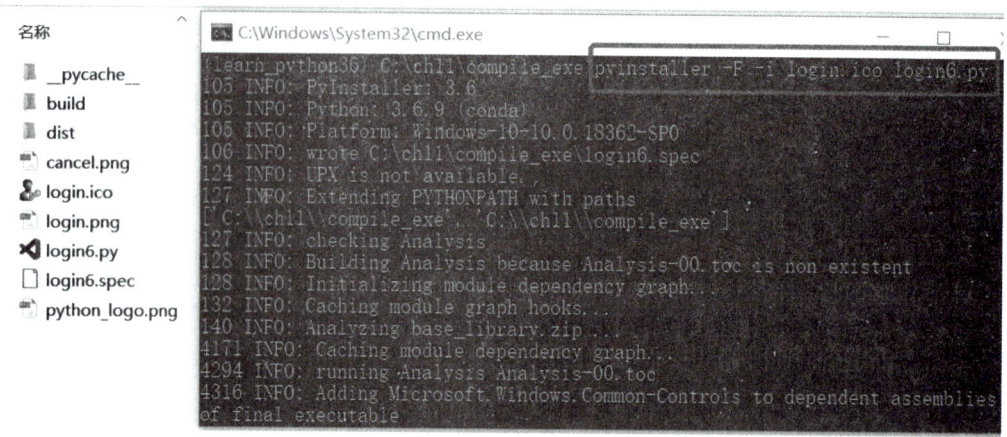

图 11-24　一键编译 login6.py

第三步，把 login6.py 需要的图片文件 cancel.png、login.png 和 python_logo.png 拷贝到 "dist" 文件夹，然后双击 "login6.exe" 启动可执行文件，如图 11-25 所示。

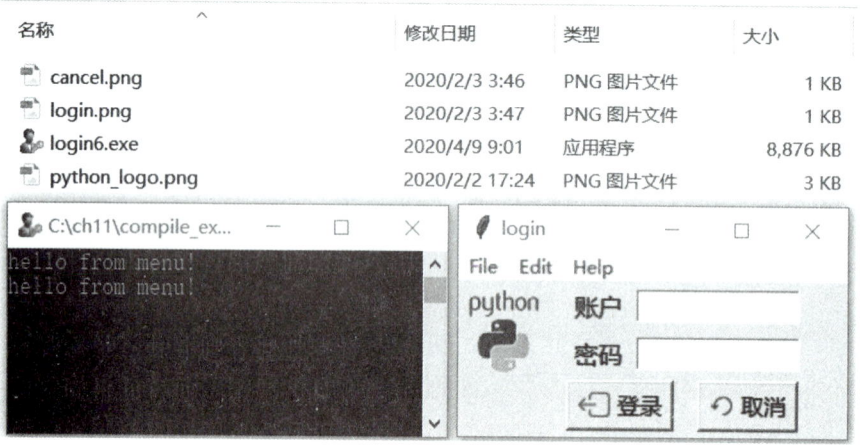

图 11-25　运行 login6.exe

长时间不用一个命令行工具，容易忘记其命令参数选项。若有一个对应的图形化工具，则可减轻记忆负担。auto-py-to-exe 是一个基于 pyinstaller 的用于将 Python 程序打包成可执行文件的图形化工具，相比于 pyinstaller，它多了 GUI 界面，用起来更加方便。

在使用 pyinstaller 前，需要安装 pyinstaller，安装命令如下：

```
pip install auto-py-to-exe
```

安装好 pyinstaller 后，在 Windows 命令行界面中输入命令：

auto-py-to-exe

启动 auto-py-to-exe 图形化界面程序。通过选择需要编译的 Python 文件路径，然后点击"CONVERT .PY TO .EXE"按钮，完成可执行文件的生成工作，如图 11-26 所示。

图 11-26　auto-py-to-exe

11.5　本章要点回顾

Python 模块管理的是函数和类，Python 包管理的是 Python 模块，Python 项目管理的是与该项目相关的 Python 文件和非 Python 文件。模块、包和项目构成了 Python 项目管理的三个层次。

在开发大型 Python 程序的过程中，必须按照项目的形式管理项目相关的资源。本章以一个 hello_world 项目介绍了 Python 项目的概念、方法、工具和流程，然后介绍了 Python 项目文件目录结构，最后介绍了如何发布 Python 项目。

至此，Python 项目开发所必需的知识和技能就已介绍完毕，接下来，本书将以三个完整的案例展示如何应用之前所学的知识完成 Python 项目开发。

11.6　本章练习题

题目 10.1　在 GitHub 上注册自己的账户，并生成一个空白项目 hello_world。

题目 10.2　在 VS Code 中克隆题目 10.1 的项目，并完成 hello_world.py 的开发。hello_world.py 包含一个 info( ) 函数，返回"hello, project!"字样。

题目 10.3　请编写一个名为 test_hello_world.py 的单元测试程序，并在 VS Code 中完成单元测试。完成测试后，将项目代码提交到 git 本地仓。

题目 10.4　在 VS Code 中用 markdown 编写 hello_world 项目的 README.md 文件。完成编写后，将 README.md 文件提交到 git 本地仓。

题目 10.5　生成 requirements.txt 文件，并提交到 git 本地仓。

题目 10.6　在 VS Code 中把 git 本地仓同步到 GitHub 代码仓，并登录到 GitHub 查看同步情况。

题目 10.7　将 hello_world 项目生成可执行文件 hello_world.exe，并对比 pyinstaller 和 auto-py-to-exe 生成 exe 文件的流程，思考哪一个更适合自己。

第 12 章

图形化计算器

图形化计算器涵盖众多 Python 基础知识点：Python 变量、数值与字符串转换、数值计算、if 语句、异常处理、GUI 设计（tkinter 模块）等，且不涉及额外的专业背景知识，是 Python 初学者实践所学知识的最佳项目之一。

12.1 项目目标

用 Python 以及 tkinter 模块完成一个类似 Windows 计算器的程序，如图 12-1 所示。

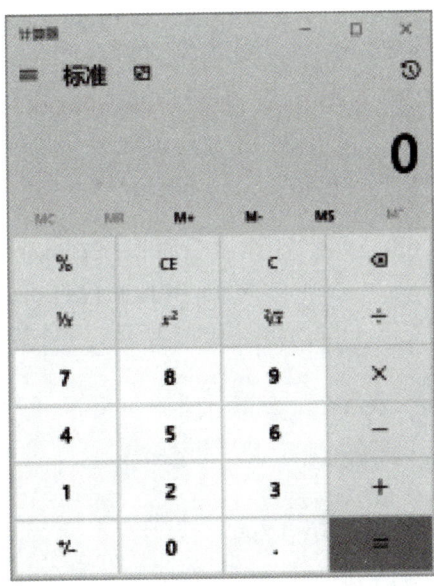

图 12-1 Windows 计算器

12.2 实践步骤

12.2.1 在 GitHub 上新建 simple_calculator 项目

项目开始之前，请在 GitHub 上创建 simple_calculator 项目，如图 12-2 所示，具体步骤，请参考 11.1.2 节。读者也可以根据自己的喜好选择其他的代码托管服务器。

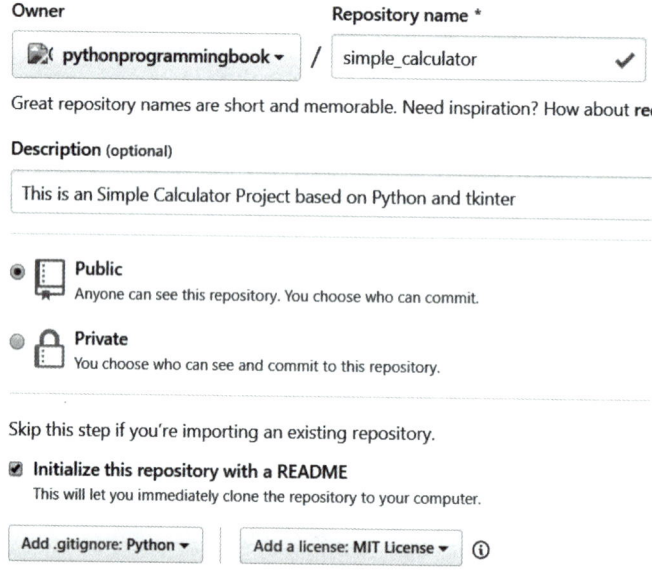

图 12-2 在 GitHub 上创建 simple_calculator 项目

12.2.2 在 VS Code 中克隆 simple_calculator 项目

启动 VS Code，用"Ctrl+Shift+P"打开命令面板（Command Palette），输入命令"Git：Clone"并回车，然后填入 simple_calculator 项目 GitHub 代码仓的链接并回车，最后选择保存该代码仓的文件夹，完成克隆工作，如图 12-3 所示。

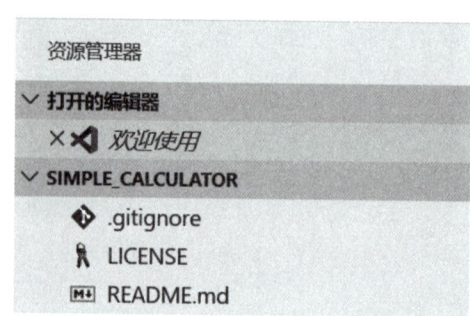

图 12-3 克隆 simple_calculator 项目到本地

12.2.3 开发简单计算器代码

第一步，建立顶层 Python 文件（main.py）以及用户自定义 Python 包（calculator）。calculator 包中有两个文件，一个是 __init__.py，一个是 simple_ui.py，simple_ui.py 用于实现简单计算器的用户界面，如图 12-4 所示。

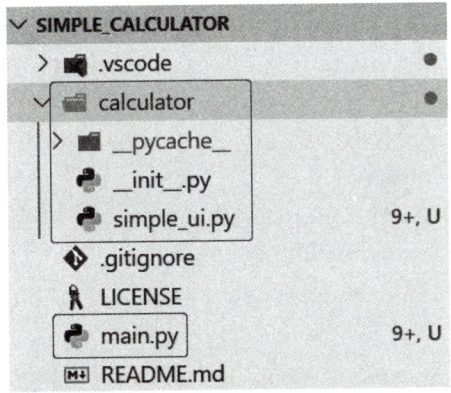

图 12-4　新建 main.py 和 calculator 包

第二步，参考 9.5 节用面向对象（OOP）的方式实现 GUI 编程，实现 main.py，请参考代码清单 12-1。

代码清单 12-1　main.py 范例代码

```
1. import tkinter as tk                          #导入 tkinter 模块
2. from calculator.simple_ui import *            #导入自定义用户界面模块
3.
4. window = tk.Tk()                              #创建主窗口对象
5. CalcPage(window)                              #创建计算器页面
6. window.mainloop()                             #启动 tkinter 主循环
```

第三步，创建计算器页面的窗体、控件，控件的回调函数暂时不用实现，请参考代码清单 12-2。

代码清单 12-2　simple_ui.py 未实现回调函数

```
1. from tkinter import *                         #导入 tkinter 模块
2. import math                                   #导入 math 模块
3. FONT = ('Microsoft YaHei', 12)                #定义字体字号
4. #定义按键名称
5. buttons_name = ("%", "CE", "C", "←", "1/x", "x^2", "sqrt", "÷", "7", "8", "9", "x",
                  "4", "5", "6", "-", "1", "2", "3", "+", "±", "0", ".", "=")
6.
```

```
7.  #定义计算器 GUI 页面类
8.  class CalcPage():
9.      def __init__(self, master):
10.         self.master = master
11.         self.calc_flag = False                          #检测上一次是否执行了计算
12.         self.initUI()                                   #初始化 GUI
13.
14.     def initUI(self):
15.         '''初始化 UI'''
16.         #计算器结果显示控件
17.         self.display = StringVar()
18.         self.result = Entry(self.master,
19.                             relief=RIDGE,
20.                             textvariable=self.display,
21.                             justify='right',
22.                             font=FONT,
23.                             bd=5,
24.                             bg="powder blue")
25.         self.result.pack(side=TOP, expand=YES, fill=X)
26.         #设置计算器窗口大小并让其在屏幕上居中
27.         self.center_window()
28.         #计算器按键都放在 Frame 中
29.         self.buttons_frame = Frame(self.master)
30.         self.buttons_frame.pack(side=BOTTOM, pady=2)
31.         self.create_buttons(self.click_handler)
32.
33.     def center_window(self):
34.         '''让窗口在屏幕上居中'''
35.         screen_width = self.master.winfo_screenwidth()   #获取屏幕宽度
36.         screen_height = self.master.winfo_screenheight() #获取屏幕高度
37.         x = (screen_width - 200) / 2                     #计算窗口坐标 x
38.         y = (screen_height - 100) / 2                    #计算窗口坐标 y
39.         self.master.geometry('246x260+%d+%d' % (x, y))   #设置窗口大小与位置
40.         self.master.title("计算器")                        #设置窗口标题
41.
42.     def create_buttons(self, click_method, names=buttons_name, cols=4):
43.         '''创建按键并绑定回调函数'''
44.         for i, name in enumerate(names):
45.             row, col = i // cols, i % cols
46.             #创建按键对象
```

```
47.            b = Button(self.buttons_frame, text=name, font=FONT, width=5)
48.            b.grid(row=row, column=col)              #排列按键对象
49.            b.bind("<Button-1>", click_method)       #绑定按键回调函数
50.
51.    def click_handler(self, event):
52.        '''执行按键功能'''
53.        pass
54.
55.    def calc(self):
56.        '''执行常规功能计算'''
57.        pass
```

执行 main.py，可以得到如图 12-5 所示结果。

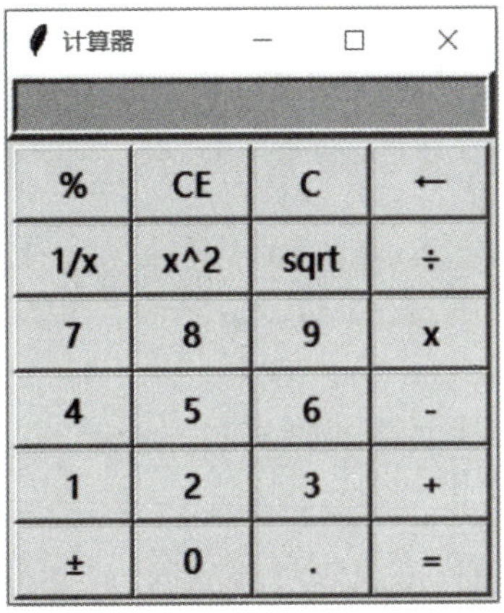

图 12-5 简单计算器的 GUI

第四步，实现按钮控件的回调函数，实现计算器的功能，请参考代码清单 12-3。

代码清单 12-3 simple_ui.py 完整版

```
1.  from tkinter import *                              #导入 tkinter 模块
2.  import math                                        #导入 math 模块
3.  FONT = ('Microsoft YaHei', 12)                     #定义字体字号
4.  #定义按键名称
5.  buttons_name = ("%", "CE", "C", "←", "1/x", "x^2", "sqrt", "÷", "7", "8", "9", "x",
    "4", "5", "6", "-", "1", "2", "3", "+", "±", "0", ".", "=")
6.
7.  #定义计算器 GUI 页面类
8.  class CalcPage():
9.      def __init__(self, master):
10.         self.master = master
```

```
11.        self.calc_flag = False              #检测上一次是否执行了计算
12.        self.initUI()                        #初始化GUI
13.
14.    def initUI(self):
15.        '''初始化UI'''
16.        #计算器结果显示控件
17.        self.display = StringVar()
18.        self.result = Entry(self.master,
19.                            relief=RIDGE,
20.                            textvariable=self.display,
21.                            justify='right',
22.                            font=FONT,
23.                            bd=5,
24.                            bg="powder blue")
25.        self.result.pack(side=TOP, expand=YES, fill=X)
26.        #设置计算器窗口大小并让其在屏幕上居中
27.        self.center_window()
28.        #计算器按键都放在Frame中
29.        self.buttons_frame = Frame(self.master)
30.        self.buttons_frame.pack(side=BOTTOM, pady=2)
31.        self.create_buttons(self.click_handler)
32.
33.    def center_window(self):
34.        '''让窗口在屏幕上居中'''
35.        screen_width = self.master.winfo_screenwidth()    #获取屏幕宽度
36.        screen_height = self.master.winfo_screenheight()  #获取屏幕高度
37.        x = (screen_width - 200) / 2                      #计算窗口坐标x
38.        y = (screen_height - 100) / 2                     #计算窗口坐标y
39.        self.master.geometry('246x260+%d+%d' % (x, y))    #设置窗口大小与位置
40.        self.master.title("计算器")                       #设置窗口标题
41.
42.    def create_buttons(self, click_method, names=buttons_name, cols=4):
43.        '''创建按键并绑定回调函数'''
44.        for i, name in enumerate(names):
45.            row, col = i // cols, i % cols
46.            #创建按键对象
47.            b = Button(self.buttons_frame, text=name, font=FONT, width=5)
48.            b.grid(row=row, column=col)                   #排列按键对象
49.            b.bind("<Button-1>", click_method)            #绑定按键回调函数
50.
```

```python
51.     def click_handler(self, event):
52.         '''执行按键功能'''
53.         c = event.widget["text"]                    #获得按键标签
54.         s = self.display.get()                      #获得当前显示
55.         if "ERROR" in s:
56.             s = ''
57.         if c == "←":                                #退格键
58.             self.display.set(s[:-1])
59.         elif c == "C" or c == "CE":                 #清除键
60.             self.display.set('')
61.         elif c == "x^2":                            #求平方
62.             self.display.set(eval(s) ** 2)
63.         elif c == "sqrt":                           #求平方根
64.             try:
65.                 self.display.set(math.sqrt(eval(s)))
66.             except:
67.                 self.display.set("ERROR")
68.         elif c == "1/x":                            #求倒数
69.             try:
70.                 self.display.set(1 / eval(s))
71.             except:
72.                 self.display.set("ERROR")
73.         elif c == "±":                              #正负号
74.             if '-' in s:                            #若负号已存在
75.                 self.display.set(s[1:])             #去掉负号
76.             else:                                   #若负号不存在
77.                 self.display.set('-' + s)           #添加负号
78.         elif c in "0123456789.":                    #数字
79.             if self.calc_flag:
80.                 self.calc_flag = False
81.                 self.display.set(c)
82.             else:
83.                 self.display.set(s + c)
84.         elif c in "+-x÷":                           #常规计算符号
85.             self.display.set(s + c)
86.         elif c == "=":
87.             self.calc()
88.             self.calc_flag = True
89.         self.result.icursor(len(self.display.get()))
90.
```

```
91.    def calc(self):
92.        '''执行常规功能计算'''
93.        try:
94.            s = self.display.get()
95.            if "÷" in s:                    # 将"÷"替换为"/"
96.                s = s.replace("÷", "/")
97.            elif "×" in s:                  # 将"×"替换为"*"
98.                s = s.replace("×", "*")
99.            self.display.set(eval(s))
100.        except:
101.            self.display.set("ERROR")
```

12.2.4 测试程序功能

程序功能开发完毕后，进入功能测试部分，主要测试：
- 正常输入是否能获得预期的结果，例如，"1+2=?"。
- 异常输入是否能获得预期的结果，例如，"1÷0=?"。

12.2.5 撰写 README.md 文件并发布到 GitHub

按照 11.1.7 节所述，将测试完毕的 Python 程序代码提交到本地仓；然后按照 11.1.9 节所述，撰写 README.md 文件并提交到本地代码仓，最后按照 11.1.10 节所述，把本地代码仓同步到 GitHub 代码仓，如图 12-6 所示。

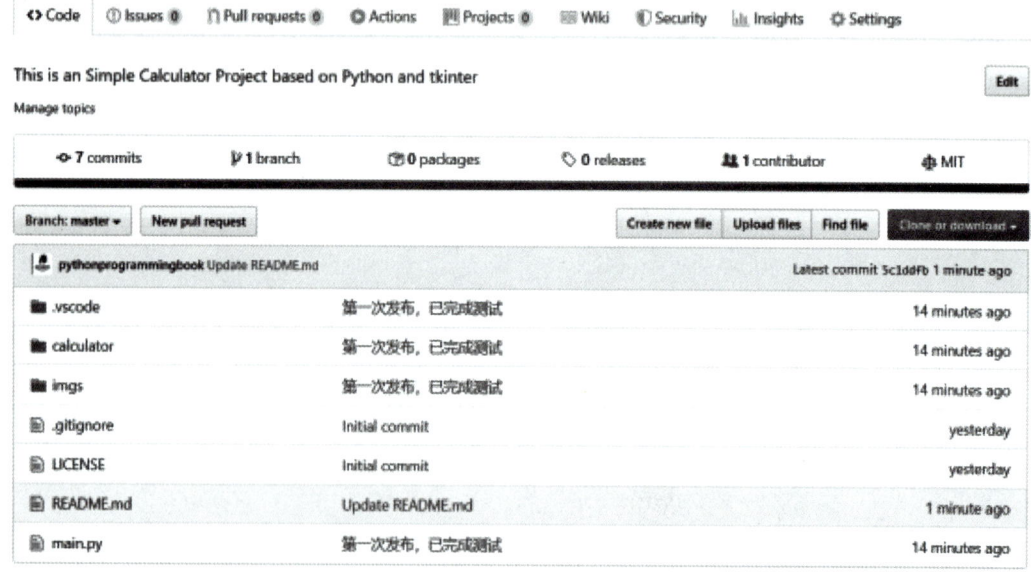

图 12-6　把本地代码仓同步到 GitHub 代码仓

12.3　总结与思考

本章从零开始详细介绍了图形化计算器项目的完整开发过程。整个项目回顾了众多 Python 基础知识点：Python 变量、数值与字符串转换、数值计算、if 语句、异常处理、GUI 设计（tkinter 模块）等。

读者完成该项目后，可以继续思考如何实现一个完整的 Windows 计算器，包括：

- 科学计算器的功能。
- 程序员计算器的功能。
- 日期转换的功能。
- 转换器的功能。

第 13 章

网络爬虫

本章将从介绍网络爬虫的基本概念开始,讲述如何基于 Scrapy 框架实现一个网络爬虫程序。

13.1 背景知识

13.1.1 什么是网络爬虫

简单地说,网络爬虫是一种自动提取网页内容的程序,按照实现技术可以分为:
- 通用网络爬虫(general purpose web crawler):对整个 Web 网络进行信息采集,常用于搜索引擎、门户站点等。由于商业原因,它们的技术细节很少公布出来,这类网络爬虫的爬行范围和数量巨大,对于爬行速度和存储空间要求较高,普通人接触不到。
- 聚焦网络爬虫(focused web crawler):只爬取那些与目标主题相关页面的信息,和通用网络爬虫相比,信息搜集数量少,对硬件资源和算法性能要求不高,有很多开源算法,入门快、学习门槛低。人们常说的网络爬虫即指聚焦网络爬虫。

13.1.2 网络爬虫的主要功能

(1)爬取整个网页。从程序员的视角看,爬取网页就是获取整个网页的 HTML 源代码,如图 13-1 所示。

(2)从网页的 HTML 源代码中,通过解析文本提取网页中我们需要的信息,例如图片、文字、数据等。

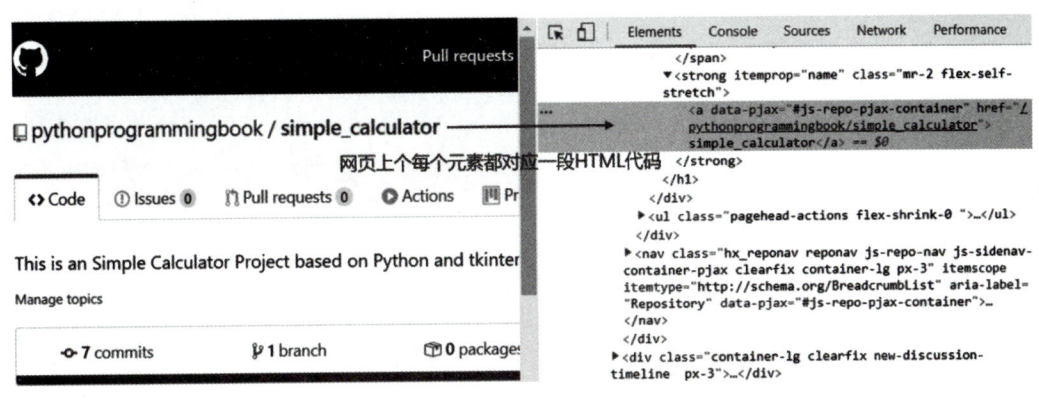

图 13-1　爬取网页就是获取网页的 HTML 源代码

13.1.3　常见爬虫框架

基于 Python 爬虫框架开发爬虫应用是小公司或者个人开发者的最佳选择。有人担心 Python 程序执行效率不高会影响爬虫的性能，事实上，有人基于相同的爬虫算法，分别实现了 C++、C#、Python 三个版本，在同样的环境分别测试，发现三个版本的性能几乎一样。

常见的 Python 爬虫框架有 Scrapy、Pyspider、Crawley、Portia、Beautiful Soup 等。鉴于 Scrapy 是一个纯 Python 实现的爬虫框架，且社区最活跃、使用人数最多，本文选取 Scrapy 作为项目的爬虫框架。

13.2　Scrapy 简介

Scrapy（https：//scrapy.org/）是一个用于从网站快速提取结构化数据的开源框架，如图 13-2 所示。基于 Scrapy 框架可以快速实现一个网络爬虫，抓取指定网站的内容或图片。

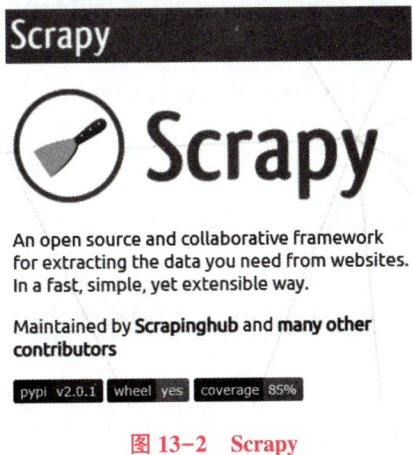

图 13-2　Scrapy

13.3　基于 Scrapy 框架的网络爬虫开发流程

13.3.1　安装 Scrapy

在使用 Scrapy 前，需要安装 Scrapy，安装命令如下：

```
pip install scrapy
```

若如 1.6.4 节所示，配置好了清华镜像源，推荐用命令：

```
conda install -c conda-forge scrapy
```

这样安装速度会更快。

安装好 Scrapy 后，在 Windows 命令行界面中输入命令：

```
> scrapy
```

若出现如图 13-3 所示画面，证明 Scrapy 已安装成功。

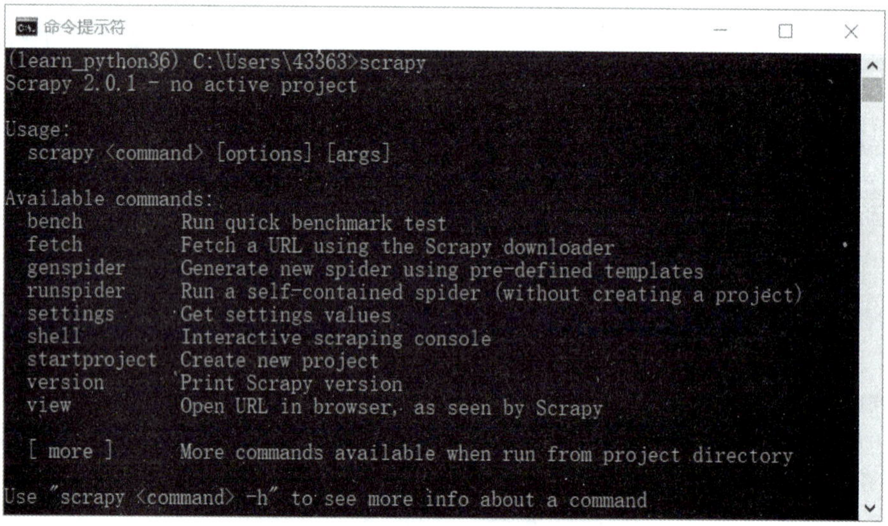

图 13-3　Scrapy 安装成功

13.3.2　新建 Scrapy 爬虫项目

安装好 Scrapy 框架后，就可以基于 Scrapy 框架开发爬虫项目了。基于框架开发项目，不需要从零开始编写代码，只需要掌握如何使用框架，如何添加与自己应用相关的代码即可。

进入打算新建爬虫项目的路径中，使用命令：

> scrapy startproject project_name

请用爬虫项目名称替换命令中的 project_name，例如，本文打算创建一个爬取新浪网的爬虫，取名为 sina_spider，则新建爬虫项目的命令为：

> scrapy startproject sina_spider

命令运行结果如图 13-4 所示。

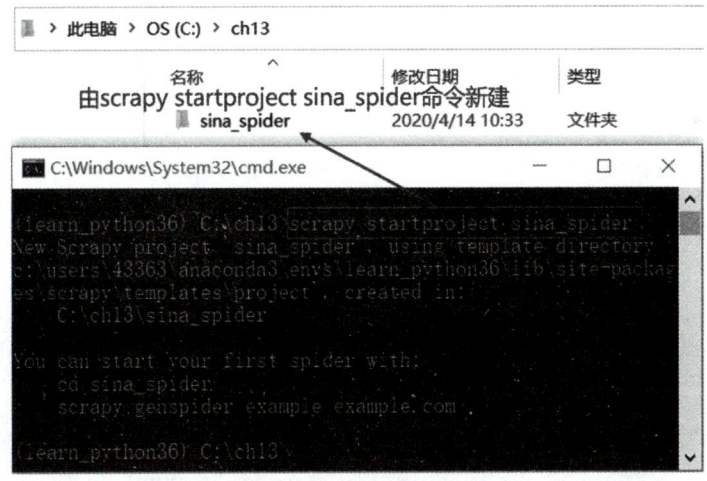

图 13-4　新建爬虫项目

"scrapy startproject sina_spider"命令会创建包含下列内容的 sina_spider 目录，如图 13-5 所示。

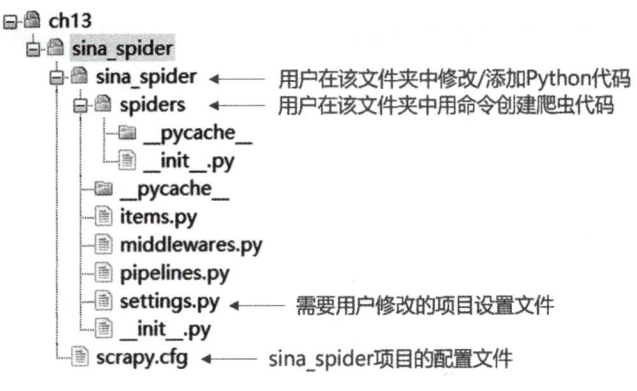

图 13-5　sina_spider 项目文件夹结构

13.3.3　创建爬虫文件

新建好 Scrapy 爬虫项目后，接下来就是创建爬虫文件。请先进入 sina_spider 项目路径，用命令：

scrapy genspider spider_filename（爬虫文件名）www.xxx.com（待爬取的网站域名）

创建爬虫文件。例如，本文的爬虫文件名为 sinaSpider，待爬取的网站域名为 www.sina.com.cn，则创建爬虫文件 sinaSpider 的命令如下：

scrapy genspider sinaSpider www.sina.com.cn

命令运行结果如图 13-6 所示。

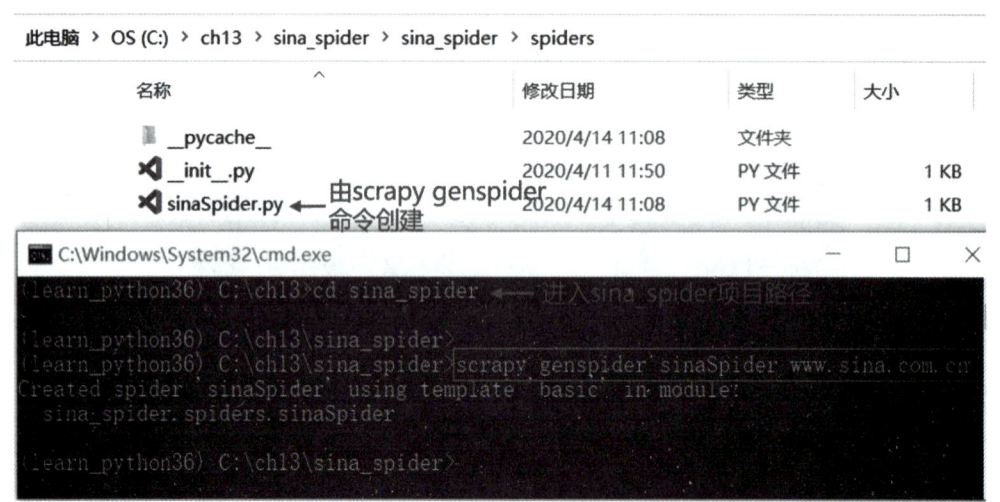

图 13-6　创建爬虫文件

13.3.4　修改 settings.py 文件

现在很多网站都有防爬虫措施，为了反网站的防爬虫措施，需要添加 user agent 信息。请将 settings.py 文件的第 19 行修改为如代码清单 13-1 所示。

代码清单 13-1　修改 USER_AGENT

18.　# Crawl responsibly by identifying yourself (and your website) on the user-agent
19.　import random
20.　# user agent 列表
21.　USER_AGENT_LIST = [
22.　　" Mozilla/5.0（Windows NT 6.1；WOW64）AppleWebKit/537.1（KHTML, like Gecko）Chrome/22.0.1207.1 Safari/537.1",
23.　　" Mozilla/5.0（X11；CrOS i686 2268.111.0）AppleWebKit/536.11（KHTML, like Gecko）Chrome/20.0.1132.57 Safari/536.11",
24.　　" Mozilla/5.0（Windows NT 6.1；WOW64）AppleWebKit/536.6（KHTML, like Gecko）Chrome/20.0.1092.0 Safari/536.6",

25.　"Mozilla/5.0（Windows NT 6.2）AppleWebKit/536.6（KHTML, like Gecko）Chrome/20.0.1090.0 Safari/536.6",
26.　"Mozilla/4.76 [en_jp] (X11; U; SunOS 5.8 sun4u)",
27.　"Mozilla/5.0（X11; Linux x86_64）AppleWebKit/535.24（KHTML, like Gecko）Chrome/19.0.1055.1 Safari/535.24",
28.　"Mozilla/5.0（Macintosh; Intel Mac OS X 10.6; rv:5.0) Gecko/20100101 Firefox/5.0",
29.　"Mozilla/5.0（Macintosh; Intel Mac OS X 10.6; rv:9.0) Gecko/20100101 Firefox/9.0",
30.　"Mozilla/5.0（Macintosh; Intel Mac OS X 10.8; rv:16.0) Gecko/20120813 Firefox/16.0",
31.　"Mozilla/4.77 [en] (X11; I; IRIX;64 6.5 IP30)",
32.　"Mozilla/4.8 [en] (X11; U; SunOS; 5.7 sun4u)"]
33. USER_AGENT = random.choice(USER_AGENT_LIST)# 随机生成user agent

网站的服务器中保存一个robots.txt文件，其作用是告诉搜索引擎爬虫，本网站哪些目录下的网页不希望被爬取收录。Scrapy启动后，会在第一时间访问网站的robots.txt文件，然后决定该网站的爬取范围。

由于本文的项目并非搜索引擎爬虫，而且很有可能我们想要获取的内容恰恰是robots.txt所禁止访问的，所以请把settings.py文件的ROBOTSTXT_OBEY值设置为False，表示拒绝遵守Robot协议，如代码清单13-2所示。

代码清单13-2　修改ROBOTSTXT_OBEY值为False

1. # Obey robots.txt rules
2. ROBOTSTXT_OBEY = False　# False表示拒绝遵守Robot协议

13.3.5　编写parse()方法

查看由Scrapy生成的sinaSpider.py文件，在SinaspiderSpider类中，有一个parse()方法需要用户编写，如图13-7所示。

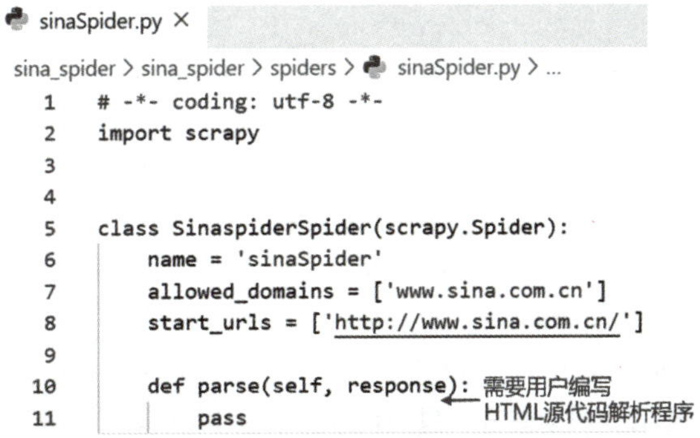

```
# -*- coding: utf-8 -*-
import scrapy


class SinaspiderSpider(scrapy.Spider):
    name = 'sinaSpider'
    allowed_domains = ['www.sina.com.cn']
    start_urls = ['http://www.sina.com.cn/']

    def parse(self, response):  # 需要用户编写
        pass                    # HTML源代码解析程序
```

图13-7　需要用户编写parse()方法

Scrapy框架把爬取下来的网页源代码存放在response对象中，我们只需要对response

对象中的网页源代码做解析,提取想要的数据即可。本范例目标是抓取新浪网页的新闻标题和对应的链接,如图 13-8 所示。

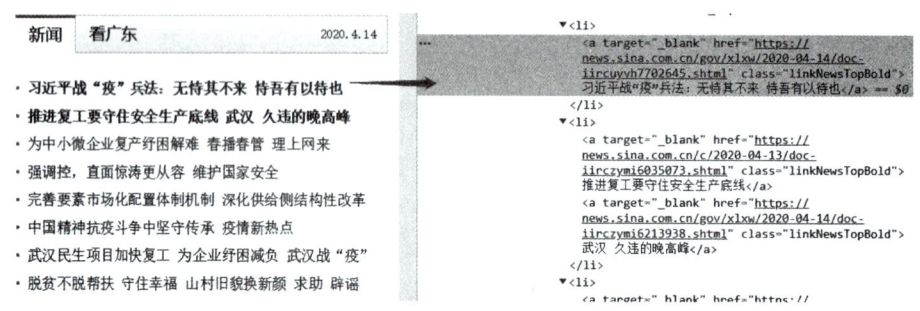

图 13-8　新浪网页的新闻

parse()方法的实现代码,如代码清单 13-3 所示。

代码清单 13-3　parse()方法实现解析新闻标题和超链接

```
1.  # - * - coding: utf-8 - * -
2.  import scrapy
3.
4.  class SinaspiderSpider(scrapy.Spider):
5.      name ='sinaSpider'
6.      allowed_domains = ['www.sina.com.cn']
7.      start_urls = ['http://www.sina.com.cn/']
8.
9.      def parse(self, response):
10.         data_list = []  #用于存储解析到的数据
11.         #解析 HTML 源代码,定位新闻内容
12.         lis = response.xpath("//div[@class='top_newslist']/ul[@class='list-a news_top']//li")
13.         #将新闻标题和超链接解析出来并整理到列表中
14.         for li in lis:
15.             titles = li.xpath(".//a/text()")
16.             linkes = li.xpath(".//a/@href")
17.             for title, link in zip(titles, linkes):
18.                 #将新闻标题和对应的超链接组合成字典
19.                 data_dict = {'标题': title.extract(), '链接': link.extract()}
20.                 #将字典数据存储到 data_list 这个列表中
21.                 data_list.append(data_dict)
22.         return data_list
```

parse()方法在解析 HTML 源代码时,使用了 XPath 路径表达式。XPath 是一门在 HTML/XML 文档中查找信息的语言,常用于在网页 HTML 源代码中查找特定标签里的数

据。在网络爬虫中使用 XPath，只需要掌握 XPath 路径表达式即可。

XPath 使用路径表达式来选取 HTML/XML 文档中的节点或者节点集。这些路径表达式和我们在常规的电脑文件系统中看到的表达式非常相似，最常用的路径表达式规则如表 13-1 所示。

表 13-1　XPath 路径表达式规则

表达式	功　能
nodename	选取此节点的所有子节点
/	从根节点选取。假如路径起始于正斜杠(/)，则此路径始终代表到某元素的绝对路径
//	从匹配选择的当前节点选择文档中的节点，而不考虑它们的位置
.	选取当前节点
..	选取当前节点的父节点
@	选取属性

13.3.6　运行爬虫程序并保存抓取数据

parse( )方法编写好后，就可以运行爬虫程序并保存抓取数据了。用命令：

scrapy crawl 爬虫文件名 -o 保存数据文件名.[csv|json|xml]

保存数据的文件格式可以是 csv 或 json 或 xml，本例的爬虫文件名为 sinaSpider.py，数据存储选择 csv 格式，命令为：

scrapy crawl sinaSpider -o sinaNews.csv

运行结果如图 13-9 所示。

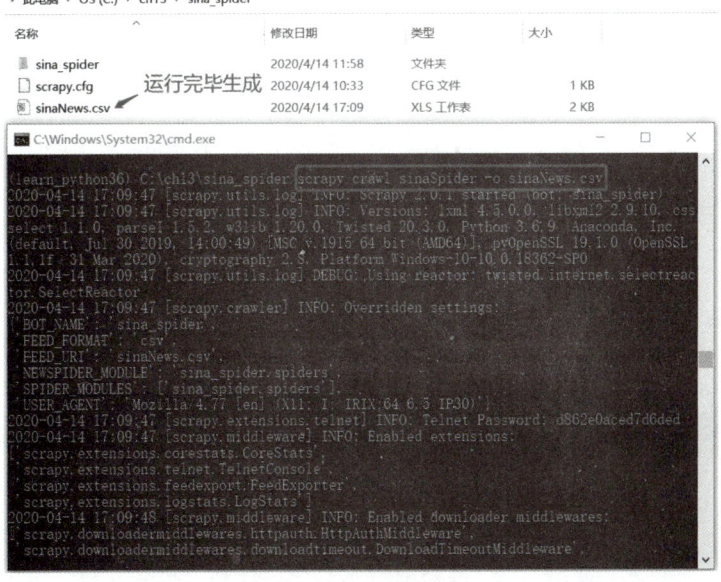

图 13-9　爬虫运行结果

打开 sinaNews. csv 文件，可以看到结果如图 13-10 所示。

	A	B
1	标题	链接
2	“法”之为道 习近平指导全	https://news.sina.com.cn/gov/xlxw/2020-04-14/doc-iirczymi6216828.shtml
3	打好心理防疫这场“看不见’	https://news.sina.com.cn/gov/xlxw/2020-04-14/doc-iircuyvh7736533.shtml
4	飞舞的红窗帘	https://news.sina.com.cn/gov/xlxw/2020-04-14/doc-iirczymi6267359.shtml
5	为中小微企业复产纾困解难	https://news.sina.com.cn/c/2020-04-13/doc-iircuyvh7574830.shtml
6	春播春管	https://news.sina.com.cn/c/2020-04-13/doc-iirczymi6095118.shtml
7	理上网来	http://www.qstheory.cn/zt2019/llxjj/index.htm
8	强调控，直面惊涛更从容	https://news.sina.com.cn/gov/2020-04-14/doc-iirczymi6139156.shtml
9	维护国家安全	https://news.sina.cn/zt_d/aqjy0415
10	完善要素市场化配置体制机	https://news.sina.com.cn/c/2020-04-14/doc-iircuyvh7610833.shtml
11	深化供给侧结构性改革	https://news.sina.com.cn/gov/2020-04-14/doc-iirczymi6139462.shtml
12	中国精神抗疫斗争中坚守传	https://news.sina.com.cn/gov/2020-04-14/doc-iirczymi6177749.shtml
13	疫情新热点	https://news.sina.cn/zt_d/feiyan1231
14	武汉民生项目加快复工	https://news.sina.com.cn/c/2020-04-14/doc-iirczymi6142205.shtml
15	为企业纾困减负	https://news.sina.com.cn/c/2020-04-14/doc-iircuyvh7610865.shtml
16	武汉战“疫”	https://hb.sina.cn/zt_d/whfyyq
17	脱贫不脱帮扶 守住幸福	https://news.sina.com.cn/gov/2020-04-14/doc-iircuyvh7663663.shtml
18	山村旧貌换新颜	http://slide.news.sina.com.cn/slide_1_86058_450406.html#p=1
19	求助	http://news.sina.com.cn/zt_d/qz2020/
20	辟谣	http://news.sina.cn/zt_d/pyzq2020

图 13-10　sinaNews. csv 文件内容

到此，本例基于 Scrapy 框架从零开始实现了一个网络爬虫程序，爬取了新浪网页并从中解析出新闻的标题和对应的超链接，最后把解析出的数据保存为 csv 文件供后续使用。

13.4　总结与思考

本章从零开始详细介绍了基于 Scrapy 框架开发网络爬虫的完整过程。网络爬虫负责爬取目标网站的网页，然后从 HTML 源代码中解析出感兴趣的数据。

读者完成该项目后，可以继续思考如何实现一个其他的网络爬虫，包括：

- 爬取图书。
- 爬取图片。
- 爬取关键数据。

关于 Scrapy 框架的进阶使用，请参考 Scrapy 的官网：https://scrapy.org/。

第 14 章

深度神经网络

14.1 背景知识

AI，全称 artificial intelligence，中文译作人工智能，是研究、开发用于模拟、延伸和扩展人的智能的理论、方法、技术及应用系统的一门新的技术科学。当前，AI 已经不再是火不火的问题，而是已经被国家列入新基建计划中，跟高铁、特高压、5G 和充电桩一样成为支撑下一轮经济增长的新型科技基础设施。

由于当前 AI 大爆发是由深度学习引起的，所以各种媒体文章上，AI 和深度学习两个概念经常被混用。从技术层面上来说，深度学习是机器学习诸多算法中的一种，而机器学习又是 AI 的一个子集，如图 14-1 所示。

深度学习，顾名思义就是用深度神经网络来自动学习对象特征，然后让深度神经网络具备识别对象的能力。那什么是深度神经网络呢？本章先从神经网络说起。

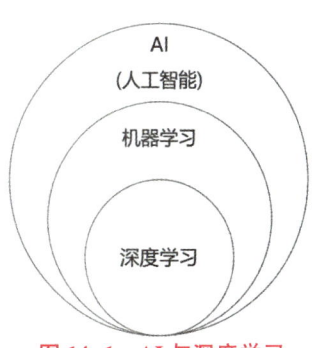

图 14-1 AI 与深度学习

14.1.1 神经网络

神经网络非常简单，就是多个神经元（neuron）的堆叠，如图 14-2 所示。这种网状的拓扑结构具备一定的智慧能力（回归和分类能力），所以人们给它起了一个通俗易懂的名字——神经网络（neural network）。

神经网络由神经元堆叠而成，神经网络的基本组件就是神经元。用数学的视角看，神经元就是四则混合运算：神经元输入"a_k"与权重"w_k"相乘，再与偏置"b"相加，所得的和"z"经过激活函数"$\sigma(z)$"处理，得到本级神经元的输出"a"，"a"也是下一级神经元的输入，如图 14-3 所示。

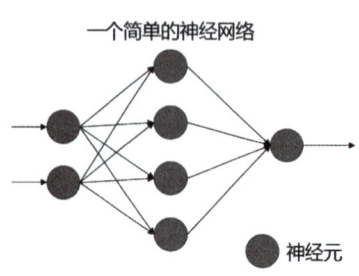

图 14-2 一个简单的神经网络

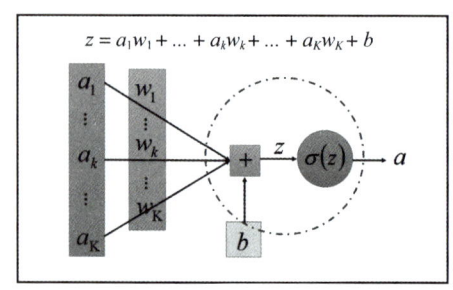

图 14-3 神经元

每个神经元的基本运算是乘法和加法，即乘加运算，多个神经元堆叠起来，就是多个乘加运算，这个特点非常适合具有大量（上千个）乘加硬件计算单元的 GPU 来计算，比 CPU 计算神经网络更快。

激活函数（activation function）为神经网络引入非线性，一个典型的常用激活函数是 ReLU。ReLU 全称是修正线性单元（rectified linear unit），当输入小于等于 0 的时候，ReLU 函数输出为 0；当输入大于 0 的时候，ReLU 函数的输出为输入本身，如图 14-4 所示。

俗话说"Talk is cheap, show me the code"，请看神经元的 Python 代码实现，10 行 Python 代码就可以实现一个神经元了，如代码清单 14-1 所示。

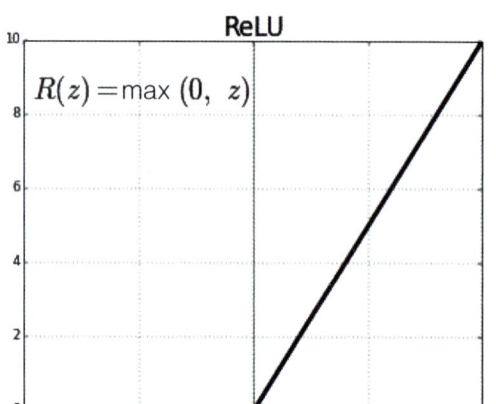

图 14-4 ReLU 函数

代码清单 14-1　神经元的 Python 代码实现

```
1.  import numpy as np
2.  class Neuron:                              #定义一个 Neuron 类
3.      def __init__(self, weights, bias):    #获得权重和偏置
4.          self.weights = weights
5.          self.bias = bias
6.      def relu(self, z):                     #定义激活函数 relu()
7.          return max(0,z)
8.      def feedforward(self, inputs):
9.  #神经元输入与权重(Weights)相乘,再与偏置(bias)相加
10.         z = np.dot(self.weights, inputs) + self.bias
11.         return self.relu(z)                #返回经过激活函数处理的神经元输出
```

14.1.2 深度神经网络

如前节所述，神经网络由神经元堆叠而成。最基本的神经网络有三层，第一层是输入层，第二层是隐藏层，第三层是输出层，如图 14-5 所示。

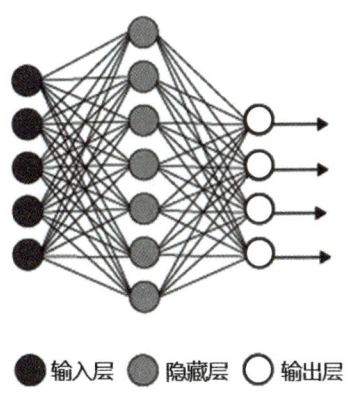

图 14-5　神经网络

若隐藏层的层数很多，那么神经网络就是有很多层的神经网络，简称多层神经网络（multi-layers neural network）。跟"多层"相比，"深度"这个修饰词听起来更加"高大上"，更加能够引起公众的注意和兴趣，更加易于传播，由此，深度神经网络这个名字便代替多层神经网络传播开来。

一个神经网络有多少层才算深度神经网络呢？一个约定俗成的规则是（图 14-6）：
- 简单神经网络 2~3 层，意味着隐藏层的层数最多为 1。
- 深度神经网络 ≥4 层，意味着隐藏层的层数大于等于 2。

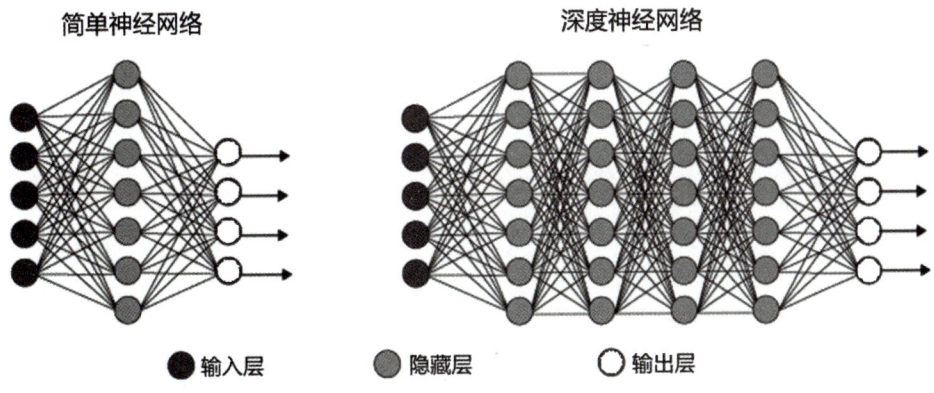

图 14-6　神经网络对比

研究发现，神经网络层数越多，其信息表达能力就越强，所以深度神经网络有很强的信息表达能力。

14.1.3 开源 Python 机器学习框架

在 Python 中有许多机器学习框架，例如 PyTorch、TensorFlow、scikit-learn 等，在众多的开源机器学习框架的支持下，Python 已经成为事实上的人工智能算法的开发语言。

在众多的机器学习框架中，本书选择了 PyTorch 作为学习对象，理由是：
- Python 编程风格(Pythonic)明显，易学易用。
- 动态图。
- 开源，良好的文档和社区支持。
- 已录用的 AI 顶会论文中使用 PyTorch 的占大多数。

14.2 PyTorch 机器学习框架

PyTorch 是一个开源的机器学习框架，如图 14-7 所示，可以让用户方便快速研究并开发深度学习算法。

图 14-7 PyTorch

14.2.1 安装 PyTorch

在 Windows 10 操作系统上，假设已经安装了英伟达显卡和 Anaconda，那么安装 PyTorch 将非常容易。首先，新建一个 Anaconda 虚拟环境，在本例中，选择 Python3.6 版本，并将虚拟环境命名为 pytorch_gpu。

进入 PyTorch 官网(https：//pytorch.org/get-started/locally/)，通过选择 PyTorch 版本、操作系统、安装工具、开发语言和是否支持 CUDA，可以获得安装 PyTorch 的命令，如图 14-8 所示。

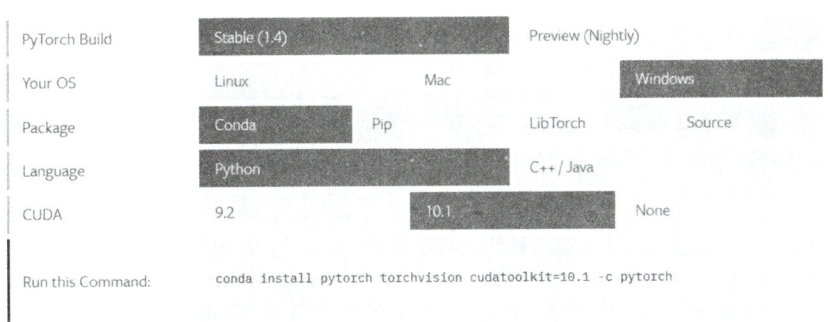

图 14-8 通过选项获得 PyTorch 安装命令

在"pytorch_gpu"虚拟环境中，输入如下命令：

conda install pytorch torchvision cudatoolkit=10.1 -c pytorch

完成 PyTorch GPU 版本的安装，如图 14-9 所示。

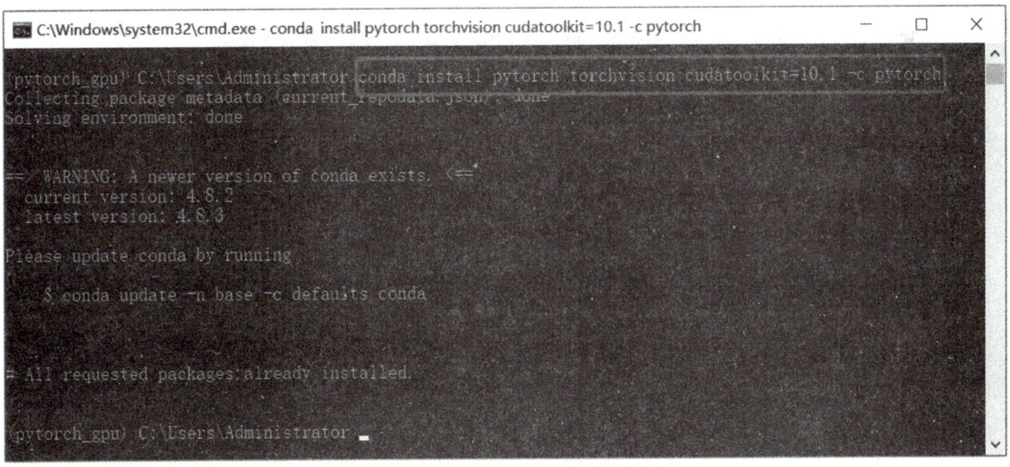

图 14-9 完成 PyTorch GPU 版本的安装

14.2.2 验证 PyTorch 安装

完成 PyTorch GPU 版本的安装后，需要验证 PyTorch GPU 版本是否安装成功，键入如代码清单 14-2 所示的代码。

代码清单 14-2　验证 PyTorch 安装

1. import torch
2. x = torch.rand(5, 3)
3. print(x)
4. torch.cuda.is_available()   #验证 CUDA 是否安装成功

若获得如图 14-10 所示的结果，说明 PyTorch GPU 版安装成功。

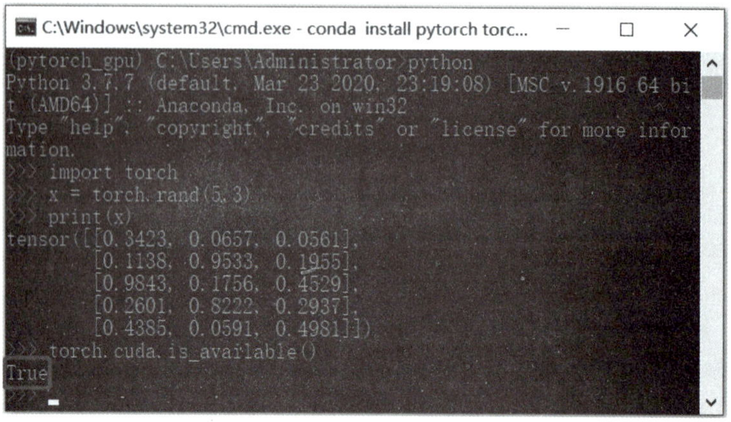

图 14-10 PyTorch GPU 版安装成功

14.3　用神经网络实现线性回归

线性回归是用来确定两种或两种以上变量间相互依赖关系的一种统计分析方法。假设有变量 x 和 y，其样本分布如图 14-11 所示。

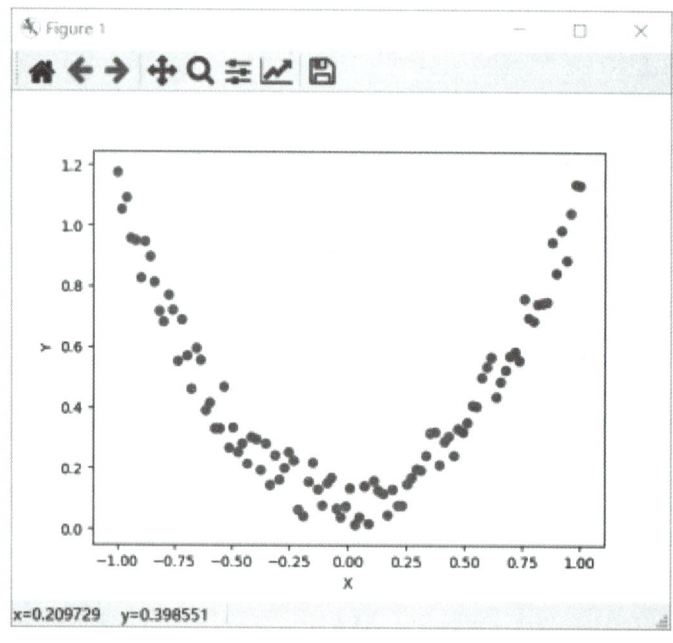

图 14-11　变量 x 和 y 的样本

14.3.1 准备数据

生成变量 x 和 y 的数据,参考代码清单 14-3。

代码清单 14-3　ployXY.py 范例代码

```
1.  import torch
2.  import matplotlib.pyplot as plt
3.  # x:生成100个等间距点位于[-1,1]
4.  x = torch.unsqueeze(torch.linspace(-1, 1, 100), dim=1)
5.  # y = x^2 + rand()
6.  y = x.pow(2) + 0.2 * torch.rand(x.size())
7.  #画出x和y的关系图
8.  plt.scatter(x.data.numpy(), y.data.numpy())
9.  plt.xlabel("x")
10. plt.ylabel("y")
11. plt.show()
```

14.3.2 构建神经网络

为了方便理解,本例构建一个神经网络(图 14-12):
- 输入层,一层,一个神经元。
- 隐藏层,一层,十个神经元。
- 输出层,一层,一个神经元。

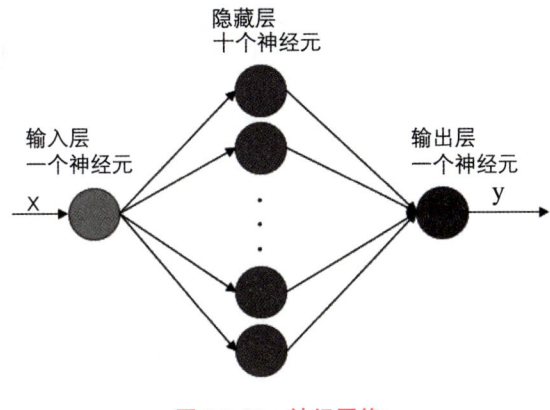

图 14-12　神经网络

神经网络在一个类的定义中实现,如代码清单 14-4 所示。

代码清单 14-4　定义神经网络

```python
1.  #定义一个 Neural Networks 类,
2.  class NN(torch.nn.Module):
3.      def __init__(self):
4.          super().__init__()                          #初始化父类
5.          self.hidden = torch.nn.Linear(1, 10)        #定义隐藏层,十个神经元
6.          self.output = torch.nn.Linear(10, 1)        #定义输出层,一个神经元
7.
8.      def forward(self, x):
9.          x = F.relu(self.hidden(x))                  #隐藏层使用 relu() 激活函数
10.         x = self.output(x)                          #输出层不使用激活函数
11.         return x
```

14.3.3　启动可视化训练

神经网络定义好后,还需要为其定义优化器(optimizer)和损失函数(loss function)。在 PyTorch 框架中,优化器和损失函数都是现成的,只需要选择即可。启动神经网络可视化训练,完整代码如代码清单 14-5 所示。

代码清单 14-5　linear_regression.py 范例代码

```python
1.  import torch
2.  import torch.nn.functional as F
3.  import matplotlib.pyplot as plt
4.  # x:生成 100 个等间距点位于[-1,1]
5.  x = torch.unsqueeze(torch.linspace(-1, 1, 100), dim=1)
6.  # y = x^2 + rand()
7.  y = x.pow(2) + 0.2 * torch.rand(x.size())
8.
9.  #定义一个 Neural Networks 类,
10. class NN(torch.nn.Module):
11.     def __init__(self):
12.         super().__init__()                          #初始化父类
13.         self.hidden = torch.nn.Linear(1, 10)        #定义隐藏层,十个神经元
14.         self.output = torch.nn.Linear(10, 1)        #定义输出层,一个神经元
15.
16.     def forward(self, x):
17.         x = F.relu(self.hidden(x))                  #隐藏层使用 relu() 激活函数
18.         x = self.output(x)                          #输出层不使用激活函数
19.         return x
20.
```

```
21.  nn = NN()                                        #实例化一个神经网络
22.  print(nn)                                        #输出神经网络结构
23.  plt.ion()                                        #启动 matplotlib 交互模式
24.
25.  optimizer = torch.optim.SGD(nn.parameters(), lr=0.2)   #选择 SGD 作为优化器
26.  loss_func = torch.nn.MSELoss()                   #选择均方差作为损失函数
27.  #神经网络训练过程
28.  for step in range(200):
29.      prediction = nn(x)                           #计算预测值
30.      loss = loss_func(prediction, y)              # 计算 loss 值
31.      optimizer.zero_grad()                        #将梯度清零
32.      loss.backward()                              #反向传播求梯度
33.      optimizer.step()                             #更新所有参数
34.      if step % 5 == 0:                            #每五步可视化训练结果
35.          plt.cla()
36.          plt.xlim(-1.5, 1.5)
37.          plt.scatter(x.data.numpy(), y.data.numpy())
38.          plt.plot(x.data.numpy(), prediction.data.numpy(),'r-', lw=5)
39.          plt.text(0.5, 0,'Loss=%.3f'%loss.data.float(), fontdict={'size': 20,'color': 'red'})
40.          plt.pause(0.1)
41.  plt.ioff()
42.  plt.show()
```

运行结果如图 14-13 所示。

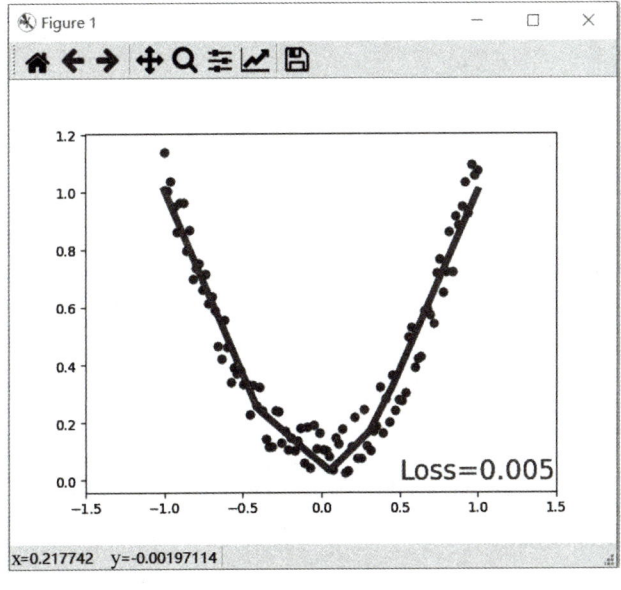

图 14-13　linear_regression.py 运行结果

14.4 用神经网络实现分类

神经网络可以用来实现线性回归，也可以用来对不同的样本进行分类，假设有两类数据 x0 和 x1，分别对应标签 y0 和 y1，其分布如图 14-14 所示。

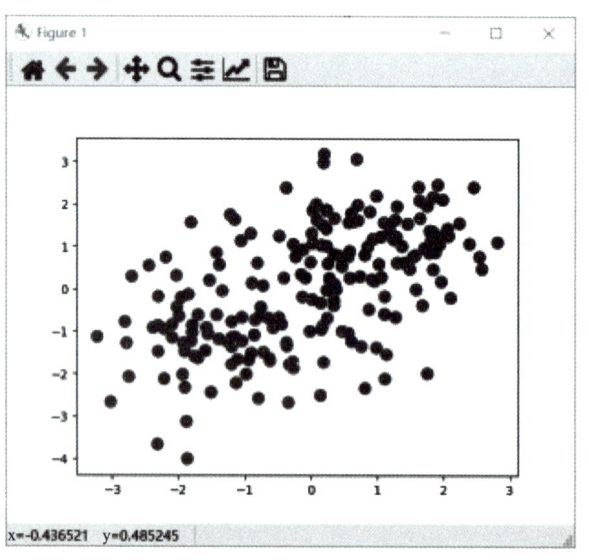

图 14-14 两类数据 x0 和 x1

14.4.1 准备数据

生成样本数据 x0 和 x1 及其对应标签的代码，参考代码清单 14-6。

代码清单 14-6　plotx0_x1.py 范例代码

1. import torch
2. import matplotlib.pyplot as plt
3. #生成两类数据
4. n_data = torch.ones(100, 2)
5. x0 = torch.normal(n_data, 1)   # 类别 0
6. y0 = torch.zeros(100)   # 标签 0
7. x1 = torch.normal(-n_data, 1)   # 类别 1
8. y1 = torch.ones(100)   # 标签 1
9. x = torch.cat((x0, x1), 0)   # 将两类数据连接起来
10. y = torch.cat((y0, y1), 0).type(torch.LongTensor)   #标签是整数
11. #显示数据
12. plt.scatter(x.data.numpy()[:, 0], x.data.numpy()[:, 1], c=y.data.numpy(), s=100, lw=0, cmap='RdYlGn')
13. plt.show()

14.4.2 构建神经网络

由于每个样本均有两个特征值，本例构建一个神经网络：
- 输入层，一层，两个神经元。
- 隐藏层，一层，十个神经元。
- 输出层，一层，两个神经元。

实现代码如代码清单 14-7 所示。

代码清单 14-7　构建神经网络

```python
1. #定义一个 Neural Networks 类,
2. class NN(torch.nn.Module):
3.     def __init__(self):
4.         super().__init__()                         #初始化父类
5.         #由于每种样本有两个特征值,所以输入层为两个神经元
6.         self.hidden = torch.nn.Linear(2, 10)       #定义隐藏层,十个神经元
7.         self.output = torch.nn.Linear(10, 2)       #定义输出层,两个神经元
8.
9.     def forward(self, x):
10.        x = F.relu(self.hidden(x))                 #隐藏层使用 relu() 激活函数
11.        x = self.output(x)                         #输出层不使用激活函数
12. return x
```

可以看到，本例构建的神经网络与上例基本一致，仅仅根据输入样本特征的数量，改变了输入层和输出层，隐藏层没有改变。

14.4.3 启动可视化训练

神经网络定义好后，还需要为其定义优化器(optimizer)和损失函数(loss function)。在 PyTorch 框架中，优化器和损失函数都是现成的，只需要选择即可。优化器仍然选择 SGD，损失函数选择交叉熵，完整代码如代码清单 14-8 所示。

代码清单 14-8　classifier.py 范例代码

```python
1. import torch
2. import torch.nn.functional as F
3. import matplotlib.pyplot as plt
4. #生成两类数据
5. n_data = torch.ones(100, 2)
6. x0 = torch.normal(n_data, 1)         #类别 0
7. y0 = torch.zeros(100)                #标签 0
8. x1 = torch.normal(-n_data, 1)        #类别 1
9. y1 = torch.ones(100)                 #标签 1
```

```
10.    x = torch.cat((x0, x1), 0)                              #将两类数据连接起来
11.    y = torch.cat((y0, y1), 0).type(torch.LongTensor)        #标签是整数
12.
13.    #定义一个 Neural Networks 类,
14.    class NN(torch.nn.Module):
15.        def __init__(self):
16.            super().__init__()                               #初始化父类
17.            #由于每种样本有两个特征值,所以输入层为两个神经元
18.            self.hidden = torch.nn.Linear(2, 10)              #定义隐藏层,十个神经元
19.            self.output = torch.nn.Linear(10, 2)              #定义输出层,两个神经元
20.
21.        def forward(self, x):
22.            x = F.relu(self.hidden(x))                        #隐藏层使用 relu() 激活函数
23.            x = self.output(x)                                #输出层不使用激活函数
24.            return x
25.
26.    nn = NN()                                                 #实例化一个神经网络
27.    print(nn)                                                 #输出神经网络结构
28.    plt.ion()                                                 #启动 matplotlib 交互模式
29.
30.    optimizer = torch.optim.SGD(nn.parameters(), lr=0.02)     #选择 SGD 作为优化器
31.    loss_func = torch.nn.CrossEntropyLoss()                   #分类应用选择交叉熵作为损失函数
32.    #神经网络训练过程
33.    for step in range(200):
34.        prediction = nn(x)                                    #计算预测值
35.        loss = loss_func(prediction, y)                       #计算 loss 值
36.        optimizer.zero_grad()                                 #将梯度清零
37.        loss.backward()                                       #反向传播求梯度
38.        optimizer.step()                                      #更新所有参数
39.        if step % 5 == 0:                                     #每五步可视化训练结果
40.            plt.cla()
41.            pred = torch.max(prediction, 1)[1]
42.            pred_y = pred.data.numpy()
43.            target_y = y.data.numpy()
44.            plt.scatter(x.data.numpy()[:, 0], x.data.numpy()[:, 1], c=pred_y, s=100, lw=0,
                   cmap='RdYlGn')
45.            plt.text(1.5, 4, 'Loss=%.3f' % loss.data.float(), fontdict={'size': 20, 'color': 'red
                   '})
46.            plt.pause(0.1)
47.    plt.ioff()
48.    plt.show()
```

运行结果如图 14-15 所示。

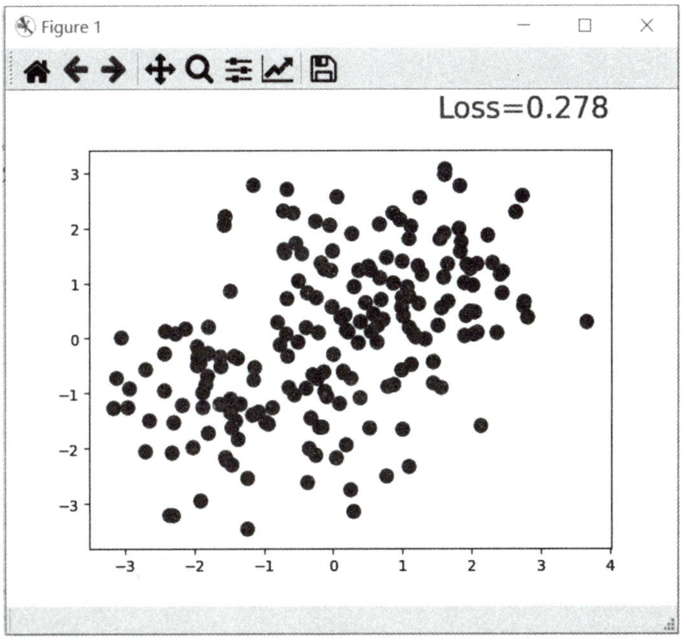

图 14-15　classifier.py 运行结果

14.5　总结与思考

本章从零开始详细介绍了基于 PyTorch 框架开发神经网络用于线性回归和数据分类的完整过程。神经网络是一种强大的信息表达的模型，通过训练，可以从复杂的样本中发现其中隐藏的规律。基于 PyTorch 框架实现神经网络，熟悉框架的规则后，并不困难。

读者完成该项目后，可以继续思考如何搭建一个更复杂、更深层次的神经网络：
- 图像数据分类。
- 目标检测。
- 图像分割。

关于 PyTorch 框架的进阶使用，请参考 PyTorch 的官网：https：//pytorch.org。